RAINER ZITELMANN

WELTRAUMKAPITALISMUS

MIX
Papier | Fördert gute Waldnutzung
FSC® C014889
FSC
www.fsc.org

Thomas-Wimmer-Ring 11, 80539 München
info@langenmueller.de

Umschlaggestaltung: Büro Jorge Schmidt, München
Coverfoto: © SpaceX
Innengestaltung und Satz: Sibylle Schug
Druck und Binden: Friedrich Pustet GmbH & Co. KG, Regensburg
Printed in Germany
ISBN: 978-3-7844-3759-0
www.langenmueller.de

RAINER
ZITELMANN

WELTRAUM-KAPITALISMUS

LMV

Inhalt

Vorwort von Dr. Georg Kofler

Es war der 11. Dezember 1988, gegen 21 Uhr, tiefdunkle Nacht in Französisch-Guayana, Kourou. Ich saß auf einem Hügel im Gras, die Grillen zirpten ohrenbetäubend, wenige Kilometer hinter mir undurchdringlicher Dschungel. Die Temperatur war angenehm warm, auch die üblichen Moskitos ließen mich in Ruhe. Wahrscheinlich hätte ich sie auch nicht bemerkt, so sehr war ich fokussiert auf ein hell beleuchtetes, riesiges Ungetüm, etwa 300 Meter entfernt – die Startrampe der Ariane 4, der neuesten Rakete der ESA, European Space Agency.

An Bord: der erste Satellit einer neuen Generation, Astra 1A. Er sollte erstmals Satellitenfernsehen zum Direktempfang für Privathaushalte ermöglichen, mit einer kleinen Parabolantenne, Durchmesser 60 bis 90 cm, Kosten um die 1000 D-Mark. Eine Revolution! Und eine spektakuläre neue Perspektive für die gerade aufblühenden Start-ups einer neuen Medienindustrie in Europa: das Privatfernsehen.

Ich hatte darauf bestanden, dass ich möglichst nahe an diesem Weltraumbahnhof draußen sitzen durfte und nicht im gut geschützten Kontrollraum. Ich wollte unbedingt diesen Raketenstart mit seiner Urgewalt in der Natur erleben, mit allen Sinnen. Und ich wollte diesen historischen Flug mit eigenen Augen verfolgen, denn eines war klar: Auch mein persönliches Schicksal würde durch Erfolg oder Misserfolg dieser Mission existenziell berührt werden.

Zwei Tage zuvor war ich aus München angereist, hatte mein Haus in Starnberg frühmorgens bei Minusgraden und 30 Zentimeter Neuschnee verlassen. Ich erinnere mich noch genau. Denn es war der Aufbruch in ein neues

Zeitalter, dem ich mit geradezu fiebriger Spannung entgegensah. Ich wusste, dass ich bei meiner Rückkehr entweder um eine große Hoffnung reicher oder ärmer sein würde.

Zwei Monate vorher, Mitte Oktober 1988, war ich zum Geschäftsführer eines Fernsehsenders namens EUREKA TELEVISION bestellt worden. Eureka stand kurz vor der Pleite, sein Programm, eine gut gemeinte, eher amateurhafte Mischung aus Nachrichten und Teleshopping, hatte so wenig Zuschauer, dass sie bei den marktüblichen Reichweitenmessungen nicht einmal auftauchten. In den letzten Wochen vor dem Raketenstart hatte ich Tag und Nacht gearbeitet, um aus diesem Sanierungsfall einen neuen Sender zu formen. Seinen Namen hatte ich wenige Tage vorher auf einer Pressekonferenz bekannt gegeben: ProSieben.

Das Programm für ProSieben hatte weitgehend ich konzipiert. Viel amerikanisches Entertainment für das jüngere Fernsehpublikum, Spielfilme, Serien, Zeichentrick, dazu eigenproduzierte Nachrichtensendungen. Die Inhalte waren also für mein TV-Start-up nicht das Problem, auch nicht die Organisation und die Motivation meines jungen Teams. Selbst Werbekunden signalisierten Interesse, obwohl wir noch keine einzige Minute gesendet hatten.

Aber es gab ein Riesenproblem, das alle unsere Bemühungen überlagerte: die technische Reichweite. Wie sollte der neue Sender ProSieben in 26 Millionen Fernsehhaushalte kommen, damals noch begrenzt auf Westdeutschland? Fernsehen wurde 1988 über unzählige Sendemasten auf terrestrischen Frequenzen ausgestrahlt. Diese waren nahezu vollständig durch die öffentlich-rechtlichen Programme von ARD und ZDF belegt, genauer gesagt: okkupiert. Die Intendanten und ihre technischen

Direktoren mauerten mit allen legalen und halblegalen Mitteln. Sorry, sagten sie uns, wir brauchen die Frequenzen leider alle selbst, wir müssen per Gesetz eine Vollversorgung der deutschen Bevölkerung gewährleisten, bis zum hintersten Winkel. Es war offensichtlich, dass ARD und ZDF die neuen Konkurrenten des Privatfernsehens so systematisch behindern wollten wie nur irgendwie möglich.

Besitzstandswahrung ist das oberste Gebot staatlicher und staatsnaher Bürokraten. So auch bei ARD und ZDF. Ihr wirksamstes Instrument war die Okkupierung der Sendefrequenzen, damit die neuen Programme von RTL, SAT1 und ProSieben die Zuschauer gar nicht erst erreichen konnten. Die neuen Start-ups des Privatfernsehens befanden sich im Schwitzkasten der Öffentlich-Rechtlichen, die ihre bisherige Stellung als Monopolisten mit Zähnen und Klauen verteidigten.

Für mich war klar, dass uns nur neue Verbreitungstechnologien aus dieser Mangelsituation bei den Frequenzen befreien konnten. Große Hoffnungen setzten wir in das Kabelfernsehen, das der damalige Postminister Christian Schwarz-Schilling (CDU) mit bewundernswerter Ausdauer gegen viele Widerstände von SPD und linken Kräften forcierte. Doch Tausende Kilometer Koaxialkabel zu vergraben, das dauerte. Die Verkabelung lag weit hinter dem Zeitplan.

Mit dem Projekt ASTRA zeichnete sich, weit entfernt am Horizont, im wahrsten Sinne im Universum, eine neue Hoffnung für uns ab: das Satellitenfernsehen. Schon beim Gedanken daran atmete ich auf. Endlich unabhängig zu sein von diesen terrestrischen Frequenzen und den medienpolitischen Gremien, die darüber entschieden. Endlich kein Bittsteller mehr sein bei all diesen Vertretern sogenannter gesellschaftlich relevanter Gruppen, die uns beaufsichtigen sollten und häufig so wenig Verständnis für unsere existenziellen Herausforderungen zeigten. Was für eine euphorische Vision: Ich sage denen, »wissen Sie was, ich pfeife auf Ihre Frequenzen. Ich sende jetzt über Satellit.«

Der Countdown ging in die finale Phase. Kurz vor 22 Uhr. Spannung, Adrenalin, die letzten Sekunden. »Three ... Two ... One ... Zero ... LIFT-OFF!« Ein gewaltiger Blitz erleuchtete die Dunkelheit. Das Gelände, der Dschungel, für ein paar Sekunden helllicht wie am Tag. Dann der Donner. Ich spürte, wie die Erde vibrierte, als die Triebwerke ihre Mega-Schubkraft entluden. Die Rakete hob ab, nahm Fahrt auf, stieg in den nächtlichen Himmel. Was für eine Souveränität, was für eine Kraft, mit der sie aufstieg. Ich verfolgte die Rakete, bis sie als kleiner Punkt meinen Augen entschwunden war. Dann in den Kontrollraum. Fieberhafte Spannung. Die Rakete erfolgreich auf dem Weg. Aber würde auch der Satellit plangemäß ausgesetzt werden? Unser erster Fernsehsatellit?

Drei Monate später, im März 1989, nahm ASTRA 1A seinen Betrieb auf. Er war erfolgreich auf der geostationären Umlaufbahn positioniert worden, 36 000 Kilometer über dem Äquator, 19,2 Grad Ost. Er bewegte sich nun mit der gleichen Geschwindigkeit wie die Erdumdrehung. Daher mussten die Parabolantennen auf dem Dach nur einmal ausgerichtet werden für einen stabilen Empfang. Ein entscheidender Vorteil.

Die ersten Kunden von Astra waren ausschließlich private Fernsehunternehmen, an der Spitze Rupert Murdoch mit seinem Sky Channel, etwas später Screensport und CNN International. Am 8. Dezember 1989 gingen ProSieben, SAT1 und RTL via Astra auf Sendung. Wenige Tage vorher hatte ich in Luxemburg den Vertrag für die

Transpondermiete unterschrieben. ProSieben war somit der erste deutsche Kunde von Astra.

Unsere Hoffnungen auf einen schnellen Durchbruch des Satellitenfernsehens wurden zunächst konterkariert durch die üblichen Bedenkenträger und Besserwisser. Würden sich genügend Kunden für die Parabolantennen finden? Skepsis dominierte. Dann kamen Architektenverbände, die vor einer Verschandelung der deutschen Dächer warnten.

Ein besonderes Momentum erhielt das Satellitenfernsehen durch die deutsche Wiedervereinigung. Der 9. November 1989 war auch ein Fest für die Medienfreiheit, die in der sozialistischen Diktatur der DDR brutal unterdrückt worden war. Kein Wunder, dass die Bürger der »neuen Bundesländer«, wie sie damals genannt wurden, geradezu süchtig nach dem »Westfernsehen« waren. Sie wollten auch ganz schnell Privatfernsehen empfangen. Die Satellitenantennen für Astra fanden reißenden Absatz. Ich selbst war mehrfach dabei, als in Leipzig oder Chemnitz Parabolantennen direkt vom Laster verkauft wurden. Die Marktanteile des Privatfernsehens stiegen in den neuen Bundesländern signifikant schneller als im Westen. Die ostdeutschen Zuschauer waren nämlich nicht durch Jahrzehnte des öffentlich-rechtlichen Monopolfernsehens geprägt. Sie waren offener für die neuen Privatsender, vor allem die jungen Zuschauer. Für ProSieben war das neue, zusätzliche Fernsehpublikum ein großer Gewinn. Schon nach drei Jahren war ProSieben in den neuen Bundesländern die Nummer eins in der Zielgruppe der 14- bis 29-jährigen Zuschauer.

Der Siegeszug des Satellitenfernsehens nahm in ganz Europa seinen Lauf. Aus der SES, der Société Européenne des Satellites, die 1985 mit Unterstützung der luxemburgischen Regierung gegründet worden war, wurde ein international führendes, börsennotiertes Unternehmen, das mit Abstand die größte kommerzielle TV-Satellitenflotte der Welt betrieb. Das Großherzogtum Luxemburg ist als Minderheitsaktionär immer noch beteiligt. Aber: Die Intention war immer, mit der SES ein Unternehmen nach privatwirtschaftlichen Kriterien zu etablieren, definitiv kein Staatsunternehmen.

Ganz im Gegensatz zur SES konnte die European Space Agency (ESA) mit ihren Ariane-Raketen nicht mit dem Fortschritt der internationalen Weltraumwirtschaft mithalten. Sie ist eines der vielen Beispiele für staatliche Bürokratie, die Risiken scheut und mit einem perfektionistischen Anspruch aus dem behördlichen Elfenbeinturm die Innovationskraft ihrer Ingenieure und Erfinder stranguliert. Sie wurde zu Recht vom ebenso genialen wie risikofreudigen Elon Musk mit SpaceX und Starlink gnadenlos überholt und in diesem überaus zukunftsträchtigen Weltraum-Business an den Rand gedrängt. Der Anteil der gesamten staatlichen Raketenstarts Europas (Vega und Ariane) an den weltweiten Raketenstarts lag zuletzt nur noch unter drei Prozent, der von SpaceX bei über 50 Prozent. Starlink wird die Zukunft der Weltkommunikation prägen, schon heute sind zwei Drittel der aktiven Satelliten Starlink-Satelliten. Ich betrachte Starlink als eine der größten unternehmerischen Leistungen der Gegenwart. Würde ich vor die Entscheidung gestellt, weltweit in nur ein Unternehmen investieren zu dürfen, dann würde ich Starlink auswählen.

Dieses Buch über Weltraumkapitalismus zeigt eindrucksvoll, wie überlegen privatwirtschaftliche Initiative und unternehmerische Risikobereitschaft im Vergleich zu staatlichen Behörden arbeitet. Ich kann dies am Beispiel des Satellitenfernsehens aus eigenem Erleben nur bestätigen. Das Satellitenfernsehen hat die Medienfreiheit, den Meinungspluralismus, die Vielfalt der Angebote für Information und Unterhaltung in Europa und auf der ganzen Welt entscheidend erweitert. Auch hier hat der Kapitalismus einmal mehr gezeigt, dass er den Menschen mehr Freiheit, Wohlstand und Fortschritt bringt.

Das Buch ist wichtig, weil wir leider in Deutschland und in vielen anderen Ländern seit vielen Jahren eine Tendenz zu immer stärkerem Staatsdirigismus und weniger Marktwirtschaft sehen. Als Unternehmer und Investor ärgere ich mich – so wie eigentlich alle, die ich kenne – täglich darüber. Denn viele Probleme heute in Deutschland haben hier ihre Ursache. Die Lehren eines Ludwig Erhard, der Deutschland nach dem Zweiten Weltkrieg so erfolgreich gemacht hat, sind vergessen. Zu vielen Bürgern fehlt Vertrauen in privates Unternehmertum. Sie glauben, Politiker und Beamte seien klüger als Millionen von Unternehmern und Konsumenten.

Rainer Zitelmann gelingt es, in seiner akribischen und spannend zu lesenden Analyse zu zeigen, wie politische Fehlentscheidungen und staatliche Bürokratie zu einer Stagnation in der bemannten Raumfahrt nach dem Ende des Apollo-Programms führten. Die Raumfahrt ist einer der wenigen Bereiche, in denen – zumindest in den USA – in den vergangenen 15 Jahren der Einfluss des Staates zurückgedrängt und mehr auf Unternehmertum und den Markt vertraut wurde, ganz entgegen dem allgemeinen weltweiten Trend zu mehr Staat. Es ist kein Zufall, dass die Raumfahrt auch der Bereich ist, in dem die größten Fortschritte gemacht wurden. Während staatlich überregulierte Branchen wie das Gesundheits- oder auch das Bankwesen eine hohe Krisenanfälligkeit und viele Ineffizienzen zeigten, hat die Entfesselung der Marktkräfte im Bereich der Raumfahrt zu einem Durchbruch geführt, den sich viele Menschen vor zehn oder

20 Jahren noch nicht vorstellen konnten. Und dies ist erst der Anfang, wie Zitelmann in seinem Ausblick auf Themen wie Space Mining oder Space Tourism zeigt. Der Space Economy gehört die Zukunft, und schon heute spielt sie eine größere Rolle, als die meisten Menschen wahrnehmen – denn beispielsweise würde ohne Satelliten heute kaum noch etwas funktionieren.

Dieses Buch ist nicht nur ein Buch über die Raumfahrt, sondern ein weiterer Beleg, dass – wie Zitelmann es formuliert – Kapitalismus nicht das Problem ist, sondern die Lösung. Viele andere Branchen in unserem und anderen Ländern könnten davon profitieren, wenn Politiker die Unternehmer in Ruhe und ihren Weg gehen ließen.

Vorwort

Am 20. Juli 1969, dem Tag der ersten bemannten Mondlandung, brachte ich wenige Wochen nach meinem zwölften Geburtstag eine Sonderausgabe meiner Schülerzeitung *Galaktische Zeitung* heraus – eine »Zeitung für Weltraumfahrt, Raketentechnik und Astronomie«, die ich für 30 Pfennig an meine Mitschüler verkaufte. Auf der Titelseite prangte eine US-Flagge, daneben die Überschrift: »3 Männer wollen zum Mond«. Im Artikel stand: »Heute will der erste Mensch seinen Fuß auf die Mondoberfläche setzen.« In der Zeitung empfahl ich ein Buch über den Mond, in dem es hieß: »Die Welt, in der wir leben, die Erde, ist schön, aber sie ist zu klein für den Menschengeist.«

In meinem Zimmer stapelten sich Astronomiebücher, an den Wänden hingen eine riesige Mondkarte und ein Poster der Saturn-V-Rakete, das viel größer war als ich. Während andere Kinder sich zu Fastnacht als Cowboy oder Indianer verkleideten, zog ich meinen Raumhelm und den silbernen Raumanzug an, den meine Mutter für mich genäht hatte. Ich verschlang damals nicht nur Bücher über Astronomie, sondern auch die Science-Fiction-Romane von Hans Dominik, dem »deutschen Jules Verne«. Seine Geschichten über geniale Ingenieure, die mit Mut, Erfindungsgabe und technischem Können die Welt veränderten, faszinierten mich. In Dominiks Welt war der Ingenieur nicht nur ein Techniker, sondern ein Gestalter der Zukunft. Er verkörperte den Glauben an den menschlichen Geist, an Leistung, Disziplin und an die Kraft, durch Wissen und Arbeit etwas Großes zu schaffen.

Meine Leidenschaft für den Weltraum begann mit neun Jahren, als 1966 die Science-Fiction-Serie »Raumpatrouille – Die phantastischen Abenteuer des Raumschiffes Orion« im Fernsehen startete. Noch heute kann ich den Prolog auswendig, der begann: »Was heute noch wie ein Märchen klingt, kann morgen Wirklichkeit sein…« Roboter förderten Rohstoffe auf Asteroiden, und Menschen siedelten auf anderen Himmelskörpern. Für mich und meine Freunde vom »Astronauten-Club«, den ich gegründet hatte, klang das damals nicht nach ferner Fantasie, sondern nach einer Zukunft, wie wir sie zu Beginn des nächsten Jahrtausends erleben könnten.

Nach der Mondlandung waren viele Menschen überzeugt: Bald geht es zum Mars. Die Eroberung des Weltraums hatte begonnen. Tatsächlich legte der Raketenpionier Wernher von Braun, dessen Saturn-V-Rakete die Menschen zum Mond gebracht hatte, nur zwei Wochen nach der Apollo-11-Landung auf dem Erdtrabanten der »Space Task Group« der NASA einen detaillierten Plan für eine bemannte Marsmission vor, Starttermin: 1981. Der damalige NASA-Chef Thomas Paine hatte sogar schon ein genaues Datum im Auge: Am 12. November 1981 sollten zwölf Astronauten zum Mars starten.[1]

Doch es kam anders. Nach nur fünf weiteren Mondlandungen wurde das Programm abgebrochen – und der Mars blieb bisher unerreicht. Woran lag das? Christopher Wanjek schreibt in seinem Buch »Spacefarers«: »Mit anderen bin ich der Ansicht, dass der Hauptgrund für die geringen Fortschritte der NASA in der *bemannten* Raumfahrt in den letzten vier Jahrzehnten darin liegt, dass die Behörde ständig wechselnden US-Präsidenten (zwölf seit ihrer Gründung) unterstellt ist und zudem vom Kongress bis ins kleinste Detail gesteuert wird. Die ›Vision‹ – im niedrigen Erdorbit bleiben; nein, zum Mond; nein, doch zum Mars; nein, wieder zum Mond – war stets ein verschwommenes, sich ständig veränderndes Ziel. Jimmy

Carter setzte auf wissenschaftliche Missionen statt auf bemannte Flüge; Ronald Reagan wollte die ISS als Sprungbrett für eine stärkere Präsenz im Orbit nutzen; George H.W. Bush strebte erst die Rückkehr zum Mond und dann einen Flug zum Mars an; Bill Clinton setzte auf Zusammenarbeit mit Russland, um die über dem Budget liegende und weniger internationale ISS zu vollenden; George W. Bush wollte zurück zum Mond, Barack Obama lieber direkt zu Asteroiden und zum Mars. Donald Trump schwankte zwischen Mond- und Marsmissionen und forderte die Gründung einer vom Pentagon geführten Weltraumstreitkraft.«[2] Und zuletzt hat Donald Trump versprochen, in seiner zweiten Amtszeit würden Menschen auf dem Mars landen.[3]

Im Detail würde ich hier widersprechen – so lag der Vorzug Obamas darin, dass er sich überhaupt nicht für Raumfahrt interessierte und froh war, wenn private Firmen wie SpaceX die Sache übernahmen. Das machte den Weg frei für die private Raumfahrt. Aber Wanjek hat zweifellos recht, dass die Politik es vermasselt hat. Man sieht das schon daran, dass der Bereich der unbemannten NASA-Raumfahrt, in den sich Politiker sehr viel weniger einmischen und Wissenschaftler den Kurs bestimmen können, sehr viel erfolgreicher war. Aber die Gründe für das Versagen liegen tiefer, wie ich in diesem Buch zeigen werde.

Das Fehlen klarer Ziele war übrigens eine der Ursachen, dass die NASA zunehmend kleinmütig agierte. Wenn ich kein großes, lohnendes Ziel habe, wofür soll ich dann Risiken eingehen? Der Raumfahrtexperte Rand Simberg beschreibt in seinem Buch »Safe Is Not an Option«, wie die staatliche Raumfahrt immer risikoaverser wurde, was paradoxerweise manchmal sogar zu höheren Risiken führte. Sind wir als Gesellschaft insgesamt noch bereit,

Risiken einzugehen? Die Diskussion über eine Reise zum Mars oder eine Mars-Besiedlung, wie ich sie in diesem Buch beschreibe, lässt Zweifel daran aufkommen.

Simberg schreibt: »Noch nie in der Geschichte hat sich eine neue Grenze ohne Risiko und Opfern an Menschenleben geöffnet – und beim Weltraum ist es nicht anders. Hätten wir in der Vergangenheit die gleiche Haltung zur Sicherheit eingenommen wie heute bei der Raumfahrt, dann wären wir niemals aus Afrika nach Europa und Asien aufgebrochen, hätten nicht die Arktis erobert, Amerika, Australien, nicht die Südseeinseln erschlossen oder den amerikanischen Westen besiedelt. Wir hätten weder bahnbrechende wissenschaftliche Entdeckungen gemacht noch die Dampfmaschine, das Dampfschiff, die Eisenbahn, das Auto oder das Flugzeug entwickelt. Tatsächlich säßen wir dann noch immer auf den Bäumen, würden hinaus auf die Savanne starren und uns fragen, was sie uns wohl bieten könnte.«[4]

Heute bin ich verhalten optimistisch, und das hängt zusammen mit Unternehmern wie Elon Musk, die nicht nur große Ziele in der Raumfahrt verkünden, sondern auch bereits große Schritte zu ihrer Realisierung getan haben. Sie sind bereit, Risiken einzugehen, weil sie eben Unternehmer sind und weil jemand wie Musk ein wirklich großes Ziel verfolgt, nämlich die Kolonisierung des Mars. In den kommenden zehn Jahren könnte so die Marslandung vom Traum zur Wirklichkeit werden – und zwar nicht dank staatlicher Raumfahrt, sondern dank privater Unternehmen.

Die staatlichen Programme sind nach der Mondlandung stecken geblieben. Die Kosten, um ein Kilo ins Weltall zu bringen, stagnierten vier Jahrzehnte lang, während Elon Musk, wie wir sehen werden, die Kosten in nur wenigen Jahren um über 90 Prozent reduzierte.

Und das ist erst der Anfang. Denn wegen seiner faktischen Monopolstellung gibt er die Kostenreduktion nur teilweise an seine Kunden weiter. Sobald er mehr Konkurrenz bekommt (und zugleich die Selbstkosten weiter reduziert), werden die Preise für alle Marktteilnehmer nochmals deutlich sinken.

Wie schnell die Entwicklung geht, zeigt dieses Beispiel: Im April 2025 erschien in der Fachzeitschrift *Aerospace* ein wissenschaftlicher Aufsatz, der die Kosten für wiederverwendbare Raketen mit denen von Einwegraketen (auch Wegwerfraketen genannt) verglich. Dabei müssen zahlreiche Faktoren berücksichtigt werden; eine große Rolle spielt natürlich, wie oft eine Rakete eingesetzt werden kann. Der Aufsatz ging von der Annahme aus, dass eine Rakete zehnmal wieder verwendet werden kann, »in Anbetracht des technischen Entwicklungsstandes«.[5] Mit Stand Dezember 2025 wurde ein und dieselbe Falcon-9-Rakete jedoch schon 32-mal verwendet.

Die hohen Startkosten waren nicht zuletzt auch ein Ergebnis der absurden »Cost-Plus-Verträge«, auf die ich später näher eingehen werde. Diese Art von Verträgen zwischen der NASA und anderen staatlichen Raumfahrtbehörden einerseits und privaten Produzenten andererseits boten nicht den geringsten Anreiz für Unternehmen, Kosten zu senken. Im Gegenteil: Sie boten massive Anreize, die Kosten in die Höhe zu treiben. Die Angst von Staatsbeamten, ein Unternehmen könne zu hohen Profit machen, führte dazu, dass sie eine genaue Dokumentation der Kosten verlangten, und dann dürfte das Unternehmen einen Gewinn von vielleicht acht oder zehn Prozent draufgeschlagen, eben so viel, wie die neidischen Staatsbeamten für angemessen hielten. Das Ergebnis beschreibt der Raumfahrtspezialist Robert Zubrin so: »In der freien Marktwirtschaft steigern Hersteller ihren

Gewinn, indem sie Kosten senken. In der Welt der Cost-Plus-Verträge steigern Hersteller ihren Gewinn, indem sie die Kosten erhöhen.«[6]

Dass Unternehmen wie SpaceX die Kosten so massiv reduzierten, hat auch etwas damit zu tun, dass sie Festpreise für ihre Leistungen vereinbarten und keine Cost-Plus-Verträge.

Die Erfolgsgeschichte der privaten Raumfahrt steht im scharfen Kontrast zu einer allgemeinen Entwicklung. In den vergangenen 15 Jahren hat sich weltweit ein Trend zu mehr Staat und weniger Markt durchgesetzt – ganz anders als in den 1980er- und 1990er-Jahren, als Margaret Thatcher, Ronald Reagan, Deng Xiaoping, die vietnamesischen »Doi Moi«-Reformen und die postsozialistischen Transformationen in Osteuropa den Kapitalismus auf breiter Front vorantrieben.

Heute hingegen verzeichnet der »Index der wirtschaftlichen Freiheit« fast seinen tiefsten Stand, seit er 1995 erstmals erhoben wurde.[7] In China steuert Xi Jinping den Kurs zurück in Richtung mehr Staat, Lateinamerika erlebte eine sozialistische Welle, und selbst das einstige Musterland Chile wurde von einem Sozialisten regiert. Nur Argentinien schlägt mit Javier Milei einen anderen Weg ein. Auch in Europa nimmt die staatliche Intervention zu, und wir bewegen uns immer mehr in Richtung einer staatlichen Planwirtschaft, bei der nicht mehr Unternehmen und Konsumenten, sondern Politiker und Beamte den Ton angeben.

Doch in einem Bereich läuft die Entwicklung in genau die entgegengesetzte Richtung: in der Raumfahrt. Hier zeigt sich wie selten zuvor die Überlegenheit unternehmerischer Initiative gegenüber bürokratischen Apparaten. Ohne SpaceX wären amerikanische Astronauten heute noch auf russische Sojus-Kapseln angewiesen, um ihre Astronauten zur Internationalen Raumstation zu bringen. Und der Mars wäre unerreichbar fern.

Für die italienisch-amerikanische Ökonomin Mariana Mazzucato, übrigens die Lieblingsökonomin des ehemaligen grünen Wirtschaftsministers Robert Habeck,[8] ist das Apollo-Programm mit der Mondlandung »ein Beispiel für eine außergewöhnliche Leistung: der Staat verlässt seine Rolle als Marktregulierer und übernimmt die Rolle eines Marktgestalters.«[9] Mazzucato will mit der Mondlandung belegen, dass die besten Leistungen erbracht werden, wenn der Staat visionäre Ziele postuliert und sie auf »unternehmerische« Weise verfolgt.

Inzwischen haben zahlreiche Wissenschaftler nachgewiesen, dass genau dieser Ansatz viel öfter gescheitert ist, als dass er erfolgreich war.[10] Das gilt auch für die bemannte Raumfahrt: Mazzucato greift sich zehn erfolgreiche Jahre (1961 bis 1971) aus der Geschichte der NASA heraus, verschweigt aber das Scheitern der nächsten 50 Jahre mit Projekten wie dem Space Shuttle, weil es ihrer These widerspricht.

Am Beginn des Space-Shuttle-Programms stand durchaus eine ambitionierte Vision: Es sollte eine wiederverwendbare Raumfähre gebaut werden, um die Kosten massiv zu reduzieren. Tatsächlich kam jedoch eine Rakete heraus, bei der jeder Start mehr kostete als bei den zuvor verwendeten Einwegraketen. Manche Experten kamen damals zu dem Schluss, dass vielleicht das klassische Konzept der Raketen, die nur einmal verwendet werden konnten, doch wirtschaftlicher sei. Diese Überzeugung dominierte sogar bis zu Beginn der 2010er-Jahre – bis Elon Musk dann mit seiner Falcon-9-Rakete das Gegenteil bewies.[11]

Dies zeigt übrigens, dass die Geschichte der Raumfahrt in keiner Weise Mazzucatos These von den »Schöpfern und Abschöpfern« belegt, wonach der Staat alle wichtigen Produkte erfunden habe und private Unternehmer diese nur gestohlen hätten.[12] Das Beispiel von Robert Goddard, dem Pionier der amerikanischen Raumfahrt, zeigt genau das Gegenteil – mehr dazu im 3. Kapitel. Elon Musk entwickelte die wiederverwendbare Rakete, an der sich die NASA und andere staatliche Raumfahrtbehörden über Jahrzehnte die Zähne ausgebissen hatten. Er entwickelte diese wiederverwendbare Rakete übrigens, weil er es selbst für sinnvoll hielt, nicht weil die NASA es irgendwann von ihm verlangt oder ihm beschieden hätte, wie er seine Rakete zu bauen habe. Heute muss die NASA die Leistungen – z. B. den Transport von Gütern und Astronauten zur Internationalen Raumstation – bei Musk einkaufen, weil sie selbst nicht in der Lage ist, sie zu erbringen.

Aussagen, wonach SpaceX vollständig abhängig sei von der NASA, staatlichen Subventionen oder Staatsaufträgen, sind falsch. Laut Angabe von Elon Musk auf X am 21. August 2025 betrug der NASA-Anteil etwa 1,1 Milliarden Dollar, während der Umsatz insgesamt 15,5 Milliarden Dollar betrug. Demnach stammten nur sieben Prozent des SpaceX-Umsatzes von NASA-Aufträgen.

Der Raumfahrtexperte Eugen Reichl schätzt jedoch, dass noch andere staatliche Aufträge hinzukommen, so etwa für die USSF (United States Space Force) und die NRO (US-Behörde, die für Spionagesatelliten zuständig ist), die noch einmal etwa 1,5 Milliarden Dollar betragen. »Rechnet man alle staatlichen Aufträge zusammen, so kommt man auf einen Anteil von etwa 20 bis maximal 25 Prozent«, schätzt Reichl.[13]

Die Aussage, SpaceX habe »stark von staatlicher und bundesstaatlicher Unterstützung profitiert«[14], ist irreführend. Erstens kommen mehr als drei Viertel des Umsatzes, vielleicht sogar 80 Prozent, aus nicht-staatlichen Quellen. Zweitens vergaben staatliche Stellen die Aufträge nur deshalb an SpaceX, weil die Leistungen oft günstiger waren als die anderer Anbieter. Früher war ULA, das Joint Venture von Boeing & Lockheed Martin, fast alleiniger Anbieter. Zudem muss man zwischen staatlichen Subventionen einerseits und *Aufträgen* durch staatliche Behörden, Militär usw. andererseits unterscheiden, was oft nicht gemacht wird.

Warum die staatliche bemannte Raumfahrt nach dem Apollo-Triumph Jahrzehnte der Stagnation und Geldverschwendung erlebte und was Unternehmer wie Elon Musk anders gemacht haben, ist ein Thema dieses Buches. Noch wichtiger aber ist die Frage, welche rechtlichen und ökonomischen Rahmenbedingungen nötig sind, damit Visionen wie in der Serie »Raumpatrouille Orion« Wirklichkeit werden. Meine These: Nur ein Weltraumkapitalismus kann Siedlungen auf dem Mars oder Bergbau auf Asteroiden möglich machen. Erst wenn es möglich ist, Land auf anderen Himmelskörpern zu besitzen, zu kaufen und zu verkaufen, kann die Menschheit tatsächlich zu einer multiplanetaren Spezies werden. Ohne starke ökonomische Anreize werden wir dieses Ziel nicht erreichen. Das Kapitel 10, in dem ich diesen Gedanken entwickle, ist das wichtigste in diesem Buch, aber um es zu verstehen, ist es hilfreich, auch die Kapitel davor zu lesen.

Das Allensbach Institut befragte 1950 die Westdeutschen, ob sie glauben, dass die Menschen in 50 Jahren – also im Jahr 2000 – andere Himmelskörper, z. B. den Mond, besuchen könnten. Nur jeder vierte Befragte hielt dies damals für möglich. Selbst bei einer weiteren Umfrage im Jahr 1965, also vier Jahre vor der Mondlandung, sagte nur eine knappe Mehrheit (53 Prozent), man halte so etwas für möglich.[15]

Manchmal sind die Träume weiter entfernt, als wir denken, manchmal aber auch viel näher. Am 7. Oktober 1903 versuchte Samuel P. Langley, sein großes Flugzeug *Great Aerodrome* von einer Katapultrampe auf einem Boot auf dem Potomac River zu starten. Direkt nach dem Abwurf verkantete sich die Maschine, die Nase senkte sich steil, und das Flugzeug stürzte nahezu ungebremst ins Wasser und wurde stark beschädigt.

Die *New York Times* schrieb zwei Tage nach dem missglückten Flugversuch am 9. Oktober höhnisch von einem »lächerlichen Fiasko« und prophezeite: »Die Flugmaschine, die wirklich fliegen kann, könnte durch die vereinten und unermüdlichen Anstrengungen von Mathematikern und Mechanikern vielleicht in einem Zeitraum von einer bis zehn Millionen Jahren entwickelt werden.«[16]

Nur zwei Monate später, am 17. Dezember 1903, gelang den Gebrüdern Wright in Kitty Hawk, North Carolina, der erste erfolgreiche motorisierte Flug eines Flugzeugs. Die *New York Times* berichtete zunächst nicht über diesen Flug – erst 1906 brachte sie einen ausführlicheren Artikel über die Wrights.

Die Wrights hatten als Privatleute weniger als 1000 Dollar – heute wären das 38 000 Dollar – zur Verfügung, während dem Universitätsprofessor Langley 73 000 Dollar – das wären heute 2,8 Millionen Dollar – zur Verfügung standen; mehr als zwei Drittel kamen von der US Army.[17]

Und die Wrights hatten das Glück, dass es damals keine staatliche Behörde gab, die ihnen mit engmaschigen Vorschriften und Regulierungen vorschrieb, wie sie ihr Flugzeug bauen und betreiben sollten. George Nield, viele Jahre selbst bei der amerikanischen Federal Aviation Administration FAA verantwortlich für die Regulierung der kommerziellen Raumfahrt, meinte in einem Interview: »Ich glaube, der Unterschied besteht darin, dass der Staat das Flugzeug der Gebrüder Wright nicht entworfen, gebaut, besessen und betrieben hat. Stellen Sie sich vor, wie sich die Luftfahrt entwickelt hätte, wenn das der Fall gewesen wäre! Genau mit so einer Situation hatten wir es in den frühen Jahren der Raumfahrt zu tun.«[18]

Was wir im Space-Bereich brauchen, ist eine entschlossene Deregulierung, aber nicht noch mehr Regulierung. Ich werde mich in diesem Buch auch immer wieder kritisch mit den Etatisten auseinandersetzen, die das ganz anders sehen. Brian Patrick Green, einer der vielen »Space-Ethik-Spezialisten«, fordert in seinem Buch »Space Ethics« (2022): »Gleichwohl darf der kommerzielle wie auch der industrielle Zugang zum Weltraum … nicht schrankenlos erfolgen. Vielmehr bedarf es für diese privaten Akteure weiterhin klarer Regulierung und staatlicher Steuerung … Die Verantwortung des öffentlichen Sektors – Regierungen, Staaten und internationale Organisationen wie die Vereinten Nationen – besteht darin, den privaten Sektor zu regulieren, um das Gemeinwohl auf der Erde wie auch im Weltraum zu wahren.«[19]

Gegen Regulierung ist grundsätzlich nichts einzuwenden, aber leider meinen viele derjenigen, die vehement dafür plädieren, nicht die Schaffung eines klaren rechtlichen Rahmens für den Wettbewerb, sondern etwas ganz anderes. Ein anderer prominenter Vertreter der »Space Ethics«, James S. J. Schwartz, erklärt, wie er sich eine solche Regulierung vorstellt. Er fordert, dass internationale Gremien, die z. B. von der UN eingesetzt werden sollten, darüber bestimmen, wer Zugang zu welchen Himmelskörpern bzw. zu welchen Gebieten dort hat. Vorschläge – etwa für den Bergbau – müssten zuerst diesen internationalen Gremien zur Genehmigung vorgelegt werden. Falls eine Genehmigung erteilt werde und Ressourcen gewonnen würden, müssten diese dann von dem Gremium gerecht verteilt bzw. Ausgleichszahlungen festgelegt werden.[20]

Es müsste zudem festgelegt werden, für welche Zwecke diese Ressourcen verwendet werden sollten, nämlich ethisch hochstehende, und für welche nicht, nämlich ethisch geringerwertige. Als Gedankenexperiment zur Begründung seiner Forderung führt Schwartz an: »... angenommen, ein superreicher Weltraumunternehmer käme auf die Idee, eine kilometerhohe Statue seiner Person aus Mond-Eis zu bauen.«[21] Selbst wenn der reiche Unternehmer dafür eine Ausgleichszahlung leisten würde, die eine »gerechte« Verteilung der von ihm gewonnenen Ressourcen an alle Länder bewirkte, müsse es die Möglichkeit geben, so etwas Unnützes zu verbieten. Daher die Gremien. Wie auf der Erde so glauben die Etatisten auch für den Weltraum, dass Politiker und Beamte alles besser wissen als Millionen von Unternehmern und Konsumenten.

Wenn ich lese, welche Ideen all die »Space-Ethik-Experten« entwerfen, dann wird mir bange um die Zukunft der Raumfahrt. Wir sollten etatistische und egalitäre Ideologien auf keinen Fall unterschätzen, sie haben auf der Erde schon genug Unheil angerichtet, weil ihre Kritiker sie als absurd und lächerlich abgetan und ihre Vertreter unterschätzt haben.

Dieses Buch zeigt nicht nur die geschichtliche Entwicklung der Raumfahrt nach der Mondlandung, sondern auch, was in den nächsten 50 Jahren möglich werden könnte – zumindest dann, wenn die Ideologen und Etatisten nicht auch auf diesem Feld die Oberhand gewinnen, wovor dieses Buch warnen soll. Ich hoffe vor allem, dass es viele junge Leser findet. Mein Tipp an junge Menschen: Hört auf, BWL oder Jura zu studieren! Das bringt euch nicht weiter. Studiert irgendetwas mit Space. Hier liegt die Zukunft. Elon Musk erkannte das schon im Jahr 2003, als er sagte: »Ich engagiere mich gerne für Dinge, die die Welt verändern. Das Internet hat dies getan, und der Weltraum wird wahrscheinlich mehr als alles andere für den Wandel der Welt verantwortlich sein.«[22]

Manche Space-Firmen stellen heute auch Leute ein, die aus ganz anderen Bereichen kommen, aber für das Thema brennen und Fähigkeiten mitbringen, die dort gebraucht werden. Denkt daran: »Wir entwickeln uns zunehmend zu einer weltraumbasierten Gesellschaft ... Der Weltraum stellt daher die neue Grenze von heute und das Rückgrat der Wirtschaft von morgen dar.«[23]

Ich habe in den vergangenen Jahren viele Gespräche mit Persönlichkeiten aus der Space Community geführt. Besonders beeindruckt haben mich zwei, bei denen ich mich bedanken will: bei Robert Zubrin, dem Gründer und Präsidenten der Mars Society, der Elon Musks Weltraumpläne maßgeblich beeinflusst hat. Und bei Eugen Reichl, Fachmann für Raumfahrttechnologie, der bis heute 48 Bücher über Raumfahrt geschrieben hat. Noch vor eineinhalb Jahren musste er so einiges korrigieren, als ich ihm meine ersten Texte zur Raumfahrt vorlegte, die ich ein halbes Jahrhundert nach meiner *Galaktischen Zeitung* verfasste. Als er dieses Buch las, waren nur noch wenige – aber stets wertvolle – Hinweise nötig. Ich habe selten in meinem Leben einen Menschen getroffen, der so sehr für sein Fachgebiet brennt und so viel darüber weiß. Bedanken möchte ich mich auch bei anderen Experten, so bei Harry W. Jones vom NASA Ames Research Center, Matthias Johannes Wachter, der beim Bundesverband der Deutschen Industrie als Managing Director der New-Space Initiative tätig ist, und bei Martin Polak, Managing Director der Berliner Europazentrale des Unternehmens Planet Labs. Danken möchte ich auch Freunden, die das

Buch kritisch gelesen haben: Professor Jürgen W. Falter, Dr. Helmut Knepel, Dr. Gerd Kommer, Oliver Luksic, Dr. Kristian Niemietz, Dr. Thomas Petersen, Swen Roschlau, Professor Marc Oliver Rieger sowie den Lektoren Christian Hiller von Gaertringen und Ansgar Graw.

Dr. Dr. Rainer Zitelmann, Januar 2026

1. Staatsversagen – das Ende der Zukunft

Am 14. November 2011 um 4:14 Uhr startete die russische Sojus-FG-Rakete vom Weltraumbahnhof Baikonur in Kasachstan. Es war ein historischer Startplatz in jenem Staat, der zwei Jahrzehnte zuvor nach dem Zusammenbruch der Sowjetunion selbstständig geworden war, denn von dort aus war 50 Jahre zuvor der sowjetische Kosmonaut Juri Gagarin gestartet – der erste Mensch im All. Das war damals ein neuer Tiefschlag für die USA nach dem »Sputnik«-Schock von 1957 und weiteren Erfolgen der Sowjets, die beispielsweise auch den ersten Hund ins All gebracht und damit den Weg frei gemacht hatten für den Weltraumflug von Menschen. Sputnik 1 war der erste künstliche Satellit der Menschheitsgeschichte und markierte den Beginn des Weltraumzeitalters sowie den Start des Wettlaufs ins All zwischen den USA und der Sowjetunion. Einen Wettlauf, den die USA bekanntlich mit der ersten Mondlandung vom 20. Juli 1969 gewonnen hatten. Doch nun, 2011, waren sie von den Russen abhängig – ohne deren Sojus konnten sie die Internationale Raumstation ISS nicht erreichen.

Der Start der Sojus FG war ursprünglich schon für Ende September 2011 geplant gewesen, aber nach der Fehlzündung der dritten Stufe einer Sojus-Rakete Ende August wurde die Mission zweimal verschoben. Man wollte sichergehen und erst zwei unbemannte Testflüge durchführen.

Für Daniel Christopher Burbank war es ein besonderer Flug. Der 49-Jährige aus Connecticut hatte in Florida anderthalb Jahre lang eine Ausbildung als Hubschrauberpilot absolviert und später in diesem Beruf gearbeitet. Anfang der 90er-Jahre hatte er sich als Astronaut bei der NASA beworben, war jedoch die ersten beiden Male abgelehnt worden. Bei der dritten Bewerbung klappte es, und 1996 begann er eine zweijährige Grundausbildung am Johnson Space Center. Vier Jahre später unternahm er seinen ersten Flug mit dem Space Shuttle zur Internationalen Raumstation. Im Jahr 2006 flog Burbank ein zweites Mal mit der Weltraumfähre zur ISS und führte seinen ersten Außenbordeinsatz im Weltraum aus.

Doch diesmal war es anders. Burbank flog zusammen mit seinen russischen Kollegen Anton Schkaplerow und Anatoli Iwanischin und die Mission hieß Sojus TMA-22. Das Ziel war wieder die ISS, aber die Amerikaner hatten keine eigene Rakete mehr, um dorthin zu gelangen. Nach zwei Unglücken, bei denen 14 Astronauten gestorben waren, war das Space-Shuttle-Programm am 8. Juli 2011 nach 30 Jahren eingestellt worden. Und den Amerikanern war es nicht gelungen, einen Ersatz für das Space Shuttle zu entwickeln.

Der Flug war teuer, der Sitzplatz in der Sojus kostete die Amerikaner 43 Millionen US-Dollar (heute wären das etwa 58 Millionen Dollar). Der Preis war binnen weniger Monate von 28 Millionen Dollar auf 43 Millionen gestiegen, also um stolze 54 Prozent. Und das war erst der Anfang.[24] Denn im Oktober 2020 sollte der von den Russen aufgerufene Preis bereits bei 90,25 Millionen Dollar liegen, was heute 110 Millionen Dollar wären.[25] Monopolpreise eben – die nach Meinung der Amerikaner nicht gerechtfertigt waren.

Das amerikanische *Time Magazine* beschrieb die beengten Verhältnisse in der Sojus: »An Bord einer Sojus-Raumkapsel in den Orbit zu fliegen, ist eine demütigende Erfahrung. Hier gibt es kein schickes Space Shuttle-Cockpit mit Rundum-Windschutzscheibe und Head-up-Displays, keine richtigen Sitze, von denen aus ein echter Kommandant ein echtes Raumschiff steuern kann. Die Sojus ähnelt eher einem Hamsterball mit drei kleinen Sitzen, in die sich drei Erwachsene Schulter an Schulter quetschen. Die Beinfreiheit ist so begrenzt, dass sie mit angezogenen Knien fliegen müssen – Raketenpiloten in Embryonalstellung. Der Kommandant, der auf dem Rücken in seinem Erwachsenensitz liegt, kann ohne die Hilfe einer Art Dirigentenstab mit Gummispitze nicht einmal das Armaturenbrett erreichen.«[26]

Der Durchmesser des Start- und Landemoduls von Sojus wurde so klein wie möglich gehalten und maß nur 2,17 Meter. Zum Vergleich: Das amerikanische Crew-Exploration Vehicle »Orion«, ebenfalls eine Kapsel, weist einen Durchmesser von fünf Metern auf.[27]

Als demütigend empfanden die Amerikaner weniger die Enge, sondern die Tatsache, dass sie überhaupt auf die Russen angewiesen waren, um zur ISS zu kommen. Ebenfalls im *Time Magazine* hieß es: »Die USA müssen unterdessen Russland tolerieren und seine erpresserischen Ticketpreise zahlen, einfach weil es keine andere Möglichkeit gibt. Wenn man per Anhalter in den Spring Break fahren will, sollte man sich darauf einstellen, für Benzin und Red Bull zu bezahlen und mit jedem Radioprogramm einverstanden zu sein. Die ISS (trotz des Wortes ›international‹ im Namen) ist fast vollständig von der NASA gebaut und von den USA finanziert, und die harte Realität ist, dass Moskau unseren Zugang dazu kontrolliert.«[28]

Nachdem sich die internationalen Spannungen verschärften, blieb es trotzdem bei der Zusammenarbeit Russlands und der USA auf der ISS, aber der Ton zwischen beiden Ländern wurde rauer, auch beim Thema Weltraumfahrt.

Am 27. Februar 2014 begann der Krieg Russlands gegen die Ukraine. Bewaffnete, uniformierte, aber ohne Hoheitszeichen auftretende Soldaten (»grüne Männchen«) besetzten das Regionalparlament und andere strategische Punkte auf der Halbinsel Krim. Später bestätigte sich, dass es sich um russische Spezialeinheiten handelte. Auf der Krim wurde ein umstrittenes Referendum abgehalten, und bereits im März gab Russland die Annexion der Krim bekannt. Die USA und andere westliche Staaten antworteten, wenn auch nur halbherzig, mit Sanktionen gegen Russland.

»Nach einer Analyse der Sanktionen gegen unsere Raumfahrtindustrie«, twitterte der stellvertretende russische Ministerpräsident Dmitri Rogosin am 29. April, »schlage ich vor, dass die USA ihre Astronauten mit einem Trampolin zur ISS bringen.«[29]

Zwei Wochen später kündigte er an, dass Russland nach 2020, also mindestens vier Jahre vor dem damals erwarteten Ende der Raumstation, keine Astronauten mehr zur ISS fliegen werde. Außerdem würden keine RD-180-Triebwerke mehr für US-Raketen verkauft, die militärische Nutzlasten transportieren.

Die NASA gab sich gelassen: »Russland ist für den Betrieb der Raumstation genauso auf uns angewiesen wie wir auf sie«, sagte Greg Williams, einer der leitenden Beamten im NASA-Büro für bemannte Raumfahrt, und fügte hinzu, dass die Auseinandersetzung der NASA sogar einen kleinen Vorteil verschafft habe. »Wir haben ein neues Wort gelernt – wir kannten das russische Wort für Trampolin nicht.«[30] Tatsächlich werden die Flüge von US-Astronauten mit russischen Sojus-Raketen bis heute fortgeführt, trotz aller Spannungen zwischen beiden Ländern. Der jüngste bemannte Sojus-Flug mit einem US-Astronauten zur ISS war Sojus MS-28. Der Flug startete am 27. November 2025 von Baikonur und brachte eine Besatzung mit zwei russischen Kosmonauten und dem NASA-Astronauten Christopher Williams zur ISS.

Dabei sind die Amerikaner seit 2020 nicht mehr darauf angewiesen, mit Sojus-Raketen zur ISS zu fliegen – denn die meisten amerikanischen Astronauten, aber auch im Schnitt jeweils zwei russische Kosmonauten pro Jahr, wurden seitdem von dem privaten Unternehmen SpaceX transportiert. Dazu mehr im nächsten Kapitel.

Wie war es so weit gekommen, dass die Amerikaner von 2011 bis 2020 nicht mehr in der Lage waren, ihre Astronauten selbst zur ISS zu bringen? Um das zu verstehen, müssen wir zurückgehen bis in die 1970er-Jahre.

Die Landung von zwölf amerikanischen Astronauten auf dem Mond war eine der größten Leistungen der Menschheitsgeschichte, wenn nicht die größte. Allerdings hatte sie einen stolzen Preis. Zwischen 1960 und 1973 gaben die Vereinigten Staaten 25,8 Milliarden Dollar für das Apollo-Projekt aus, was inflationsbereinigt auf das Jahr 2020 umgerechnet etwa 257 Milliarden Dollar entspricht. Rechnet man das Gemini-Projekt und das robotergestützte Mondprogramm hinzu, die beide Apollo ermöglichten, gaben die USA insgesamt 28 Milliarden Dollar (inflationsbereinigt 280 Milliarden Dollar) aus. Die Ausgaben erreichten 1966, drei Jahre vor der ersten Mondlandung, ihren Höhepunkt. Der Gesamtbetrag, der in diesem Zeitraum für die NASA ausgegeben wurde, belief sich auf 49,4 Milliarden Dollar (482 Milliarden Dollar inflationsbereinigt für 2020).[31] 1966 betrug das NASA-Budget 4,5 Prozent des gesamten US-Haushaltes, heute ist es weniger als ein halbes Prozent.

Die Überlegenheit des Kapitalismus war damit zwar bewiesen, aber nur indirekt: Denn der Grund, warum die Vereinigten Staaten so viel für ihr Raumfahrtprogramm ausgeben konnten, war die Tatsache, dass die kapitalistischen USA ökonomisch der sozialistischen Sowjetunion weit überlegen waren. Aber das Raumfahrtprogramm war ganz überwiegend staatlich organisiert. Die Saturn-V-Rakete wurde von der staatlichen Raumfahrtbehörde NASA entwickelt, der Bau und die Konstruktion wurden von mehreren Unternehmen unter der Leitung von Wernher von Braun und seinem Team am Marshall Space Flight Center in Huntsville, Alabama, koordiniert. Zwar bauten private Unternehmen die verschiedenen Raketenstufen und Triebwerke – vor allem Boeing, North American Aviation, Douglas Aircraft Company und Rocketdyne. Aber anders als heute, wo Unternehmen wie SpaceX eigenständig ihre Raketen entwickeln und die Dienstleistungen dann an private oder staatliche Kunden verkaufen, waren die privaten Firmen damals überwiegend die ausführenden Organe der NASA, die sehr enge Vorgaben machte.

Als die ersten Menschen am 20. Juli 1969 auf dem Mond landeten, war der Republikaner Richard Nixon gerade ein halbes Jahr US-Präsident. Bei ihm lag die Entscheidung, wie es nach der Mondlandung weitergehen sollte. Nixon erntete mit der Mondlandung das, was seine Vorgänger Lyndon B. Johnson und John F. Kennedy vorbereitet hatten. John F. Kennedy war von 1961 bis 1963 Präsident der Vereinigten Staaten und setzte mit seiner berühmten Rede vom 25. Mai 1961 das ehrgeizige Ziel, noch vor Ende des Jahrzehnts einen Amerikaner auf den Mond zu bringen. Damit machte er die bemannte Raumfahrt zu einem zentralen Bestandteil des nationalen Wettbewerbs im Kalten Krieg und gab den politischen Startschuss für das Apollo-Programm. Obwohl er anfangs skeptisch gegenüber den hohen Kosten war, erkannte er bald den strategischen und symbolischen Wert des Projekts.

Lyndon B. Johnson, der nach Kennedys Ermordung 1963 Präsident wurde und bis 1969 amtierte, spielte schon zuvor eine wichtige Rolle in der amerikanischen Raumfahrtpolitik. Als Mehrheitsführer im Senat und später als Vizepräsident war er ein entschiedener Befürworter des Raumfahrtprogramms und koordinierte als Leiter des Nationalen Raumfahrtausschusses die Umsetzung von Kennedys Vision. Unter seiner Präsidentschaft wurden entscheidende Mittel für das Apollo-Programm bereitgestellt, und er sicherte die politische Rückendeckung in einer Zeit wachsender gesellschaftlicher Spannungen. Johnsons konsequente Unterstützung stellte sicher, dass das ambitionierte Ziel, das Kennedy formuliert hatte, auch tatsächlich erreicht werden konnte.

Nixon vermied es jedoch, während der Feierlichkeiten anlässlich der Mondlandung die Namen Kennedy und Johnson zu erwähnen,[32] was führende Tageszeitungen wie die *Washington Post* und die *New York Times* kritisierten. Ein Kommentar der *Times* mit der Überschrift »Nixoning the Moon« brachte es auf den Punkt.[33]

In vorauseilendem Gehorsam hatte die NASA sogar eine Erklärung für den Präsidenten vorbereitet, in der es schien, als sei die Mondlandung Nixons Verdienst. Das war selbst Nixons Raumfahrt-Berater Frank Bormann (der erste Mensch, der im Dezember 1968 den Mond umrundet hatte) zu viel. Er riet Nixon ab, den NASA-Entwurf zu verwenden: »Sehen Sie, Herr Präsident, Sie haben wirklich nichts mit Apollo 11 zu tun. Sie sind nur der glückliche oder unglückliche Empfänger dieser Mission … Wenn sie scheitert, werden Sie dafür verantwortlich gemacht, und wenn sie gelingt, bekommen Sie *einen Teil* der Anerkennung. Aber zu sagen, was die NASA suggeriert – dass Sie praktisch der Vater des Raumfahrtprogramms sind –, ist einfach falsch.«[34]

Nach der Mondlandung folgten lange Diskussionen, was der nächste Schritt sei. Bereits zwei Wochen nach der Mondlandung präsentierte Wernher von Braun, das Hirn des Apollo-Programms, vor der »Space Task Group« einen genauen Plan für eine bemannte Marsmission: »Die bemannte Marsmission 1981 (Landung auf dem Mars 1982) wird als integraler Bestandteil des gesamten Weltraumprogramms für die nächsten zwei Jahrzehnte dargestellt. Eine bemannte Marslandung im Jahr 1982 ist ein logischer Schwerpunkt für die Programme des nächsten Jahrzehnts. Obwohl die Durchführung der Mission eine große nationale Herausforderung darstellen wird, ist sie keine größere Herausforderung als die 1961 eingegangene Verpflichtung, einen Menschen auf den Mond zu bringen.«[35]

Nixons Stellvertreter, Vizepräsident Spiro T. Agnew, forderte schon kurz vor der Mondlandung, der nächste Schritt solle es sein, Menschen zum Mars zu bringen.[36] Doch Nixon konnte sich dafür nicht begeistern. Nixon schaute – mehr noch als andere Politiker – immer genau auf die Daten aus Umfragen und tendierte dazu, sich nach ihnen zu richten. Und die Umfragen sagten, dass 53 Prozent der Amerikaner gegen eine Marsmission waren und nur 39 Prozent dafür.[37] Die *New York Times* schrieb: »Jedes erzwungene Mars-Äquivalent des Apollo-Projekts würde Hunderte von Milliarden Dollar abziehen, die dringend für die Bedürfnisse der Menschen auf der Erde benötigt werden.«[38]

Ähnlich argumentierte Mike Mansfield, Demokrat und Mehrheitsführer im Senat: Solche Unternehmungen sollten nicht stattfinden, »bis die Probleme hier auf der Erde gelöst sind«.[39] Nixon hatte Angst, dass eine Befürwortung von spektakulären Raumfahrtprogrammen so ausgelegt werden könnte, als wolle die Regierung damit Geld abziehen, das besser für die Bekämpfung der Armut oder anderer sozialer Probleme verwenden werden könnte. Ein Argument, das ebenso populär wie falsch ist, denn durch höhere Staatsausgaben oder Entwicklungshilfe wird Armut nicht wirksam bekämpft, wie ich in meinem Buch »Warum Entwicklungshilfe nichts bringt und was wirklich gegen Armut hilft« anhand vieler Studien belege. Aber für Nixon spielte es eine wichtige Rolle.[40]

Zunächst galt es jedoch, eine Entscheidung darüber zu treffen, welche der geplanten Flüge zum Mond weiterhin stattfinden sollten. Nur wenige Monate nach der ersten Mondlandung, im November 1969, landeten das zweite Mal Menschen auf dem Erdtrabanten. Und am 11. April 1970 startete Apollo 13 mit dem Ziel, im Fra-Mauro-Hochland auf dem Mond zu landen. Doch zwei Tage nach dem Start, am 13. April, kam es zu einer schweren Explosion in einem der beiden Sauerstofftanks im Servicemodul. Die Ursache war ein Kurzschluss, der den Tank zerstörte und weite Teile der Energie- und Lebenserhaltungssysteme lahmlegte.

Die Astronauten – James Lovell, Jack Swigert und Fred Haise – mussten die geplante Mondlandung sofort abbrechen. Stattdessen nutzten sie das noch unbeschädigte Mondlandemodul »Aquarius« als provisorisches Rettungsschiff. In den folgenden Tagen kämpfte die Crew gemeinsam mit dem Kontrollzentrum in Houston um Energie, Wasser, Sauerstoff und Kurskorrekturen. Trotz extremer Kälte und CO_2-Problemen gelang es, die Raumkapsel sicher zur Erde zurückzuführen. Am 17. April 1970 wasserte Apollo 13 im Pazifik, und alle drei Astronauten kehrten wohlbehalten zurück. Vielleicht haben Sie die spannende Dokumentation unter dem Titel »Houston, wir haben ein Problem« über dieses Ereignis gesehen.

Es fanden weitere Flüge zum Mond statt, aber nach dem Beinahe-Unglück von Apollo 13 hatte Nixon Angst, dass vor den Wahlen am 7. November 1972 etwas schiefgehen könnte. Darum ließ er den Start von Apollo 17, der vor den Wahlen hätte stattfinden sollen, überraschend verschieben. Seine Berater hatten ihn gewarnt, dass dieser Flug mit höheren Risiken verbunden sei. Nixon fürchtete, wenn etwas schiefginge, würde man ihn dafür verantwortlich machen, was seine Wahlchancen mindern würde.[41] Der Flug fand schließlich am 7. Dezember 1972 statt, genau einen Monat nach dem für Nixon triumphalen Wahlsieg gegen George McGovern.

Nixons Erklärung beim Start von Apollo 17 war ein Schock für alle raumfahrtbegeisterten Menschen. Nixon sagte: »Dies könnte das letzte Mal in diesem Jahrhundert sein, dass Menschen den Mond betreten.«[42] Als die Erklärung der Apollo-17-Besatzung vorgelesen wurde, während sie vor der Rückkehr zur Erde den Mond umkreiste, war Astronaut Harrison »Jack« Schmitt wütend und dachte: »Das war das Dümmste, was ein Präsident sagen konnte ... Warum sagt man so etwas zu allen jungen Menschen auf der Welt ... Das war einfach nur reine Willensschwäche.«[43]

Der Historiker John M. Logsdon kommentierte kritisch: »Mit seinen Entscheidungen zur Raumfahrt stellte Nixon sicher, dass seine Prognosen Realität werden würden.«[44] In der Tat sagte Nixon alle drei weiteren ursprünglich geplanten Apollo-Mondlandungen (Apollo 18, 19 und 20) ab, und zudem wurde die Idee verworfen, als nächstes Ziel den Mars ins Visier zu nehmen.

Aber was tun? Zwar wollte man die bemannte Raumfahrt nicht ganz aufgeben, aber vielleicht sollte sich die NASA lieber auch anderen Themen widmen? »Präsident Nixon und seine Berater«, so legt Logsdon in seinem Buch

»After Apollo. Richard Nixon and the American Space Program« dar, »waren daran interessiert, technologiebasierte Lösungen für wichtige gesellschaftliche Probleme zu entwickeln, und erwogen ernsthaft, die NASA in eine allgemeine Agentur für angewandte Wissenschaft – eine ›neue NASA‹ – umzuwandeln, um diese Verantwortung zu übernehmen.«[45]

Diese Idee kam Nixon, als ihm jemand erzählte, dass man mit neuen technischen Verfahren Meerwasser entsalzen und für die Landwirtschaft oder als Trinkwasser nutzen könne. Der Präsident war regelrecht besessen von der Idee, weshalb er ernsthaft überlegte, die NASA umzubenennen. Wenn die NASA Menschen zum Mond gebracht hatte, warum sollte sie dann nicht in ähnlichen Projekten irdische Probleme lösen?

Hier ein Auszug aus einer Besprechung zwischen Nixon, seinem Chefberater John Ehrlichman und seinem Finanzminister George Shultz:

»Nixon: Können wir sie anders als ›National Aeronautics and Space‹ nennen?

Ehrlichman: Wir arbeiten daran.

Nixon: Wenn wir ein paar Forschungsprojekte an einigen Orten ansiedeln, wäre das wunderbar. Siedeln Sie viele davon in Kalifornien an. [Nixon hatte 1968 die Wahlen in Kalifornien mit einem Vorsprung von drei Prozentpunkten vor seinem demokratischen Konkurrenten Hubert Humphrey gewonnen, nachdem dort vier Jahre zuvor der Demokrat Lyndon B. Johnson über Barry Goldwater gesiegt hatte. Für ihn waren Arbeitsplätze und Prestigeprojekte in dem bedeutenden Bundesstaat wichtig, um bei den Wahlen 1972 diesen Erfolg zu wiederholen. R. Z.]

Shultz: Warum nicht das Beste daraus machen? Durch die Erweiterung der Horizonte der NASA können wir das endlich tun. Die Idee einer klar definierten Mission in der

Raumfahrt und Luftfahrt gefällt ihnen, aber sie werden allmählich dazu gebracht, etwas weiter zu denken.

Nixon: Wir können es so formulieren, dass wir sie auf einen Berggipfel bringen. Wir holen sie zu uns, sagen ihnen: ›Seht her, ihr habt gezeigt, wie es gemacht werden kann.‹ Mit anderen Worten: Wir geben ihnen ein Projekt und sagen ihnen: ›Geht los und macht es.‹ Jetzt geben wir ihnen dieses [Entsalzung], und sie gehen los und machen es. Das ist der beste Weg, um die Teams zum Arbeiten zu bringen, und Sie wissen, dass sie dann loslegen und bla bla bla sagen und bla bla bla T-Shirts mit Buchstaben und so tragen.«[46]

Ehrlichman schrieb an Shultz nach der Besprechung: »Der Präsident möchte, dass ernsthaft darüber nachgedacht wird, den Namen der NASA in einer Weise zu ändern, die eine stärkere Ausrichtung auf das Inland zum Ausdruck bringt.«[47] Die NASA bekam den Auftrag, zu untersuchen, welche anderen technologischen Probleme sie lösen könnte, die nichts mit Raumfahrt zu tun hätten.[48] Offenbar ließ die gelungene Mondlandung die Politiker größenwahnsinnig werden, und sie dachten, in ähnlicher Weise, also mit staatlicher Industriepolitik und Planung, ließen sich auch andere Herausforderungen überwinden – insbesondere solche, die noch mehr Wähler interessierten.

So verkündete Nixon den sogenannten »War on Cancer« am 23. Dezember 1971, als er den National Cancer Act unterzeichnete. Dabei bezeichnete er diesen Startschuss für die Krebsforschung als möglicherweise wichtigste Maßnahme seiner Amtszeit. Heute ist unstrittig, dass dieses Projekt gescheitert ist und ein weiteres Beispiel für den von Mariana Mazzucato gepriesenen, aber in der Realität selten erfolgreichen Ansatz von »mission-oriented innovations policies« (MOIPs) darstellt.[49]

Nixon dachte sogar darüber nach, die Missionen Apollo 16 und Apollo 17, die längst geplant waren, abzusagen und die für sie vorgesehenen Mittel für andere Zwecke zu verwenden. Damit hätte Nixon gleich zwei Probleme gelöst: Bekanntlich fürchtete er, dass ein mögliches Scheitern einer Mondmission seine Aussichten auf eine Wiederwahl 1972 schmälern könnte, und wenn man das Geld gezielt einsetzte, damit die NASA »irdische« Probleme löse, die mehr Wähler interessierten, dann könnte das bei den Wahlen hilfreich sein.

Rationale Argumente der NASA-Wissenschaftler, die darauf hinwiesen, dass die beiden Missionen weniger als ein halbes Prozent der Gesamtkosten des Apollo-Programms ausmachten, aber über 50 Prozent der produktiven Zeit auf der Mondoberfläche bedeuteten, fanden kein Gehör.[50] Andere Argumente hatten mehr Gewicht, vor allem die Befürchtung, dass eine Kürzung des NASA-Budgets und eine Absage von geplanten Projekten die Arbeitslosigkeit in der Luft- und Raumfahrtindustrie in Kalifornien erhöhen und damit die Wiederwahl von Nixon gefährden könnte.

Was die Raumfahrt anlangt, waren verschiedene Ideen diskutiert worden, vor allem ein Projekt, das »Space Shuttle« genannt wurde. Die Frage der Schaffung von Arbeitsplätzen in Kalifornien nahm eine zentrale Rolle ein, denn bei der US-Präsidentschaftswahl entfielen auf Kalifornien insgesamt 45 Wahlmännerstimmen (Electoral Votes), mehr als in jedem anderen Bundesstaat. Nixon ermahnte Caspar Weinberger, der für die Erstellung und Kontrolle des Bundeshaushalts verantwortlich war, »sich persönlich für das Projekt ›Arbeitsplätze für Kalifornien‹ einzusetzen und dafür zu sorgen, dass die Bemühungen in dieser Hinsicht nicht nachlassen«.[51] Ob das Space Shuttle im Mittelpunkt der Raumfahrt-Aktivitäten nach Ende des

Apollo-Programms stehen und in welchen Dimensionen das Shuttle gebaut werden sollte, wurde fast drei Jahre lang diskutiert, und dabei spielte die Frage, was das für die Arbeitsplätze in Kalifornien bedeuten und wie dies die Wahlen in dem Bundesstaat beeinflussen würde, eine zentrale Rolle.[52]

Kurzfristige wahltaktische Entscheidungen hatten sehr weitreichende langfristige Auswirkungen, wie Logsdon verdeutlicht: »Präsident Richard Nixon und seine Mitarbeiter hatten mit der Entscheidung, das Space Shuttle zu entwickeln, endlich eine Antwort auf die Frage gegeben: ›Was tun wir nach der Mondlandung?‹ Diese Antwort bestimmte einen Großteil des zivilen Raumfahrtprogramms der USA für die nächsten 40 Jahre.

John F. Kennedys Entscheidung von 1961, zum Mond zu fliegen, führte zum Apollo-Programm, das von 1961 bis 1975 dauerte; Richard Nixons Entscheidung, das US-Raumfahrtprogramm nach Apollo um das Space Shuttle herum aufzubauen, hatte weitaus nachhaltigere Auswirkungen.«[53]

Über diese langfristigen Folgen war sich die Politik vermutlich nicht im Klaren. Die Politiker waren es gewohnt, in kürzeren Zeiträumen zu denken, vor allem in einem Zeitraum bis zu den nächsten Wahlen. Und so war es auch bei dieser Entscheidung.

Das »Domestic Council«, ein Gremium innerhalb des Weißen Hauses, das sich mit innenpolitischen Angelegenheiten befasste – quasi das innenpolitische Pendant zum Nationalen Sicherheitsrat (National Security Council) – warnte, »Kürzungen im Verteidigungsbereich und bei der NASA bis 1972 werden zu einem Rückgang der Ausgaben um 30 Prozent gegenüber dem Niveau von 1968 führen und die Arbeitslosigkeit (850 000 Arbeitnehmer) – insbesondere unter Wissenschaftlern und Ingenieuren (zusätzlich 130000) – in die Höhe treiben.« Der Domestic-Council-Mitarbeiter fügte hinzu, dass »die Arbeitslosigkeit sehr lokal eingegrenzt« sei, mit 43,5 Prozent in der Pazifikregion, insbesondere in Los Angeles. »Der Zusammenhang zwischen der Beschäftigung in der Luft- und Raumfahrt und dem Space Shuttle, der bereits 1970 offensichtlich war, sollte sich als wichtiger Faktor für die endgültige Entscheidung zugunsten des von der NASA bevorzugten Shuttles Ende 1971 erweisen«, resümiert der Historiker Logsdon.[54]

Nixons Berater Ehrlichman erinnert sich, die Frage der Arbeitsplätze, die durch das Space-Shuttle-Projekt geschaffen würden, »war für Nixon ein sehr wichtiger Gesichtspunkt ... Ich kann mich an Gespräche darüber erinnern, die sehr überzeugend waren ... Man darf diesen Aspekt, den Aspekt der Beschäftigung, in Nixons Entscheidung [über das Shuttle-Programm, J. M. L.] nicht unterschätzen ... Wenn man sich die Beschäftigungszahlen ansieht und sie mit den umkämpften Bundesstaaten in Verbindung bringt [den Bundesstaaten, deren Wahlmännerstimmen für den Sieg bei den Präsidentschaftswahlen 1972 wichtig waren, J. M. L.], kommt dem Raumfahrtprogramm eine unverhältnismäßig große Bedeutung im Haushalt zu.«[55]

Nixon selbst merkte an: »In Florida und Kalifornien ist dies [die Genehmigung des Shuttles, J. M. L.] eine große Sache. Es wird die Luft- und Raumfahrtindustrie retten.« Und Logsdon fasst zusammen: »Was auch immer Richard Nixons Zustimmung zum Space Shuttle sonst noch bedeutete, er sah darin einen Vorteil für seine Wiederwahlaussichten.«[56] Wie erwähnt, waren zuvor Alternativen diskutiert worden, so etwa ein großes Projekt für einen bemannten Flug zum Mars. Doch dies war rasch wegen der vermeintlich viel zu hohen Kosten verworfen worden; das Space Shuttle schien ein weitaus günstigeres Projekt zu werden – was, wie wir sehen werden, auf falschen Annahmen beruhte.

Matthew H. Hersch, Professor für History of Science an der Harvard-Universität, hat die Geschichte und Vorgeschichte des Space Shuttle eingehend analysiert und kam zu dem Schluss: »Dass die NASA nach dem Apollo-Projekt ein Weltraumprogramm starten würde, war 1972 unter den politischen Entscheidungsträgern des Landes selbstverständlich, aber das wichtigste Argument für die Entwicklung des Shuttles war die Tatsache, dass es weitaus kostengünstiger war als die meisten Alternativvorschläge, insbesondere eine Apollo-ähnliche Mission zum Mars. Von den zahlreichen Raumfahrzeugen und Projekten, die die NASA nach dem Apollo-Projekt in Betracht zog – darunter Raumstationen, nukleare Orbitalfähren, Venus-Vorbeiflüge und Marslandungen –, bot das Shuttle die niedrigsten Kosten und den unmittelbarsten Nutzen, obwohl sein Wert auf unrealistischen wirtschaftlichen Annahmen beruhte …«[57]

Was genau das Space Shuttle leisten sollte, und das ist bemerkenswert, war zunächst gar nicht klar. Denn es gab die verschiedensten Ideen und Anforderungen, die sich zum Teil widersprachen. Das Space Shuttle, wie es dann schließlich beschlossen und umgesetzt wurde, war vor allem ein politischer Kompromiss zwischen verschiedenen Interessengruppen. Die Diskussionen darüber hatten insgesamt drei Jahre gedauert.[58]

Wie erwähnt, war den politischen Entscheidern der Zweck auch gar nicht wichtig. Man wollte mit überschaubaren Kosten ein Signal setzen, dass die USA weiterhin in der Raumfahrt aktiv blieben, ohne allzu viel Geld auszugeben, ohne allzu viele Risiken einzugehen und dabei möglichst Arbeitsplätze in für die Wahlen wichtigen

Bundesstaaten zu schaffen oder wenigstens zu erhalten. »Nixon«, so schreibt Hersch in seiner Studie über das Space Shuttle, »bestand lediglich darauf, dass die NASA *irgendetwas* produzieren sollte, und zwar angesichts der bevorstehenden Wahlen 1972 in dem um die Stimmen der Wähler buhlenden Bundesstaat Kalifornien ...«[59]

Immerhin gefiel Nixon das Design des Shuttle sehr, jedenfalls nahm er ein Modell, das ihm die NASA für eine Pressekonferenz geliehen hatte, einfach mit und gab es nicht wieder zurück.[60] Für Nixons Entscheidung spielte neben dem erwarteten Beschäftigungseffekt in Kalifornien auch eine Rolle, dass Willard F. Rockwell Sr., der Gründer der Firma North American Rockwell, die das Space Shuttle produzieren würde, ein Hauptspender für seinen Wahlkampf war und zudem ein persönlicher Freund.[61]

Auch die Frage, welche der Teile des Space Shuttle durch welche weiteren Unternehmen produziert werden sollte, wurde nicht nach sachlichen, sondern, wie auch bei Rüstungsprojekten in den USA üblich, nach politischen Kriterien gefällt. »Unternehmen in Kongressbezirken im ganzen Land stellten die Tragflächen, das Ruder und andere Teile der Orbiter her, um die Unterstützung des Shuttles durch eine Vielzahl von Abgeordneten sicherzustellen, und lieferten die Teile dann zur Endmontage an das Rockwell-Werk in Palmdale, Kalifornien.«[62]

Zunächst hatte die NASA die Idee, eine wiederverwendbare Rakete zu bauen, um die Kosten zu senken. Das war keine neue Idee, es gab schon etliche Konzepte und Versuche, die jedoch bis dahin nicht zum Erfolg geführt hatten. Die Idee einer vollen Wiederverwendbarkeit wurde auch schon bald aufgegeben, da man dies für zu teuer hielt.[63] Jede Interessengruppe hatte andere Anforderungen an das Space Shuttle, die Wissenschaftler, die Militärs und diejenigen, denen die bemannte Raumfahrt am Herzen lag.

Hersch zieht eine bittere Bilanz: »Die vielfältigen Identitäten des Shuttles – als bemanntes Raumfahrzeug, Träger für Satelliten, Orbital-Labor, Versorgungsfahrzeug für Raumstationen und interplanetare Raumschiffe, Transportfahrzeug für kommerzielle Nutzlasten, Instrument der Diplomatie und internationalen Zusammenarbeit und schließlich als militärisches Raumflugzeug – standen stets im Widerspruch zueinander, und da jede dieser Funktionen eine andere Maschine erforderte, gelang es der NASA nie, sie zufriedenstellend miteinander in Einklang zu bringen. Innerhalb weniger Jahre hatte sich das Shuttle von einem optimistischen Versuch, eine Weltraumzivilisation zu schaffen, zu einem unzweckmäßigen, geflügelten Fahrzeug entwickelt, das niemanden zufriedenstellte, auch nicht die Planer der Luftwaffe, deren Interesse am Shuttle zunehmend dessen Design bestimmte.«[64]

Das Space Shuttle, so das Resümee, »war ein Artefakt einer verwirrten und chaotischen politischen Ära. Wie andere große Technologien dieser Zeit verkörperte das Shuttle die krisen- und konsensorientierte Natur der amerikanischen Politik des 20. Jahrhunderts und die Tendenz, große Systeme durch Ausschüsse zu schaffen.«[65] Viele Beteiligte, in der NASA und in der Air Force, waren von dem Konzept eines »Alleskönner«-Raumfahrzeugs, das wie eine Rakete startete und wie ein Flugzeug landete, nicht überzeugt. Die Idee, ein solches Raumschiff mit Flügeln zu bauen, obwohl diese für den größten Teil der Reise hinderlich waren und nur beim Landeanflug benötigt wurden, ließ von Anfang an viele Ingenieure zweifeln. Am Ende war es ein politischer Kompromiss, der viele, teilweise sich widersprechende Interessen und

Anforderungen befriedigen sollte. Während es für das Apollo-Projekt ein klar definiertes Ziel gegeben hatte, nämlich Menschen auf den Mond zu schicken, sollte das Space Shuttle sozusagen eine ›eierlegende Wollmilchsau‹ sein, ein »Allzweck-Raumfahrzeug«[66] – ohne einen klar definierten Zweck.

Oft spielten sachfremde Motive eine Rolle: So bekam Rockwell den Auftrag, das Raumschiff herzustellen, weil Präsident Nixon vor den Wahlen einem im damaligen Swing State Kalifornien ansässigen Unternehmen den Auftrag erteilen wollte.[67] »Kompromisse und Sparsamkeit hatten seine Gestaltung bestimmt, und sein Hauptvorteil lag in seiner Genehmigung in einem Wahljahr«, so Hersch.[68]

Die Auftragsvergaben erfolgten oft primär unter fragwürdigen politischen Gesichtspunkten. Ein Beispiel: Die Entscheidung, das Unternehmen Thiokol mit der Herstellung der Space-Shuttle-Feststoffraketen (Solid Rocket Booster, Abkürzung SRB) zu betrauen, »blieb von Vorwürfen der Begünstigung durch Politiker und Beamte in Utah überschattet«.[69] Ohne die Fehlentscheidung der Führung von Thiokol, den Start der Challenger im Januar 1986 freizugeben, wäre es nicht zu dem Unglück gekommen. Dies ist umso tragischer, als ein Mitarbeiter des Unternehmens eindringlich gewarnt hatte, dass wegen der ungewöhnlichen Kälte an diesem Tag die Dichtungs-O-Ringe die notwendige Elastizität einbüßen könnten, was dann auch tatsächlich geschah und zu dem Unglück führte, bei dem alle sieben Astronauten starben.

Aus PR-Gründen hatte man auf diesem Flug eine Lehrerin mitgenommen, die mit den sechs Astronauten umkam. Damit hatte sich das Thema privater Raumfahrttourismus mit dem Shuttle erst einmal erledigt. Objektiv war das Shuttle nicht riskanter als die Apollo-Raumschiffe – dass mehr Menschen umkamen, lag einfach daran, dass statt drei sieben Astronauten an Bord waren. Aber manche glaubten, der Flug im Space Shuttle sei so sicher wie in einem Flugzeug. Die professionellen Astronauten wussten indes genau, dass das nicht stimmte.

Die erste Reaktion auf das Challenger-Unglück war das sofortige Verbot, kommerzielle Nutzlasten mit dem Shuttle zu befördern. Der Raumfahrt-Experte Rand Simberg kommentiert diese Entscheidung: »Im Grunde war dies eine kluge Entscheidung, denn das Shuttle hatte von Beginn an die Entwicklung privater Trägerraketen ausgebremst, indem ein steuerfinanziertes System die Kosten jedes möglichen Konkurrenten unterbot. Dadurch blieben Investitionen in diesem Bereich (aus naheliegenden Gründen) aus.

Erst die Abkehr von dieser Politik machte die Entstehung der heutigen kommerziellen Raumfahrtindustrie möglich. Doch wie so oft in der Politik war es ein Fall, in dem eine richtige Entscheidung aus einem wirklich dummen Grund getroffen wurde. Denn das Ziel war keineswegs, eine private Raumfahrtbranche aufzubauen – vielmehr änderte man den Kurs, weil man fand, Astronauten *sollten nicht für die banale Aufgabe des Satellitenstarts ihr Leben aufs Spiel setzen.*«[70]

Dabei geschieht das täglich millionenfach auf der Welt: Lastkraftwagenfahrer riskieren täglich ihr Leben beim Transport von Gütern, allein in den USA sterben dabei mehrere Hundert Jahr für Jahr.

Ökonomisch war das Shuttle ein totales Desaster. Ursprünglich wurden für die Entwicklung der Rakete Kosten von 4,5 bis 5 Milliarden Dollar kalkuliert. Die laufenden Kosten pro Flug sollten nach unterschiedlichen Schätzungen bei fünf[71] bis zehn Millionen Dollar liegen.[72] In Wahrheit interessierte sich die Politik für die laufenden Kosten kaum, da diese ja anfallen würden, wenn Nixon nicht mehr im Amt war.[73]

Die Kosten hatte man sich schöngerechnet, indem einfach die Annahme über die Zahl der Flüge pro Jahr ständig erhöht wurde, von zunächst acht bis zwölf Flügen im Jahr auf schließlich bis zu 140 Flügen im Jahr, also etwa dreimal in der Woche.[74]

Die Logik ist einfach: Je höher die Zahl der kalkulierten Flüge, desto günstiger würde jeder Flug. Tatsächlich flog das Shuttle jedoch in den 30 Jahren seines Einsatzes, von 1981 bis 2011, nur 135-mal.[75]

Das lag zum Teil an den langen Unterbrechungen nach den beiden Unglücken, zum Teil aber auch daran, dass die Kosten und der Aufwand für die Instandsetzung nach einem Flug sehr viel höher waren als angenommen. Es war keineswegs so, dass man – wie das zuvor erwartet worden war – fast wie bei einem Flugzeug nach der Landung und einer Inspektion wieder abheben konnte.

Nach einem Space-Shuttle-Flug dauerte die Instandsetzung typischerweise drei bis sechs Monate und erforderte den Einsatz von mehreren Hundert bis über 1000 Technikern. Besonders aufwendig waren die Inspektion und Reparatur des Hitzeschilds sowie die komplette Demontage und Prüfung der Haupttriebwerke. Das Hitzeschild bestand aus über 24 000 einzelnen Keramikplatten, die individuell geformt und nummeriert waren. Nach jedem Flug mussten diese Platten sorgfältig überprüft, ausgerichtet und beschädigte Teile aufwendig ersetzt werden, was die Instandhaltung zeit- und kostenintensiv machte.

Laut NASA-Berichten und Analysen kostete ein Space-Shuttle-Start inklusive Betrieb und Infrastruktur etwa 1,5 Milliarden Dollar, wobei bis zu 27 500 kg Nutzlast in den erdnahen Orbit (LEO) befördert wurden – das entspricht ungefähr 54 500 Dollar pro kg.[76] Die Gesamtkosten für das Shuttle-Programm beliefen sich bis zum Jahr 2011 auf über 200 Milliarden Dollar[77] (in Preisen des Jahres 2025 wären das etwa 300 Milliarden Dollar).

Am 1. Februar 2003 kam es zum zweiten tödlichen Unglück mit einem Space Shuttle, als die Columbia beim Wiedereintritt über Texas zerbrach. Dabei kamen alle sieben Besatzungsmitglieder ums Leben. Noch am gleichen Tag wurde beschlossen, ein Untersuchungskommitee einzusetzen, das Columbia Accident Investigation Board. Das Ergebnis war erschütternd, denn es wurde klar, dass alle ursprünglichen Erwartungen verfehlt worden waren, aber man trotzdem nicht auf das Shuttle verzichten konnte: »Das Shuttle verfügt nur über wenige der ursprünglich von der NASA versprochenen Einsatzmöglichkeiten. Es kann nicht auf Abruf gestartet werden, deckt seine Kosten nicht, transportiert keine nationalen Sicherheitslasten mehr und ist weder kosteneffizient genug noch gesetzlich zugelassen, um kommerzielle Satelliten zu transportieren. Trotz der Bemühungen, seine Sicherheit zu verbessern, bleibt das Shuttle ein komplexes und risikoreiches System, das für die Ambitionen der USA im Weltraum nach wie vor von zentraler Bedeutung ist.«[78]

Eine der wichtigsten negativen Folgen war, dass das staatliche Space-Shuttle-Programm lange die Entwicklung einer privaten Raketenindustrie verhinderte, so Hersch: »Anstatt den Weltraum zu erforschen, ersetzte die NASA den noch in den Kinderschuhen steckenden freien Markt für Startdienste durch einen einzigen staatlichen Anbieter, der teure, unzuverlässige Raketen von wichtigen Rüstungsunternehmen kauft, die von politischen Entscheidungsträgern ausgewählt wurden, um dann die Flüge für bevorzugte Nutzer unterhalb der Kostendeckung anzubieten, wodurch der Wettbewerbsdruck, der zu einer Verbesserung der Technologie hätte führen können, zunichte gemacht wurde.«[79]

Es war der NASA trotz Anstrengungen nicht gelungen, eine zweite alternative Rakete zu entwickeln, die das Shuttle ersetzen konnte. Daher wurde im Januar 2004, elf Monate nach dem Unfall, zwar das Ende des Shuttle-Programms verkündet, aber es fanden nach einer zweieinhalbjährigen Unterbrechung ab Juli 2005 noch 22 Flüge statt, bis dann der letzte Shuttle-Flug am 21. Juli 2011 – der 135. Flug der gesamten Shuttle-Programmgeschichte – das Programm beendete.

Wie es weiterging, wissen wir schon. Da die USA ihre Astronauten nicht mit einem Trampolin zur ISS schicken konnten, waren sie in den folgenden Jahren auf die russischen Sojus-Raketen angewiesen.

Vielleicht wäre es besser gewesen, auf den amerikanischen Ökonomen William Niskanen zu hören, der im Oktober 1971 bei einer Beratung des Office of Management and Budget einen radikalen Alternativvorschlag gemacht hatte: »Der private Sektor soll mit eigenen finanziellen Mitteln das Raumtransportsystem der nächsten Generation entwickeln und anschließend Transportdienstleistungen an die NASA und das Verteidigungsministerium verkaufen, um die Investitionen wieder hereinzuholen.«[80] George M. Low, der stellvertretende Leiter der NASA, direkt unter dem damaligen Administrator James C. Fletcher, entgegnete darauf: »Der Grund dafür, das nicht zu machen, ist, dass es einfach nicht funktionieren würde: Wenn die Idee darin besteht, das Raumfahrtprogramm einzustellen, wäre dies vielleicht ein Weg, dies zu erreichen.«[81]

Er sollte sich gewaltig irren. Aber damit war er nicht allein. Seine Äußerung ist nur eines von vielen Beispielen dafür, wie Politiker und Staatsbedienstete ihre eigene

Rolle und ihre Möglichkeiten maßlos überschätzen und die Kraft des Marktes unterschätzen.

Die Geschichte der bemannten Raumfahrt nach Apollo mutet an wie eine idealtypische Bestätigung der Public-Choice-Theorie, die erklärt, wie politische Entscheidungen zustande kommen. Die Sache der Raumfahrt an sich oder gar wissenschaftliche Erwägungen spielten fast keine Rolle. Eine viel größere Rolle spielte die Frage, welchen Beitrag Raumfahrt zum Image eines Politikers leisten konnte sowie Interessen von Lobbyisten und natürlich die Überlegung, wie man am meisten Wählerstimmen in für den Ausgang der Wahl entscheidenden Bundesstaaten gewinnen könnte. Überrascht von diesem Befund kann nur der sein, der von der naiven Annahme ausgeht, Politik sei vorwiegend gemeinwohlorientiert und solle den Wohlstand maximieren.

2. Der zweite Aufbruch

Im März 2020 wurden in den USA die ersten Maßnahmen gegen Covid-19 eingeführt. Am 1. April erklärte Floridas Gouverneur Ron DeSantis einen landesweiten Lockdown – Schulen, Bars und Nachtclubs wurden aus Angst vor dem Coronavirus geschlossen. Aber Douglas Hurley hatte andere Sorgen. Der Amerikaner, 1966 in Endicott (Bundesstaat New York) geboren, am Gründungsort des Computer-Riesen IBM, hatte seine dritte Weltraummission vor sich. Die Raumfahrt war sein Leben. Er sollte bis zu seinem Ausscheiden aus der NASA im Jahr 2021 mehr als 90 Tage im All verbringen, und auch seine Frau war Astronautin.

Hurley war 2009 das erste Mal mit dem Space Shuttle zur ISS geflogen und war auch an Bord des historischen letzten Flugs STS-135, der am 8. Juli 2011 begonnen hatte. Jetzt, am 27. Mai 2020, saß er in dem Crew Dragon Raumschiff, das von einer Falcon-9-Rakete des privaten Unternehmens SpaceX zur ISS fliegen sollte. Musk hatte das Raumschiff nach dem Song »Puff, the Magic Dragon« aus den 60er-Jahren benannt, weil seine Kritiker immer wieder erklärten, er werde mit seiner Idee scheitern.[82]

Es wäre das erste Mal seit langer Zeit, dass eine neue amerikanische Rakete mit Astronauten in den Orbit starten würde – das letzte Debüt zuvor hatte das Space Shuttle vor vier Jahrzehnten gegeben. Vor allem: Es wäre der erste bemannte Start einer privaten Raumfahrtfirma in den Erdorbit und der erste bemannte Start vom US-Boden seit dem Ende des Space-Shuttle-Programms 2011. Und, noch eine Premiere, das erste Mal seit dem Ende des Programms, dass wieder eine amerikanische Rakete Astronauten zur ISS bringen sollte. Die Mission wurde im Auftrag der NASA durchgeführt, aber das Raumfahrtsystem stammte vollständig von SpaceX (Falcon 9 und Crew Dragon).

Bereits im März 2019 war die Raumkapsel Crew Dragon zu ihrem ersten unbemannten Testflug zur ISS gestartet. An Bord befand sich damals aber nur die Testpuppe Ripley, benannt nach der Filmfigur aus *Alien*. Die Mission diente dazu, wichtige Sicherheitssysteme wie das Lebenserhaltungssystem unter realen Bedingungen zu testen. Ripley war mit Sensoren ausgestattet, die während des gesamten Flugs Daten über Beschleunigung, Druck und Vibrationen sammelten. Der erfolgreiche Flug war ein entscheidender Meilenstein auf dem Weg zur ersten bemannten Mission mit Crew Dragon.[83]

Als er in das Raumschiff stieg, war Hurley nicht sicher, ob es auch abheben würde. Bei seinem ersten Flug 2009 mit dem Space Shuttle war der Start wegen technischer Probleme immer wieder verschoben worden, und erst beim sechsten Mal sollte es klappen. »Deshalb erwarte ich jedes Mal, wenn ich zur Startrampe gehe, dass wir den Start abbrechen werden.«[84]

Und so sollte es auch diesmal sein. Das Wetter spielte nicht mit, Hurley und sein Co-Pilot Robert Behnken mussten wieder aussteigen, alle waren enttäuscht. Elon Musk wollte wissen, wer der Launch Weather Officer sei, der entschied, ob der Start abgebrochen werden müsse oder nicht. Das vorangegangene Gewitter war zwar vorbei, aber wegen der sogenannten »field mill rule«, die nach einem Problem bei dem Start von Apollo 12 erlassen worden war, musste dennoch 16 Minuten vor dem Start abgebrochen werden. Diese Regel besagt: Wird der elektrostatische Feldstärke-Sensor (Field Mill) zu nahe am Startplatz aktiviert, besteht die Gefahr, während des Starts selbst einen Blitz zu erzeugen – und damit Rakete und Besatzung zu gefährden. NASA und SpaceX stoppen den Countdown, sobald die Feldstärke über den festgelegten Grenzwert steigt: ein automatisches »No-Go«, um das Risiko eines startinduzierten Blitzes zu vermeiden.

Musk konnte schnell unangenehm werden, besonders bei den vielen unsinnigen staatlichen Regeln der NASA, der Umweltbehörden und so weiter. Aber als der Wetteroffizier Mike McAleenan ihm die Sache erklärte, akzeptierte Musk diese Vorschrift als sinnvoll. »Wenn man Elon klare Antworten gibt, mit allen Details, die er haben will, ist er sehr zufrieden«, meinte der Wetteroffizier. »Aber versuchen Sie nicht, ihn zu verarschen, denn das merkt er sofort.«[85]

US-Präsident Donald Trump war mitgekommen, um zuzuschauen und sich im Erfolg von Musk zu sonnen – nach den Corona-Nachrichten mal wieder etwas Positives. Aber als der Start abgebrochen wurde, verstand Trump nicht den Grund und wollte ihn auch nicht verstehen. Stattdessen blaffte er den NASA-Chef Jim Bridenstine vor versammeltem VIP-Publikum an.[86]

Drei Tage darauf, am 30. Mai, glückte der Start, und neun Minuten und 31 Sekunden später landete die erste Raketenstufe der Falcon 9 sicher auf dem Bergungsschiff »Of course I still love you«. Zehn Millionen Menschen verfolgten den Start live auf Streaming-Plattformen. Musk fuhr danach mit seiner Freundin Grimes und seinem Bruder Kimbal zu einer Ferienanlage in den Everglades, zwei Autostunden südlich von Cape Canaveral. Es dauerte eine Weile, bis sich alle des historischen Moments voll bewusst waren, und irgendwann sprang Musks Bruder Kimbal auf und brüllte: »Mein Bruder hat gerade Astronauten in den Weltraum geschickt!«[87]

Hurley und Behnken verbrachten fast 64 Tage an Bord der ISS, bevor sie zurückkehrten und am 2. August vor der Küste von Pensacola, Florida, mit ihrer Dragon-Kapsel im Wasser landeten. Hurley hatte sich als Allererstes eine Pizza gewünscht, die er natürlich bekam. Später erinnerte er sich: »Es war das zweite Weltraumzeitalter. Und es begann im Jahr 2020.«[88]

Doch wie hatte alles angefangen?

Elon Musk, am 28. Juni 1971 in Pretoria, Südafrika, geboren, hatte sich schon als Junge für Weltraumfahrt interessiert, aber Anfang der 2000er-Jahre erwachte das Interesse erneut und wurde ernsthafter.

Er erinnerte sich, wie er sich auf der NASA-Website einloggte, um deren Pläne für eine Marsmission zu studieren. »Ich stellte mir vor, dass es bald so weit sein müsste, schließlich waren wir 1969 auf dem Mond, also sollten wir auch bald auf dem Mars sein«, so Musk.[89] Er musste jedoch zu seiner Enttäuschung feststellen, dass es gar keine konkreten Pläne gab. Bei seiner Internetrecherche stieß er auf die Ankündigung eines Dinners im Silicon Valley, das die Mars Society im August 2001 veranstaltete – eine Organisation, die sich für die bemannte Erforschung und Besiedlung des Roten Planeten einsetzt. Der Eintrittspreis lag bei 500 Dollar. Musk sandte stattdessen einen Scheck über 5000 Dollar – eine gezielte Geste, um die Aufmerksamkeit des Gründers und Präsidenten der Mars Society, Robert Zubrin, zu gewinnen.

Zubrin war in der Tat beeindruckt und lud Musk zu einem persönlichen Gespräch ein. Kurz darauf verbrachte Musk einen Tag mit Zubrin in dessen Firma bei Denver. Dieses Treffen markierte den Beginn einer intensiveren Auseinandersetzung Musks mit der Raumfahrt. Noch im selben Jahr spendete er 100 000 Dollar zur Finanzierung der Mars Desert Research Station. Für eine gewisse Zeit war Musk sogar im Vorstand der Mars Society aktiv.[90]

Musk suchte nach jemandem, der ihm helfen könnte, seine Ideen zu verwirklichen. Zubrin schlug ihm vor, sich an den Raketeningenieur Jim Cantrell zu wenden. Cantrell erinnerte sich später, wie er vom Anruf eines Unbekannten überrascht wurde, der sich als Internet-Millionär mit dem Namen Musk vorstellte. Er habe die Nummer von Robert Zubrin bekommen, dem Gründer der Mars Society: »Ich bin der Gründer von Zip2 und PayPal und glaube, dass sich die Menschheit zu einer multiplanetaren Spezies entwickeln muss, um zu überleben, und ich möchte mit meinem Geld etwas tun, um zu zeigen, dass dies möglich ist.«[91]

Cantrell wusste nicht, ob er den Anrufer für einen Spinner halten sollte oder nicht. Er war gerade in seinem Cabrio mit geöffnetem Dach unterwegs und fragte, ob er in 15 Minuten zurückrufen könne. Zu Hause angekommen, recherchierte er, ob es eine Firma mit dem Namen PayPal gab, rief dann die Nummer zurück, aber statt der Stimme von Musk hörte er das Signal eines Faxgeräts. Kurz darauf rief Musk noch mal an. Sie verabredeten sich am Flughafen zu einem Treffen zu dritt mit Zubrin.

Musk erklärte den Plan, eine rotierende Kapsel mit Mäusen in die Erdumlaufbahn zu schicken, um die Schwerkraft auf dem Mars zu simulieren. Da US-Raketen für das Projekt zu teuer waren, hatte Musk sich überlegt, russische Raketen zu kaufen, und Cantrell sollte ihm die Kontakte knüpfen. Cantrell fand die Idee mit den Mäusen nicht besonders gut. Die nächste Idee war, eine Rakete zum Mars zu schicken und zu zeigen, dass eine Pflanze dort in einem kleinen Treibhaus wachsen könne.

Anfang November 2001 flogen Musk, Cantrell und der spätere NASA-Direktor Mike Griffin nach Moskau. »Man muss sich vor Augen halten, dass Elon damals ein Mittzwanziger aus dem Silicon Valley war, der finanziell sehr erfolgreich war und sich ähnlich kleidete wie die anderen Unternehmer im Silicon Valley. In den Augen der Russen war er schlecht gekleidet, was für sie von großer Bedeutung war. Ich hatte Elon davor gewarnt und ihm gesagt, dass die Russen ihn aufgrund seines Aussehens beurteilen würden.«[92]

Als Musk den Russen dann seine Vision erzählte, dass Menschen den Mars besiedeln sollten, war der russische Gesprächspartner so verärgert, dass er Musk und Cantrell auf die Schuhe spuckte. Auch mit anderen russischen Gesprächspartnern verliefen die Gespräche über den Verkauf einer Rakete ergebnislos.

Auf dem Rückflug nach den gescheiterten Sondierungen sah Cantrell Musk an seinem Laptop arbeiten: »Hey Leute, ich glaube, wir können die Rakete selbst bauen.«[93] Die anderen lachten ihn zuerst aus. Doch ein Blick auf die Berechnungen, die Musk gemacht hatte, zeigte dem Raketeningenieur, dass die Idee Hand und Fuß hatte und Musk sich durch das Lesen von Büchern über Treibstoffe und Raketen sehr gut in das Thema eingearbeitet hatte.

Bei einer Zusammenkunft mit ehemaligen Mitarbeitern der von ihm gegründeten Firma PayPal, mit der Musk reich geworden war, saß er an einem Swimmingpool und las wieder mal in einem zerfledderten Handbuch für ein russisches Raketentriebwerk. Als einer seiner Freunde fragte, was er für die Zukunft plane, antwortete Musk: »Ich will den Mars besiedeln. Meine Lebensaufgabe ist es, aus der Menschheit eine multiplanetare Zivilisation zu machen.« Die Reaktion seines Freundes: »Alter, du bist völlig Banane.«[94]

Ich habe mich intensiv mit erfolgreichen Menschen befasst, die sich große Ziele setzen, aber kein Ziel ist wohl so groß und erscheint so »unmöglich« wie dieses Ziel. Was treibt Elon Musk an, warum will er auf den Mars?

Bevor wir die nächsten Schritte von Musk und SpaceX nachzeichnen, ist es wichtig zu verstehen, warum er sich dieses Ziel setzte und was ihn antrieb. Denn ohne ein sehr starkes WARUM hätte er bei all den vielen Rückschlägen und Niederlagen nicht durchgehalten. Und man kann nachweisen, dass er seine Entscheidungen bis ins Detail immer wieder nach dem Kriterium fällt, ob sie ihn dem großen Ziel näherbringen: »Das Ziel, zum Mars zu gelangen, bildete den Hintergrund für *jede* Entscheidung bei SpaceX«, so Musk.[95]

Gerade dann, wenn es schwierig wurde, kam Musk bei seinen Mitarbeitern immer wieder auf das große Ziel der Eroberung des Mars zurück. Musk hielt jede Woche ein Meeting mit dem Titel »Mars-Kolonisator« ab, bei dem er Visionen für das Aussehen einer Marskolonie und ihrer möglichen Verwaltung entwarf. »Wir waren immer bemüht, den Mars-Kolonisator nicht ausfallen zu lassen, denn das war die Besprechung, die ihm am meisten Spaß machte und ihm stets gute Laune bescherte«, erinnert sich eine frühere Assistentin von Musk.[96]

»Die sitzen hier und erörtern ernsthaft Pläne, eine Stadt auf dem Mars zu bauen, und debattieren darüber, was die Leute dort anziehen werden«, wunderte sich ein Mitarbeiter, »und alle tun so, als wäre es ein ganz normales Gespräch.«[97]

Sein Biograf Walter Isaacson schreibt, dass Musk in Gesprächen drei Gründe nannte, warum er sich das Ziel gesetzt hatte, zum Mars zu kommen:

Erstens: Fortschritt sei nicht zwangsläufig und könne zum Erliegen kommen. Immer wieder habe es in der Geschichte Stagnation oder Rückschritt gegeben. »Wollen wir unseren Kindern erzählen, dass der Flug zum Mond das Beste ist, was wir erreicht haben, und danach haben wir aufgegeben?«, fragte er.[98] Die Stagnation in der bemannten Raumfahrt seit Anfang der 1970er-Jahre legte genau dies nahe.

Zweitens: Musk will Millionen Menschen auf dem Mars ansiedeln, unter anderem, weil er der Überzeugung ist, dass die Menschheit anders langfristig keine Chance zum Überleben hat. Immer wieder treffen Asteroiden aus dem All auf die Erde – und bekanntlich hat dies schon einmal zur Auslöschung nicht nur der Dinosaurier, sondern von fast allem Leben auf der Erde geführt. Es gibt Autoren, die das Konzept der Kolonisierung des Mars bzw. Terraforming als »pure Science-Fiction« kritisieren: »... das Argument, die Auswanderung sei nötig, um nicht von einem Asteroiden ausgelöscht zu werden, ist Unfug. Solche Objekte treffen auch den Mars ...«[99] Natürlich kann das passieren, aber dass sowohl die Erde als auch der Mars zu einem ähnlichen Zeitpunkt von einem großen Asteroiden getroffen werden, ist praktisch ausgeschlossen. Musk hat recht, wenn er meint: »Wenn wir in der Lage sind, zu anderen Planeten vorzudringen, ist die Lebensspanne menschlichen Bewusstseins wahrscheinlich deutlich größer, als wenn wir auf einem einzigen Planeten festsitzen, der von einem Asteroiden getroffen oder dessen Zivilisation zerstört werden könnte.«[100]

Drittens: Menschen brauchten nach Meinung von Musk große, inspirierende Ziele – dies ist für ihn der Sinn des Lebens. Auf einer Konferenz im Juni 2016 sagte er über sein Motiv: »Es gibt viele negative Dinge auf der Welt. Es passieren ständig schreckliche Dinge. Es gibt viele Probleme, die gelöst werden müssen – viele Dinge, die schlecht laufen und einen irgendwie deprimieren. Aber das Leben kann nicht nur darin bestehen, ein übles Problem nach dem anderen zu lösen. Das kann nicht alles sein. Es muss Dinge geben, die einen inspirieren – die einen froh machen, morgens aufzuwachen und Teil der

Menschheit zu sein. Es ist Zeit, voranzuschreiten, eine Weltraumzivilisation zu werden, dort draußen unter den Sternen zu sein, den Horizont und die Grenzen des menschlichen Bewusstseins zu erweitern. Ich finde das unglaublich spannend. Das macht mich froh, zu leben.«[101]

Wahrscheinlich ist es unmöglich, Menschen, die sich selbst keine großen Ziele setzen und die mit dem Status quo zufrieden sind, Musks Motive wirklich verständlich zu machen. Der große deutsche Raumfahrtpionier Hermann Oberth schrieb in seinem Buch »Man into Space« 1957: »Und was wäre der Sinn des Ganzen? Für diejenigen, die noch nie den unerbittlichen Drang verspürt haben, zu erforschen und zu entdecken, gibt es keine Antwort. Für diejenigen, die diesen Drang verspürt haben, ist die Antwort selbstverständlich.«[102] Als man den britischen Bergsteiger George Herbert Leigh Mallory 1923 während einer Vortragsreise in den USA fragte, warum er den Mount Everest besteigen wolle, antwortete er: »Because it's there.«[103]

Will man Musk verstehen, dann muss man stets berücksichtigen, dass er von diesem großen Ziel geleitet ist, aber auch, dass er eine ungeheure Dringlichkeit dabei verspürt. Sein Denken ist größer als das der Manager in traditionellen Raumfahrtunternehmen, und sein Zeitplan ist wesentlich ambitionierter. Ashlee Vance schreibt in seiner Musk-Biografie: »Was das Thema Zeit angeht, setzt Musk wahrscheinlich aggressivere Termine für sehr schwierige Produkte als jeder andere vor ihm.«[104] Ein Mitarbeiter berichtete: »Musk wählt den aggressivsten Terminplan, den man sich nur vorstellen kann, falls alles gut läuft, und dann verkürzt er ihn noch, weil er davon ausgeht, dass jeder noch härter arbeiten kann.«[105] Wenn Musk den Zeitaufwand für ein Softwareprojekt abschätzte, so berichtete der Mitarbeiter halb scherzhaft, nehme Musk die Zahl an Sekunden, die für das reine Eintippen einer Zeile Code gebraucht werde, und multipliziere sie mit der geschätzten Gesamtzahl an Zeilen für die fertige Software. »Alles, was er tut, ist schnell. Er pinkelt sogar schnell, wie ein Feuerwehrschlauch – drei Sekunden und fertig.«[106]

Laut Musk-Biograf Walter Isaacson beschrieb Musk selbst seine Arbeitsvorgaben so: »Von irrsinniger Dringlichkeit besessen zu sein, ist unser Arbeitsprinzip.«[107] Diesen Satz wiederholte er wieder und wieder und wieder. Als ein Mitarbeiter an den neuen Merlin-Triebwerken für die Falcon-9-Rakete arbeitete, legte er für die Fertigstellung einer der Versionen einen ambitionierten Zeitplan vor. Doch Musk, so berichtet Isaacson, schien der Plan nicht ehrgeizig genug. »Wie, zum Teufel, kann das so lange dauern?«, fragte er. »Das ist albern. Halbier das!«[108] Musk ist sich bewusst, dass das Ziel, den Mars zu erreichen, ein fast übermenschliches Ziel ist, aber er glaubt auch, dass es auf *ihn* ankommt, er sieht die Kolonisierung des Mars als *seine* große Mission.

Aber, wie man sagt, auch eine lange Reise beginnt mit dem ersten Schritt. Die Entwicklung von SpaceX kann hier nicht im Detail nachgezeichnet werden, wichtig ist jedoch, das Zusammenspiel mit der NASA zu verstehen. Die NASA war seit Jahrzehnten in der bemannten Raumfahrt nicht vorangekommen. Aber am Ende des Space-Shuttle-Programms verstand sie, dass sie etwas ändern müsse und ohne die Hilfe von Privatunternehmen nicht vorankommen würde.

Das hatten auch immer mehr Experten erkannt, so etwa die Teilnehmer einer Konferenz des Cato Institutes im März 2001, deren Ergebnisse 2002 in dem Buch »Space. The Free Market Frontier« publiziert wurden, also genau in dem Jahr, in dem Elon Musk SpaceX gründete. Hier wurde schon konzeptionell vorweggenommen, was bald Politik der NASA werden sollte.

Die Fragestellung der Konferenz lautete: »Was ist in den letzten drei Jahrzehnten passiert, das die Erschließung des Weltraums durch die Menschheit verzögert hat, und was kann getan werden, um diese Situation zu ändern?«[109] Der zentrale Hemmschuh, so Robert W. Poole Jr., Gründer der Reason Foundation in seinem Beitrag, sei »der planwirtschaftliche Ansatz: Die Annahme, dass Ingenieure und Regierungsplaner den besten Weg finden können, um Nutzlasten ins All zu befördern ... und dass es lediglich eine Frage der ausreichenden Finanzierung des gewählten Modells über einen ausreichend langen Zeitraum ist, um es zum Erfolg zu führen.«[110]

Buzz Aldrin, der Pilot der Mondlandefähre für die erste bemannte Mondlandung, kritisierte: »Der grundlegende Baustein des US-Raumfahrtprogramms ist die Transportkapazität, die den Zugang zum Weltraum ermöglicht. Mit Ausnahme des Space Shuttles haben sich die amerikanischen Raumfahrtkapazitäten in den letzten vier Jahrzehnten kaum verändert, und es wurden keine Fortschritte bei der Bewältigung des größten Hindernisses für die Weltraumforschung erzielt – den hohen Kosten für den Zugang zum Weltraum.«[111]

Auch Alternativen, an denen die NASA arbeitete, waren gescheitert, so die Projekte X-33 und X-34, die zusammen Kosten von mehr als einer Milliarde Dollar verursacht hatten. Die X-33 war ein experimentelles Raumflugzeug, das die NASA und Lockheed Martin in den 1990er-Jahren als Prototyp für ein wiederverwendbares Raumtransportsystem namens VentureStar entwickelt hatten. Das Projekt wurde 2001 vor dem ersten Flug eingestellt. Die X-34 war ein unbemanntes Hyperschallflugzeug, das die NASA in den 1990er-Jahren entwickelt hatte, um kostengünstige Technologien für wiederverwendbare Raumfahrt zu testen. Nach erfolgreichen Bodentests und mehreren Verzögerungen wurde das Projekt jedoch 2001 ebenfalls eingestellt.

»X-33 und X-34 haben beide gezeigt, dass die NASA bei der Auswahl der richtigen Technologien keine besonders gute Bilanz vorweisen kann«[112], kritisierte Marc Schlather, Direktor des Senatsausschusses für Raumtransport: Welche Alternative wurde auf der Konferenz genannt? Robert W. Poole schlug vor: »Anstatt die Spezifikationen einer neuen Trägerrakete bis ins Detail festzulegen, würden diese Regierungsbehörden einfach ihre Bereitschaft bekunden, beispielsweise für Nutzlasten, die in die niedrige Erdumlaufbahn (LEO) gebracht werden, einen Preis von X Dollar pro Pfund zu zahlen. Mit anderen Worten: Anstelle des typischen Modells der öffentlichen Auftragsvergabe, das die Cost-Plus-Unternehmenskultur der Luft- und Raumfahrt- sowie Verteidigungsunternehmen nicht ändern konnte, würden die NASA und andere Regierungsbehörden mit Raumtransportbedarf *Startdienste* einkaufen.«[113]

Doris Hamill, Philipp Mongan und Michael Kearney von dem Unternehmen SpaceHab hatten in ihrem Beitrag »Space Commerce: An Entrepreneurs's Angle« einen Paradigmenwechsel gefordert und richtig vorhergesagt: »Dieser Ansatz zur Gewinnung kommerzieller Nutzer erfordert von den Raumfahrtbehörden keine Marktentwicklung, keine Aufforderung an ihre Auftragnehmer, Effizienzsteigerungen zu erzielen, die deren Einnahmequellen schmälern würden, und keine Festlegung von Obergrenzen für die Subventionierung kommerzieller Forschung. Sie müssen lediglich zustimmen, kommerzielle Dienstleistungen, die ihren Forschungsbedarf im Rahmen ihres Budgets decken, einzukaufen. Der Rest ergibt sich von selbst.«[114]

Und genau so sollte es kommen: Im Januar 2006 kündigte die NASA einen neuen Ansatz an, COTS (Commercial Orbital Transportation Services): Dahinter versteckt sich ein Förderprogramm für den Transport von Ausrüstungen, Versorgungsgütern und Experimentiergeräten zur ISS mit Hilfe von privatwirtschaftlichen Unternehmen. Die Idee: Statt eigene Missionen zur ISS durchzuführen, sollten private Unternehmen diese Aufgabe mit ihren Raumfahrzeugen übernehmen. Dazu plante die NASA, bis zum Jahr 2010 insgesamt 500 Millionen Dollar bereitzustellen – eine Summe, die weit unter den Kosten eines einzelnen Space-Shuttle-Flugs lag. Anders als bis dahin bei NASA-Projekten üblich, sollten diese Raumfahrzeuge vollständig von den Privatfirmen finanziert, gebaut und betrieben werden.

Endlich hatte die NASA erkannt, dass die Art und Weise, wie man bisher mit privaten Unternehmen zusammenarbeitete, zwar für das Apollo-Programm funktioniert hatte, aber in den Jahrzehnten danach gescheitert war. Man kann bei dem alten Modell nur von einer planwirtschaftlichen Form der »Zusammenarbeit« sprechen, bei der private Firmen faktisch Befehlsempfänger einer staatlichen Behörde waren.

Um die Neuerung zu verstehen, muss man sich noch mal vor Augen halten, wie die NASA bislang gearbeitet hatte: Sie beauftragte die Privatindustrie mit dem Bau von Raketen oder Sonden. Aber die Philosophie der NASA, so schreibt Joan Lisa Bromberg in ihrem Standardwerk »NASA and the Space Industry«, lautete ursprünglich, die vollständige Kontrolle zu behalten: »Die im öffentlichen Interesse handelnde Regierung musste festlegen, was zu tun war, wann es zu tun war und wie viel Geld dafür ausgegeben werden sollte.« Und: »Bundesbehörden mischten sich in die Arbeit ihrer privaten Auftragnehmer weit stärker ein, als ein Außenstehender es angesichts der freiheitlichen Wirtschaftsstruktur der Vereinigten Staaten erwarten könnte.«[115] Die NASA mischte sich sogar in die Personalpolitik der Unternehmen ein, in ihre Organisation, in die Auswahl ihrer Vertragspartner und Subunternehmer usw.[116]

Das alles funktionierte so lange, wie faktisch unbegrenzte Ressourcen zur Verfügung standen. Auf dem Höhepunkt des Apollo-Programms arbeiteten mehr als 400 000 Menschen und 20 000 Firmen bzw. Universitäten an diesem Projekt mit – »Indizien für eine kriegsähnliche Operation«[117], wie Christopher Wanjek schreibt. Ob dabei Geld verschwendet wurde oder überhaupt irgendwie wirtschaftlich gearbeitet wurde, spielte keinerlei Rolle, schließlich ging es um eine Angelegenheit von größter nationaler Bedeutung: Die USA wollten den Wettlauf zum Mond gewinnen.

Besonders absurd war das sogenannte »Cost-Plus«- System. Die Vertragspartner der NASA mussten ihre Kosten dokumentieren und durften dann einen moderaten Gewinn von etwa acht bis zehn Prozent auf den Preis draufschlagen. In einer Marktwirtschaft sind Unternehmen stets bestrebt, die Kosten möglichst gering zu halten und über Effizienzsteigerungen ihren Gewinn auszuweiten. Nach der absurden Logik der Cost-Plus-Verträge ist der Gewinn eines Unternehmens jedoch umso höher, je mehr Kosten produziert werden.

Der Raumfahrtexperte Robert Zubrin schreibt dazu: »Kein Landwirt und kein Fabrikant würde jemals seine Betriebsstruktur so gestalten, dass auf jeden Mitarbeiter im Feld oder in der Fabrik vier Verwaltungsangestellte kommen. Bei großen Luft- und Raumfahrtunternehmen ist das hingegen gängige Praxis. Infolgedessen ist es bei solchen Auftragnehmern üblich, dass die Gemeinkostenzuschläge 300 Prozent übersteigen. Tatsächlich hatten wir bei der Firma Martin Marietta (später Lockheed Martin), bei der ich von den späten 1980er-Jahren bis Mitte der 1990er beschäftigt war – und die zusammen mit Boeing eines der beiden erfolgreichsten der damals acht großen Luft- und Raumfahrtunternehmen war –, zeitweise mehr als 13 000 Beschäftigte an unserem Hauptstandort, von denen weniger als 1000 in der Fertigung arbeiteten. Das brachte einen Spötter zu der Bemerkung: ›Bei Martin Marietta ist der Overhead unser wichtigstes Produkt.‹ Offensichtlich ist ein solches System mit Kostensenkung unvereinbar. Der Staat könnte die Beschaffungskosten vermutlich sofort halbieren – und möglicherweise langfristig sogar auf ein Zehntel reduzieren –, wenn er einfach dieses irrwitzige System abschaffen und Dinge so einkaufen würde, wie es alle anderen auch tun.«[118]

Das heißt: Der Staat sah zwar ein, dass er selbst nicht in der Lage war, eine Rakete zu bauen. Also sollten private Unternehmen das übernehmen. Aber sie sollten keinen zu hohen Gewinn erzielen. So die Denkweise von Politikern und Beamten. Tatsächlich aber erreichten sie nur, dass die Unternehmen zu teuer und zu langwierig produzierten. Es wurde schon fast ein Ritual: Das Unternehmen erklärte, leider sei alles doch viel komplizierter, werde viel länger dauern und viel mehr kosten, als man ursprünglich gedacht hatte. Das war der einfachste Weg, die Gewinne zu steigern. Das Ziel, dass die Unternehmen sich nicht zu sehr bereicherten, wurde nicht erreicht, sondern erreicht wurde nur, dass der Staat noch mehr zu zahlen hatte.

Aber damit hörte es nicht auf. Die NASA schrieb den Unternehmen bis ins Detail vor, wie ihre Raketen gebaut werden sollten, sodass die Unternehmen eigentlich nur noch ausführende Organe einer staatlichen Behörde waren. Damit beraubte sich der Staat selbst der Kreativität der vielen Fachleute in den privaten Unternehmen.

Das COTS-Programm war ein verzweifelter Versuch, nach dem Scheitern des Space Shuttle und aller Versuche, auf bisherige Weise einen Ersatz für die Raumfähre zu schaffen, neue Wege zu gehen. Die NASA ging jetzt dazu über, nicht mehr Raketen zu bestellen und produzieren zu lassen, sondern Leistungen einzukaufen, also zum Beispiel den Transport von Frachtgut oder Menschen zur ISS und zurück.[119]

Das entsprach exakt der unternehmerischen Denkweise von Elon Musk, wie sein damaliger Mitarbeiter John Couluris in einem Gespräch mit der NASA verdeutlichte, von dem Eric Berger berichtet: »Er [Couluris] versuchte, die damals unorthodoxe Philosophie von SpaceX zu erklären. Musk wollte kein Raumschiff bauen und es direkt an die NASA verkaufen. Vielmehr wollte er ein Raumschiff bauen und der NASA eine Gebühr für den Transport ihrer Fracht berechnen. Es ist wie bei Fedex, erklärte Couluris. Sie geben uns ein Paket, und wir liefern es für Sie ins All.«[120]

Es dauerte eine Weile, bis die NASA diese Philosophie verstand und bereit war, sie in der Konsequenz umzusetzen. Couluris: »Heute erscheint das selbstverständlich, aber der Ausdruck des Entsetzens in ihren Gesichtern war sehr, sehr echt. Sie dachten: Diese Leute und der Typ von PayPal wollen sich mit sechs Astronauten an Bord unserer 100-Milliarden-Dollar-Station nähern?«[121]

Kaum jemand in Washington D.C. konnte sich mit der Idee anfreunden, dass private Unternehmen NASA-Astronauten zur ISS bringen sollten. Der Raumfahrtexperte Eric Berger berichtet: »Selbst der Architekt des Programms für kommerzielle Frachtflüge, NASA-Administrator Mike Griffin, hielt bemannte Flüge für zu gewagt.«[122]

Die meisten waren noch skeptischer. 2010 erklärte der republikanische US-Senator Richard Shelby, der als Haushälter maßgeblichen Einfluss auf das NASA-Budget hatte, die Versuche, mit privaten Unternehmen wie SpaceX die Probleme zu lösen, bedeuteten einen »Todesmarsch« für die NASA: »Wir können nicht weiterhin die Träume von Raketenliebhabern und sogenannten ›kommerziellen‹ Anbietern hegen, die behaupten, die Zukunft der bemannten Raumfahrt in den USA könne schneller und kostengünstiger erreicht werden.«[123]

Das waren starke Worte, nachdem das Shuttle-Programm der NASA alle proklamierten Ziele weit verfehlt hatte und ein Start des Shuttles etwa 1,5 Milliarden Dollar verschlang. Das waren auch starke Worte, wenn man bedenkt, dass die Launch-Costs in den 40 Jahren von 1970 bis 2010 mehr oder minder stagnierten, während in allen anderen Bereichen der Industrie in dieser Zeit hohe Produktivitätsfortschritte erreicht worden sind. Zudem hatte die NASA bei mehreren erfolglosen Anläufen, wiederverwendbare Raketen zu entwickeln (X-33, X-34), über eine Milliarde Dollar vernichtet. Und das waren starke Worte, wenn man bedenkt, dass nach dem Ende des Shuttle-Programms die USA auf die immer teureren Dienste von veralteten russischen Raketen angewiesen waren, um die ISS-Raumstation überhaupt noch zu erreichen.

Dabei hatte es auch in der Politik lange zuvor andere Denkansätze gegeben. Zu nennen ist insbesondere Ronald Reagan, der in einer visionären Rede 1984 der privaten Raumfahrt eine große Zukunft vorausgesagt hatte: »Das dritte Ziel unserer Raumfahrtstrategie besteht darin, die amerikanische Industrie zu ermutigen, schnell und entschlossen in den Weltraum vorzustoßen. Hindernisse für Raumfahrtaktivitäten des privaten Sektors werden beseitigt, und wir werden geeignete Maßnahmen ergreifen, um das private Unternehmertum im Weltraum zu fördern. Wir gehen davon aus, dass die Investitionen in die Raumfahrt in den kommenden Jahren schnell steigen und viele neue Arbeitsplätze und größeren Wohlstand für alle Amerikaner schaffen werden. Unternehmen, die beispielsweise Nutzlasten in den Weltraum bringen wollen, sollten leichten Zugang zu Startdiensten des Privatsektors haben ... Wir werden also Amerikas größtes Kapital ins Spiel bringen – die Vitalität unseres freien Unternehmertums.«[124]

Einige Monate nach dieser Rede unterzeichnete Reagan den Commercial Space Launch Act von 1984, der es privaten Unternehmen ermöglichte, Raumfahrt und Raumfahrttechnologie zu kommerzialisieren. Dennoch dauerte es noch mehr als zwei Jahrzehnte, bis seine Vision Wirklichkeit wurde. Im Jahr 2004 wurde auf Veranlassung von Präsident George W. Bush die Aldridge-Kommission (offiziell: President's Commission on Moon, Mars, and Beyond) gegründet, so benannt nach ihrem Vorsitzenden Edward Pete Aldridge. Sie sollte Vorschläge erarbeiten, wie die USA das damals neue Raumfahrtprogramm »Vision for Space Exploration« umsetzen könnten – also langfristige Missionen zum Mond, Mars und darüber hinaus. Der Abschlussbericht empfahl unter anderem mehr Kooperation mit der Privatwirtschaft. Hier hieß es wiederum, die NASA sollte dazu übergehen, Dienstleistungen von privaten Firmen zu kaufen und die Rolle der staatlichen Raumfahrtbehörde »darf sich nur auf jene Bereiche beschränken, in denen unwiderlegbar nachgewiesen ist, dass ausschließlich der Staat die vorgeschlagene Tätigkeit ausführen kann«.[125]

Dies wurde dann 2004 im Commercial Space Launch Amendment Act festgeschrieben, der erklärte: »Es sollen keine staatlichen Aktivitäten mit kommerzieller Anwendung durchgeführt werden, die kommerzielle US-Raumfahrtunternehmen ausschließen, behindern oder zu ihnen in Konkurrenz stehen – es sei denn, dies ist aus Gründen der nationalen Sicherheit erforderlich.«[126]

Das alles klang gut, aber wie man sieht, gab es von der Politik über die Jahrzehnte immer wieder Erklärungen, die Privatwirtschaft solle eine größere Rolle spielen und die NASA müsse sich verändern, ohne dass sich wirklich etwas veränderte. Ironischerweise war es ausgerechnet ein US-Präsident, der weder mit dem Kapitalismus noch mit der Raumfahrt viel anfangen konnte, nämlich der Demokrat Barack Obama, der dann einen wichtigen Schritt in diese Richtung tat. Obama interessierte sich nicht für Raumfahrt und beendete das teure staatliche Constellation-Programm, das eine Rückkehr zum Mond unter staatlicher Trägerschaft vorsah. Das Geld wollte er stattdessen für einen weiteren Ausbau des Wohlfahrtsstaates verwenden, insbesondere für sein Lieblingsprojekt »Obamacare«, ein staatliches Gesundheitssystem. Im Jahr 2015 gaben die USA unter Obama 100-mal mehr für Soziales aus (1,92 Billionen Dollar) als für die NASA (18 Milliarden Dollar).

Aber ganz ohne Raumfahrt ging es natürlich auch nicht, und als seine Berater Obama erklärten, man solle doch lieber private Unternehmen in die Verantwortung nehmen, weil die billiger seien, war er einverstanden. Manchmal ist es besser, wenn sich Politiker gar nicht für ein Thema interessieren.

Es ist einigen wenigen Visionären zu verdanken wie Peter Marquez, der unter anderem Director of Space Policy for the National Security Council war, dass von staatlicher Seite Voraussetzungen für die Entwicklung der privaten Space-Industrie gelegt wurden. Marquez beriet sowohl die George-W.-Bush- als auch die Obama-Regierung in der Raumfahrtpolitik. »Als ich an der Nationalen Raumfahrtpolitik [für die Obama-Administration] arbeitete«, so Marquez, »hatte ich ein Exemplar von Reagans erstem Raumfahrtplan auf meinem Schreibtisch. Darin wurde betont, was die private Industrie tun kann. Seitdem hatten wir uns von all den Dingen entfernt, die angeblich feste Prinzipien des amerikanischen Ethos waren: Vertrauen in die Industrie, Vertrauen in den Kapitalismus, Vertrauen in die Technologie. Im Jahr 2010 dachte ich nicht, dass ich etwas Revolutionäres tun würde. Ich ging einfach zurück in die Zeit der 1980er-Jahre.«[127]

In einer Rede am Kennedy Space Center erklärte Obama 2010: »Indem wir die Dienstleistungen der Raumfahrttransporte kaufen – anstatt die Fahrzeuge selbst –, können wir weiterhin sicherstellen, dass strenge Sicherheitsstandards eingehalten werden. Gleichzeitig werden wir aber auch das Innovationstempo beschleunigen, da Unternehmen – von jungen Start-ups bis hin zu etablierten Marktführern – miteinander konkurrieren, um neue Wege zu entwickeln, zu bauen und zu starten, mit denen Menschen und Materialien aus unserer Atmosphäre befördert werden können.«[128]

Doch eine solche neue Art der Zusammenarbeit und Neuausrichtung der NASA konnte nicht einfach von oben angeordnet werden, schließlich gab es viele Skeptiker, die gerne in der Praxis gezeigt hätten, dass diese Ideen nicht erfolgreich umgesetzt werden könnten.

Dass die Zusammenarbeit dennoch ein Erfolg war, lag auch daran, dass sich einzelne Personen in der NASA, beispielsweise Kathy Lueders, für die Zusammenarbeit starkmachten und die mittleren Führungskräfte der Raumfahrtbehörde zurückdrängten, die zusätzliche Regeln und Anforderungen für die Privatunternehmen einzuführen versuchten. Während die NASA für das Space Shuttle mehr als 10000 Anforderungen formuliert hatte, gab es für Dragon von SpaceX am Ende etwa 400.[129] Einige Leute bei der NASA hatten verstanden, dass man mit all den bürokratischen Auflagen die unternehmerische Initiative letztlich massiv behindern, wenn nicht ersticken würde. Hinzu kam, dass Musk allergisch ist gegen staatliche Regulierungswut.

Drei- oder viermal die Woche kam jemand von der NASA zu Lueders, der ihr sagte: »Ich würde Ihren Job nicht haben wollen.«[130] Kaum jemand glaubte an den Erfolg von SpaceX. »Aber Lueders«, so schreibt Berger, »verstand, dass die NASA keine andere Wahl hatte. ›Das war unser Hail Mary pass‹, sagte sie.«[131] Das bedeutet einen letzten verzweifelten Versuch: Ein »Hail Mary pass« beim American Football ist ein sehr weiter, riskanter Pass, der meistens am Ende eines Spiels geworfen wird, wenn man sonst keine Chance mehr auf einen Sieg hat, in der Hoffnung auf ein Wunder.

Am Ende entwickelte sich eine fruchtbare Zusammenarbeit zwischen der NASA und SpaceX, was vor allem auch Gwynne Shotwell zu verdanken war, COO von SpaceX. Musk hatte sie auf Cantrells Empfehlung engagiert, weil sie die Schwächen des nicht sehr umgänglichen Unternehmergenies ausglich. Musk hätte es nicht ertragen, permanent selbst mit den Behörden und NASA-Leuten zu verhandeln, deren gesamtes Denken ihm gegen den Strich ging. Shotwell verstand und teilte Musks Ziele, hatte aber mehr Geduld und Fingerspitzengefühl, sie in der Zusammenarbeit mit der NASA durchzusetzen.

Musks Wille und ihre Geduld hatten sich am Ende ausgezahlt: Der 31. Mai 2020, als Douglas Hurley und sein Co-Pilot Robert Behnken erfolgreich an der ISS andockten, war ein Tag des Triumphs für die private Raumfahrt und widerlegte all die Staatsgläubigen, die so vehement bestritten hatten, dass private Unternehmen dazu fähig wären.

SpaceX hatte die Kapsel in einer Rekordzeit entwickelt. Die Entwicklung und Produktion der Crew Dragon begann nach der Vertragsvergabe durch die NASA. Im Mai 2014 stellte SpaceX das Design der Crew Dragon (damals Dragon V2) vor – das heißt, bis zum Testflug von Bob Behnken und Douglas Hurley vergingen genau sechs Jahre. Anfangs waren nur Musk und eine Handvoll Ingenieure daran beteiligt, in der Spitze wurden es dann bis zu 100 Personen.[132]

Robert Zubrin resümiert, was die Entwicklung der Dragon-Kapseln gezeigt habe: »Ein gut geführtes unternehmerisches Team kann Dinge vollbringen, von denen man früher dachte, dass nur die Regierungen von Supermächten dazu in der Lage wären – und das zudem in einem Drittel der Zeit und zu einem Zehntel oder weniger der Kosten, als man früher für notwendig hielt.«[133] Während SpaceX für die Entwicklung von Crew Dragon von der NASA 2,6 Milliarden Dollar bekommen hatte, bekam Boeing für seinen Starliner 4,2 Milliarden Dollar, um dieselben NASA-Anforderungen zu erfüllen.[134]

Boeing brauchte jedoch vier Jahre länger, um das erste Mal Menschen zur ISS zu bringen: Erst am 5. Juni 2024 startete Boeing mit seinem »Starliner« zum »Crew Flight Test« zur ISS. Doch während des Flugs zur Raumstation traten beim Starliner mehrere Probleme auf. So gab es Heliumlecks und fünf von 28 Lageregelungstriebwerken funktionierten nicht. Nach umfangreichen Analysen entschied die NASA, dass es zu riskant wäre, die Astronauten Butch Wilmore und Suni Williams mit dem Boeing-Starliner zurückzubringen. Stattdessen kehrte der Starliner am 6. September 2024 unbemannt zur Erde zurück. Wilmore und Williams blieben auf der ISS und wurden am 18. März 2025 mit der SpaceX Crew-9-Mission (Crew Dragon »Freedom«) zurück zur Erde gebracht. Statt wie ursprünglich geplant acht Tage, mussten sie mehr als neun Monate auf der Raumstation bleiben. Wilmore nahm es zumindest nach außen gelassen und mit Humor. Auf der Pressekonferenz, sagte er: »Festgefahren? O.K., wir konnten nicht wie geplant nach Hause kommen. Aber im Großen und Ganzen waren wir nicht festgefahren. Wir haben geplant und trainiert.«[135]

Zum Glück, so muss man sagen, hatten sich nicht die Lobbyisten von Boeing durchgesetzt, die seinerzeit gegenüber der NASA argumentierten, sie wollten den Auftrag exklusiv bekommen und bräuchten das ganze Geld für sich allein. Die meisten NASA-Entscheider fanden das überzeugend, zunächst waren fast alle für Boeing, obwohl das Angebot von SpaceX um 40 Prozent unter dem von Boeing lag. Es waren zum Teil die gleichen Leute, die schon für das Space-Shuttle-Programm zuständig waren.[136] Beinahe wäre SpaceX leer ausgegangen, was zur Folge gehabt hätte, dass noch heute US-Astronauten mit Sojus-Raketen zur ISS gebracht werden müssten.

Die Geschichte der Crew Dragon zeigt die Überlegenheit von SpaceX im Vergleich zu den traditionellen Vertragspartnern der NASA. Aber das war noch nicht alles. Denn schon fünf Jahre vor dem ersten Flug der Crew Dragon hatte SpaceX etwas geschafft, was der NASA – und auch allen anderen staatlichen Raumfahrtbehörden – in Jahrzehnten nicht gelungen war: Zwei Tage vor Weihnachten, am 22. Dezember 2015, landete mit der Falcon 9 erstmals in der Geschichte der Raumfahrt eine orbital gestartete Raketen-Erststufe erfolgreich zurück auf der Erde – auf festem Boden in Cape Canaveral. Der erste Start mit einer bereits zuvor geflogenen und gelandeten Falcon-9-Erststufe fand am 30. März 2017 statt. Die Boosterstufe war zuvor im April 2016 eingesetzt worden, wurde überholt und erneut gestartet – und konnte auch diesmal wieder sicher gelandet werden.

Aber auch dies waren für Musk nur Zwischenstationen zu seinem eigentlichen Ziel, ein Super-Raumschiff zu bauen, das Menschen zum Mars und zurück bringen könnte. Doch bevor wir im vierten Kapitel die Geschichte des Starship und seiner Vorgänger, die Musk Falcon 1, Falcon 9 und Falcon Heavy nannte, von Anfang an erzählen, lassen Sie uns einen Moment innehalten. Auf den ersten Blick mag es so erscheinen, als ob die private Weltraumforschung etwas ganz Neues sei. Doch das ist nicht der Fall.

3. Weltraumforschung ohne Staat

Im Jahr 1949, 20 Jahre vor der ersten Mondlandung, schrieb der weltberühmte amerikanische Science-Fiction-Autor Robert A. Heinlein die Kurzgeschichte »The Man Who Sold the Moon« (»Der Mann, der den Mond verkaufte«).

Die Geschichte, erstmals 1950 erschienen, handelt von Delos David Harriman, einem genialen Unternehmer, der sich fest vorgenommen hat, die erste bemannte Mission zum Mond zu ermöglichen – koste es, was es wolle. Harriman will nicht, dass dies staatlich organisiert und finanziert wird. Stattdessen plant er die Expedition als privates, wirtschaftlich motiviertes Projekt. Mit brillanten Geschäftstricks, geschickter Propaganda und politischem Geschick gelingt es ihm, Investoren zu gewinnen, Hindernisse zu überwinden und schließlich eine Mondrakete zu bauen.

Seine Geschäftspartner sind zuerst sehr skeptisch, doch Harriman erwidert: »Sie fordern mich auf, über einen völlig neuen Unternehmenstyp Zahlen zu nennen, weil Sie genau wissen, dass man das nicht kann. Das ist, als ob Sie die ersten Flieger, die Wrights in Kitty Hawk, um eine Vorausschätzung bitten wollen, wie viel Geld die Firma Boeing eines Tages am Bau von Düsenverkehrsmaschinen verdienen mag.«[137]

Der Unternehmer kann belegen, dass er bislang mit all seinen »verrückten« Ideen eine Menge Geld verdient hat. Dies sei jedoch das größte Geschäft der Geschichte: »Dies wird das größte Grundstücksunternehmen, seit der Papst die Neue Welt zwischen Spanien und Portugal aufgeteilt hat. Fragen Sie mich nicht, woraus wir überall Profit machen werden – ich kann es im Einzelnen nicht aufzählen. Aktivposten ist ein Himmelskörper – ein ganzer Himmelskörper, der niemals berührt worden ist! ... Es ist gerade so, als ob einem die Manhattan-Insel für 24 Dollar und einen Kasten Whisky angeboten wird!«[138]

Der Unternehmer hat Angst, dass Staaten – zum Beispiel die USA oder die Sowjetunion – den Mond für sich beanspruchen könnten: »Wenn wir den Mond im Namen der Vereinigten Staaten in Besitz nehmen, wissen Sie, wo wir dann als Geschäftsleute bleiben?... In Nullkommanichts sind wir draußen! Das Verteidigungsministerium wird sagen: ›Danke, Herr Harriman, danke Herr Strong. Wir übernehmen die Sache jetzt im Interesse der nationalen Sicherheit selbst. Sie können beide nach Hause gehen!‹ ... Ich lasse es nicht zu, dass sich diese medaillenklimpernden Uniformhengste auch da noch breitmachen. Ich werde eine Mondkolonie gründen und auf sie aufpassen, bis sie groß genug ist, um auf eigenen Beinen zu stehen.«[139]

Der Unternehmer will alles privat organisieren und erklärt seinem Partner: »Ich sage Ihnen nur, dies wird kein Regierungsvorhaben. Wenn Sie es unter dieser Bedingung vorziehen, nicht daran zu arbeiten, dann lassen Sie es mich jetzt und hier wissen, damit ich jemand anderen finden kann, der es versucht.«[140]

Einen Zeitungsverleger, der sein Projekt zuerst bekämpft hatte, überzeugt er mit dem Argument, die Sowjets könnten auf die Idee kommen, den Mond in Besitz zu nehmen. »Jahrelang verfolgt mich jetzt schon diese Vorstellung: Eines Morgens wache ich auf und sehe Schlagzeilen, dass die Russen auf dem Mond gelandet sind und ihn zur Sowjetrepublik erklärt haben.«[141]

Er entwickelt unzählige Geschäftsideen, um sein Vorhaben zu finanzieren: »George, Sie sammeln doch Briefmarken? Wie viel würde ein Briefumschlag wert sein, der frankiert auf dem Mond gewesen und dort abgestempelt wäre … Ich denke, wir könnten unser Mondschiff ohne größere Schwierigkeiten zur Postamtzweigstelle erklären lassen.«[142]

Vor allem denkt er an Immobiliengeschäfte auf dem Mond. Schon vor der Mondlandung wolle er anfangen, Land auf dem Mond zu verkaufen: »Haben Sie mal etwas über den Florida-Landboom gelesen, Saul? Die Leute haben Grundstücke gekauft, die sie nie gesehen hatten, und sie haben diese Grundstücke zum dreifachen Preis verkauft, ohne je einen Blick darauf geworfen zu haben … Wenn der Boom nachlässt, werden wir den voraussichtlichen Bauplatz von Luna City bekannt geben – und wie es der Zufall so will, ist das Land rund um diese Stelle noch frei zum Verkauf.«[143]

Der Unternehmer startet eine gigantische PR-Kampagne, und bald gibt es überall Schlagzeilen wie »Uranbergbau auf dem Mond – Tatsachenbericht über eine große Industrie von morgen« oder: »Diamanten auf dem Mond? Weltberühmter Wissenschaftler beweist, dass Diamanten in Mondkratern dicht gesät wie Kieselsteine liegen.« Auch Weltraumtourismus wird zum Geschäft, wie es in einer Sonntagszeitung heißt: »Hochzeitsreise auf den Mond. Darstellung eines wunderbaren neuen Ferienortes, an dem unsere Kinder sich erholen werden.«[144]

Heinlein, der ursprünglich Sozialist war, später aber Libertärer wurde, entwickelte also die Idee einer Weltraummission, die von privaten Unternehmern statt vom Staat finanziert wurde.

Das erschien in den 1960er- und 1970er-Jahren ziemlich realitätsfern, weil die staatlich betriebene Weltraumforschung dominierte. Aber ist staatliche Weltraumforschung wirklich die Regel und private Weltraumforschung die Ausnahme? Dies mag so scheinen, wenn man die zweite Hälfte des 20. Jahrhunderts im Blick hat – mit dem staatlichen Apollo-Programm der NASA, das schließlich in der Mondlandung gipfelte, der das Space-Shuttle-Programm und die ISS folgten. Doch als Heinlein 1949 sein Buch schrieb, gab es bereits eine lange Tradition privat finanzierter Weltraumforschung, und die primär staatlich finanzierte Weltraumfahrt steckte in ihren Kinderschuhen. Es sollte noch acht Jahre dauern, bis die Sowjetunion den ersten Sputnik ins All brachte, und noch neun Jahre, bis die NASA gegründet wurde.

Es ist das Verdienst des ehemaligen Chefökonomen der NASA, Alexander MacDonald, der in seinem 2017 erschienenen Buch *The Long Space Age* gezeigt hat, dass private Weltraumforschung eine viel größere Rolle spielte als bislang angenommen. Sein zentrales Ergebnis: »Wenn wir die Geschichte der amerikanischen Weltraumerkundung in einem längeren zeitlichen Rahmen betrachten, ergibt sich ein ganz anderes Bild – eines, in dem persönliche Initiative und private Finanzierung den dominanten Trend darstellen und staatliche Finanzierung ein jüngeres Phänomen ist. Die langfristige Geschichte stellt damit die konventionelle Weisheit auf den Kopf: Die staatliche Führung in der Weltraumerkundung stellt das neuere Phänomen dar, während das Wiederaufleben privater Raumfahrtbemühungen im frühen 21. Jahrhundert eine Rückkehr zu einem früheren Muster darstellt.«[145]

Ein Beispiel ist die Entstehung von immer größeren und immer teureren Observatorien in den USA. Es ist sicher ein ungewöhnlicher Ansatz, neben Raumsonden, Raketen und Satelliten auch Observatorien einzubeziehen, aber tatsächlich dienten sie dem gleichen Zweck, nämlich der Erforschung des Weltraums. Ab 1830 gab es über etwa vier Jahrzehnte ein regelrechtes »American Observatory Movement«.[146] Diese Bewegung wurde überwiegend nicht vom Staat, sondern privat finanziert. Das war bei Vermögenden regelrecht Mode: Von den 40 reichsten Männern in Boston war zum Beispiel fast jeder zweite (19) Spender für das Harvard College Observatory.[147]

Die Forschungen von MacDonald zeigen, »dass die Erforschung des Weltraums in Amerika nicht nur über Jahrzehnte, sondern über Jahrhunderte hinweg erhebliche gesellschaftliche Ressourcen mobilisiert hat; dass private Finanzierung eine treibende Kraft in diesem Sektor war; und dass die Finanzierung von Raumfahrtprojekten, deren Kosten mit denen kleiner unbemannter Raumfahrzeuge vergleichbar sind, während des gesamten langen Zeitalters der Weltraumforschung relativ häufig war«.[148]

Von den 38 Observatorien, die MacDonald anführt, waren nur zwei – das U.S. Naval Observatory und das Observatorium der U.S. Military Academy in West Point – nicht im Privatbesitz.[149] Meist waren es vermögende Unternehmer, die sich für die Erforschung des Weltraums interessierten und zugleich durch ihre großen Investitionen gesellschaftlichen Status signalisierten.

Am Ende des 19. Jahrhunderts gab es in Relation zur damaligen Volkswirtschaft mehr Superreiche in den USA als heute. 1882 lebten über 4000 Millionäre in den USA, und wenn man vergleicht, was das in Anteilen vom Bruttoinlandsprodukt im Jahr 2015 bedeutet hätte, dann entsprach das 1,1 Milliarden Dollar Vermögen je Kopf.[150] Zum Vergleich: Heute gibt es etwa 900 Milliardäre in den USA.[151]

Ein Beispiel für privat finanzierte Observatorien ist das berühmte Lick Observatory, finanziert von dem Unternehmer James Lick, der damals der reichste Mann Kaliforniens war. Lick wurde am 25. August 1796 in Stumpstown, Pennsylvania, geboren und wuchs in bescheidenen Verhältnissen auf. Schon früh zeigte er handwerkliches Geschick und erlernte das Tischlerhandwerk. Später spezialisierte er sich auf die Herstellung und vor allem den Handel von Klavieren. In den 1820er-Jahren wanderte Lick nach Südamerika aus und lebte unter anderem in Argentinien, Chile und Peru. Dort stellte er hochwertige Klaviere her, die bei der lokalen Oberschicht großen Anklang fanden und ihm ersten Wohlstand einbrachten.

Mit seinem wachsenden Vermögen kehrte er 1848 in die Vereinigten Staaten zurück und ließ sich in San Francisco, Kalifornien, nieder – das war die Zeit des kalifornischen Goldrauschs. Statt selbst nach Gold zu suchen, erkannte Lick die wirtschaftlichen Möglichkeiten der Region und investierte in Land und Immobilien.

Er erwarb Grund und Boden entlang der Market Street, die heute mitten im Zentrum der Stadt liegt und dementsprechend extrem an Wert gewann. In San José besaß er über 1200 Hektar fruchtbares Ackerland, wo er Walnüsse, Pflaumen und andere Früchte anbaute. Auch am Lake Tahoe und im Napa Valley hielt er große Grundstücke, oft als Spekulationsobjekte. Besonders bemerkenswert war sein Besitz eines beträchtlichen Teils der Insel Santa Catalina, die er als Erholungsort oder für landwirtschaftliche Nutzung im Auge hatte. Er ließ in San Francisco das »Lick House« bauen, ein damals hochmodernes Hotel, das als eines der luxuriösesten der Westküste galt. Seine Immobilieninvestitionen machten ihn in den 1860er-Jahren zum reichsten Mann Kaliforniens. Lick war dafür bekannt, dass er sein Land oft strategisch nahe an Infrastrukturprojekten platzierte.

Der Immobilieninvestor war ein wenig exzentrisch, auf jeden Fall in seinem Äußeren. »Wirr zusammengeraffte Kleidungsstücke hingen achtlos an ihm, als sei jede mit dem Ankleiden verbrachte Zeit vergeudet.«[152] Licks damaliges Vermögen von 3,5 Millionen Dollar würde heute mehreren Milliarden entsprechen.

Lick interessierte sich für die Erforschung des Weltraums. George Schönewald, der Manager des von ihm errichteten Nobelhotels, spazierte eines Tages mit Lick auf der Montgomery Street, als der Unternehmer plötzlich anhielt und ausrief: »Eines Tages werden Menschen zum Mond fliegen und zurück.« Schönwald dachte, Lick sei verrückt, sagte aber nichts.[153]

Im Jahr 1874 legte Lick in seinem Testament fest, dass ein Großteil seines Vermögens nach seinem Tod für gemeinnützige Projekte verwendet werden solle. Der bedeutendste Teil dieses Vermächtnisses war der Bau eines Observatoriums auf dem Mount Hamilton in Kalifornien. Für dieses Vorhaben wurden 700 000 US-Dollar bereitgestellt – eine damals außergewöhnlich hohe Summe, die heute, gemessen als Äquivalent zum US-Bruttoinlandsprodukt, etwa 1,8 Milliarden Dollar betragen würde.[154] Seinem unehelichen Sohn vererbte er dagegen lediglich 3000 Dollar.[155]

Das Lick-Observatorium war das erste, das auf einem Berggipfel errichtet wurde. Eigentlich wollte er es zuerst auf der Market Street bauen, die ihm gehörte, aber Freunde hielten ihn davon ab: »Herr Lick, ich bin kein Astronom, aber ich weiß sehr wohl, dass die Market Street kein geeigneter Ort für eine Sternwarte ist. Erstens ist das Klima dort zu neblig, und zweitens würde der Straßenverkehr die Instrumente stören.«[156]

Lick ließ sich überzeugen, das Observatorium, das nach seinem Willen das größte der Welt werden sollte, auf dem Mount Hamilton errichten zu lassen: Mit rund 330 klaren Nächten im Jahr, sehr ruhiger Luft und völliger Abwesenheit von Lichtverschmutzung bot der Gipfel des Berges ideale Bedingungen für astronomische Beobachtungen. Zudem liegt er über dem Nebel, der sich häufig über der Bucht von San Francisco bildet. Da sämtliche Baumaterialien mit Pferde- und Maultierkarren zum Bauplatz transportiert werden mussten, war der Bau einer eigenen Straße erforderlich.

Der Bau des Observatoriums begann im Jahr 1876 und wurde 1887 abgeschlossen. Bereits im Januar 1888 ging es in Betrieb und wurde im April desselben Jahres der Universität von Kalifornien übergeben. Zur Zeit seiner Eröffnung verfügte das Observatorium über das weltweit größte Linsenteleskop – einen Refraktor mit 91 Zentimetern Öffnung. »Das Lick-Observatorium, das in den Jahrzehnten nach seiner Errichtung zu einer der zentralen Einrichtungen der amerikanischen Astronomie und Astrophysik wurde, ist ein Beispiel für die bedeutenden Ressourcen, die der Privatsektor für die Erforschung des Weltraums aufbringen kann«, so MacDonald.[157] James Lick, der 1886 verstarb, wurde 1887 unter dem historischen Refraktor beigesetzt. Eine schlichte Messingtafel trägt die Inschrift: »Here lies the body of James Lick.«

Während bei Lick das persönliche Interesse sowie das Bestreben, sich ein Denkmal zu setzen, die zentrale Rolle spielten, waren anderen Unternehmern wirtschaftliche Motive wichtiger. Hulbert Harrington Warner (1842–1923) war ein amerikanischer Unternehmer, der im späten 19. Jahrhundert durch den Verkauf von sogenannter Patentmedizin zu großem Reichtum gelangte. Damals waren sogenannte Patent Medicines eine Möglichkeit, sehr reich zu werden, wobei die Werbung oft wundersame Heilungen versprach, die allerdings selten eintraten.[158] Besonders erfolgreich war Warner mit seiner Marke »Warner's Safe Cure«, einer angeblich heilenden Flüssigkeit gegen Nieren- und Leberleiden. Die Medizin wurde in auffälligen Glasflaschen mit einem geprägten Tresor (»Safe«) verkauft – ein Symbol für Sicherheit und Wirksamkeit. Warner vermarktete das Mittel aggressiv und international, was ihm ein Vermögen einbrachte.

1880 entschied er, für 100 000 Dollar ein Observatorium in Rochester, New York, errichten zu lassen. Für ihn war das auch ein Marketinginstrument, um sich und seine Medizin bekannt zu machen. 1881 rief er den Warner Sage Remedy Prize ins Leben für jeden Amerikaner, der einen neuen Kometen entdeckte. Zunächst lobte er 200 Dollar aus, später waren es 1000 Dollar, was eine Menge Geld war. Es war eines der ersten Observatorien, das täglich für das Publikum geöffnet war, und wurde bald eine Touristenattraktion. Das Ansehen und die Popularität der Astronomie konnten im 19. Jahrhundert geschickt für Werbezwecke genutzt werden.[159]

Ein anderes Beispiel war das Mount Lowe Observatory. Es war Teil eines visionären Bergbahn- und Tourismusprojekts des amerikanischen Erfinders Thaddeus S. C. Lowe in den späten 1890er-Jahren. Lowe war nicht nur ein Pionier der militärischen Luftaufklärung, sondern auch ein bedeutender Unternehmer und Erfinder. So entwickelte er das sogenannte Lowe-Wasserstoffverfahren, das die großtechnische Herstellung von Wasserstoff für Beleuchtung und industrielle Nutzung revolutionierte. In einer Zeit, in der Gasbeleuchtung zunehmend an Bedeutung gewann, war dies ein äußerst lukrativer Markt.

Lowe sicherte sich zahlreiche Patente in diesem Bereich und lizenzierte seine Verfahren an Gaswerke in mehreren US-Städten, was ihm beträchtliche Einnahmen verschaffte. Ebenso innovativ war sein Engagement im Bereich der Eis- und Kühltechnik: Mit der Gründung der Lowe Gas and Ice Company erschloss er sich einen neuen Markt in der Kühlung und Lagerung von Lebensmitteln.

Auch hier meldete er mehrere Patente an und wurde für seine Erfindungen 1886 mit der renommierten Elliott-Cresson-Medaille ausgezeichnet, einer der höchsten wissenschaftlich-technischen Ehrungen seiner Zeit.

In den 1890er-Jahren investierte Lowe große Teile seines Vermögens in ein visionäres Infrastrukturprojekt: den Bau der Mount Lowe Railway in Kalifornien, einer elektrisch betriebenen Bergbahn, die Tourismus, Technik und Naturerlebnis miteinander verband. Das 1894 errichtete Mount Lowe Observatory, ausgestattet mit einem 12-Zoll-Refraktor-Teleskop, war Teil dieser Mount Lowe Railway. Auch dieses Observatorium war öffentlich zugänglich, was damals ganz unüblich war. Besucher konnten astronomische Beobachtungen machen und das Instrument unter Anleitung nutzen – eine für die damalige Zeit sehr fortschrittliche Idee, die sowohl Bildungscharakter hatte als auch touristischen Reiz bot.

MacDonald schreibt: »Die Mount Lowe Railway war Ende des 19. und Anfang des 20. Jahrhunderts eine der beliebtesten Attraktionen in der Region Los Angeles und ein Vorläufer der Familienunterhaltung im Stil von Disneyland. Das Observatorium war zwar nur eine von vielen Attraktionen, aber dennoch ein wichtiger Anziehungspunkt. Es wurde in der Broschüre besonders hervorgehoben und war an drei Abenden pro Woche für die Öffentlichkeit zugänglich, um den Himmel zu erkunden. Selbst im späten 19. Jahrhundert hatten die Vertreter der Freizeit- und Unterhaltungsindustrie bereits erkannt, wie wichtig die Weltraumforschung war, um die Aufmerksamkeit und das Geld der breiten Öffentlichkeit auf sich zu ziehen.«[160]

Ein anderes Beispiel ist das Hale-Observatorium, benannt nach dem Astronomen George Ellery Hale. Er war schon als Jugendlicher von Astronomie begeistert, besonders nachdem er Jules Vernes Roman »Von der Erde zum Mond« gelesen hatte.[161] Er überredete seinen Vater, der als Unternehmer ein Vermögen in Chicago mit dem Aufzugsgeschäft verdient hatte, ihm 25 000 Dollar für ein privates Observatorium zu geben. Sein Leben lang sollte er sich bemühen, vermögende Unternehmer zu kontaktieren, die weitere Observatorien bauten. Einem Tagebucheintrag im Jahr 1922 kann man entnehmen, dass er zu dieser Zeit täglich 20 Briefe verfasste, die dem Fundraising oder der Pflege der Beziehungen zu reichen Unternehmern dienten.[162]

Der erste große Geldgeber war Charles Yerkes, ein Straßenbahnunternehmer aus Philadelphia. Er kam 1882 nach Chicago und spielte eine entscheidende Rolle bei der Modernisierung und Integration des öffentlichen Nahverkehrssystems der Stadt. Nachdem er die Kontrolle über zwei der drei wichtigsten Straßenbahnunternehmen im Norden und Westen der Stadt übernommen hatte, stellte er die Pferdebahnlinien zunächst auf Seilbahnbetrieb und dann auf elektrischen Antrieb um. Durch die Einführung des Schnellverkehrs konnte er das Streckennetz innerhalb eines Jahrzehnts von weniger als 75 Meilen auf 575 Meilen ausbauen. Im Jahr 1897 baute er die Hochbahnlinie um das zentrale Geschäftsviertel. Sein Vermögen wird auf 30 Millionen Dollar geschätzt.

Yerkes erlangte jedoch den wenig beneidenswerten Ruf als Chicagos berüchtigtster »Raubritter«. Er betrog Aktionäre und Partner, beleidigte Zeitungsredakteure, bestach ungestraft Stadtbeamte und ging gegen Kunden vor, die sich über unzureichende Dienstleistungen und defekte Geräte beschwerten. Als die öffentliche Meinung sich gegen ihn richtete, versuchte er 1897 erfolglos, ein Gesetz zu initiieren, das den Verkehrsunternehmen eine Verlängerung ihrer Konzessionen um 50 Jahre gewähren sollte.[163] Um sein Image aufzubessern, gab er Hale insgesamt 349 000 Dollar, um ein Observatorium zu errichten.

Während Yerkes sich nicht für Astronomie interessierte, sondern nur für den damit verbundenen Imagegewinn, war dies bei einem anderen Spender anders, dem berühmten Andrew Carnegie. Carnegie war ein schottisch-amerikanischer Industrieller, der im 19. Jahrhundert als einer der reichsten Männer der Welt galt. Er machte sein Vermögen vor allem in der Stahlindustrie. 1892 hatte er die Carnegie Steel Company gegründet, die später für 480 Millionen Dollar an J. P. Morgan verkauft wurde. Dieser Betrag entsprach damals etwa 2,1 Prozent des US-Bruttoinlandsprodukts – ein enormer Wert. In heutigem Geld würde sein Vermögen auf rund 350 Milliarden Dollar geschätzt. Er wurde als Inbegriff des »American Dream« betrachtet: vom armen Einwandererjungen zum Multimilliardär.

Später gab Carnegie den größten Teil seines Geldes für philanthropische Zwecke aus. In seinem Buch »The Gospel of Wealth« bezeichnete er die Astronomie als eines der »besten Gebiete der Philanthropie«.[164] Die von ihm gegründete Carnegie-Stiftung finanzierte das riesige Teleskop auf Mount Wilson, und es war Carnegie persönlich, der dafür sorgte, dass 1,4 Millionen Dollar in das Observatorium flossen. Hale schickte Carnegie immer wieder neue spektakuläre Aufnahmen, die mit dem von ihm finanzierten Teleskop gemacht worden waren, um seine Begeisterung am Leben zu halten.

Während Carnegie sich persönlich für Astronomie interessierte und maßgeblich Einfluss auf seine Stiftung ausübte, damit Hales Projekt finanziert wurde, war das anders bei der Stiftung von John D. Rockefeller, der durch das Ölgeschäft zum reichsten Mann der Welt geworden war – mit einem geschätzten Vermögen von bis zu

400 Milliarden Dollar nach heutigem Wert. Rockefeller selbst mischte sich – im Gegensatz zu seinem Zeitgenossen Carnegie – nicht in das Tagesgeschäft seiner Stiftung ein. Doch Hale konnte ihn dermaßen für seine Idee eines Teleskops begeistern, dass Rockefeller als Präsident der Stiftung die entsprechenden Zuwendungen persönlich veranlasste.

Die Rockefeller-Stiftung stellte für den Bau des 200-Zoll-Hale-Teleskops am Palomar-Observatorium insgesamt rund sechs Millionen Dollar zur Verfügung. Dieses beträchtliche finanzielle Engagement begann in den frühen 1920er-Jahren und setzte sich über mehrere Etappen fort, wobei die größte Einzelzuwendung 1934 erfolgte. Die Stiftung finanzierte nicht nur das Teleskop selbst, sondern unterstützte auch den Ausbau der wissenschaftlichen Infrastruktur am California Institute of Technology, das für das Projekt verantwortlich war. Ohne diese Förderung wäre die Realisierung des größten optischen Teleskops seiner Zeit kaum möglich gewesen. Erst 1948 waren die Arbeiten abgeschlossen. Bis 1976 war es das größte Observatorium der Welt.

Ab Mitte des 20. Jahrhunderts wandelte sich die Finanzierung von großen Observatorien, und fortan spielten staatliche Finanzierungen die entscheidende Rolle. Allerdings gab und gibt es immer wieder Beispiele für private Finanzierungen, so etwa das W. M. Keck Observatory auf Hawaii. Der Bau der beiden großen Keck-Teleskope, gestartet 1985, wurde vollständig durch private Großspenden finanziert – über 140 Millionen Dollar kamen allein von der W. M. Keck Foundation.[165]

Observatorien wie das Lick Observatory und das Palomar Observatory waren – nach Angaben des ehemaligen NASA-Chefökonomen – umgerechnet auf heute etwa so teuer wie größere NASA-Missionen wie New Horizons zum Pluto, die Messenger-Sonde zum Merkur oder der Mars-Rover.[166]

Aber nicht nur Observatorien wurden privat finanziert, auch der Pionier der amerikanischen Raketenforschung, Robert Goddard, bekam mehr Geld von Unternehmern bzw. aus privaten Quellen als vom Staat. Goddard war sein Leben lang damit beschäftigt, Geldquellen für seine Forschungen zu erschließen, u.a. auch vom US-Militär. Aber »die bedeutendste finanzielle Unterstützung für Goddard kam von Personen aus dem privaten Sektor, die mit Goddard das tief empfundene innere Verlangen teilten, die Grenzen des Fliegens zu erforschen«.[167] Geradezu empörend ist, dass der amerikanische Staat, der ihn zunächst ignorierte, später sogar Patente von Goddard stahl und seiner Witwe eine hohe Entschädigung dafür zahlen musste.

Doch erzählen wir Goddards Geschichte von Anfang an. Neben Konstantin Ziolkowski und Hermann Oberth war Robert Goddard der wichtigste Pionier der Raketenforschung. Konstantin Ziolkowski war ein russischer Lehrer und Autodidakt, der gegen Ende des 19. Jahrhunderts die theoretischen Grundlagen der Raumfahrt entwickelte. Er formulierte unter anderem die grundlegende Raketengleichung und dachte bereits über Raumstationen und interplanetare Reisen nach, obwohl seine Konzepte damals rein visionär waren.

Hermann Oberth, ein deutscher Physiker aus dem ehemals zu Ungarn und später zu Rumänien gehörenden Siebenbürgen, veröffentlichte in den 1920er-Jahren seine Schrift »Die Rakete zu den Planetenräumen«. Darin legte er die physikalischen Grundlagen der Raumfahrt für ein breites Publikum dar. Er war einer der Ersten, die wissenschaftlich überzeugend erklärten, dass Raketen prinzipiell in der Lage sind, den Weltraum zu erreichen. Seine

Arbeit hatte großen Einfluss auf die damalige Ingenieurgeneration, darunter Wernher von Braun.

Wernher von Braun entwickelte zunächst im nationalsozialistischen Deutschland die V2-Rakete, die erste Großrakete, die den Weltraum erreichte. Nach dem Zweiten Weltkrieg ging er in die USA, wo er zu einer Schlüsselfigur im amerikanischen Raumfahrtprogramm wurde. Er leitete die Entwicklung der Saturn-V-Rakete, mit der 1969 erstmals Menschen auf dem Mond landeten.

Der Amerikaner Robert Goddard wird oft als Vater der modernen Rakete bezeichnet. Er war der erste, der eine Rakete mit Flüssigtreibstoff erfolgreich startete, und führte zahlreiche technische Neuerungen ein, darunter Stufenraketen und Steuerungssysteme. Mit seinen theoretischen Arbeiten und seinen praktischen Experimenten in den 1920er- und 1930er-Jahren legte er entscheidende Grundlagen für die spätere Raumfahrttechnik. Im Unterschied zu Oberth und Ziolkowski, die theoretisch arbeiteten, unternahm Goddard zahlreiche praktische Experimente mit seinen Raketen. Wernher von Braun sagte: »In der Geschichte der Raketentechnik ist Dr. Robert H. Goddard unübertroffen. Er war der Erste. Er war allen anderen voraus in der Konstruktion, dem Bau und dem Start von Flüssigkeitsraketen, die schließlich den Weg ins All ebneten.«[168]

Goddard war ein Visionär, ähnlich wie heute Elon Musk. Mit 16 Jahren hatte er mit Begeisterung H. G. Wells Science-Fiction-Roman »The War of the Worlds« und den darauf aufbauenden Roman von Garrett P. Serviss »Edison's Conquest of Mars« gelesen.[169] Als 23-Jähriger schrieb Goddard in einem Aufsatz: »Genauso wie wir in den Naturwissenschaften gelernt haben, dass wir zu unwissend sind, um etwas mit Sicherheit als unmöglich zu bezeichnen, können wir auch beim Einzelnen, da wir seine Grenzen nicht genau kennen, kaum mit Gewissheit sagen, dass etwas notwendigerweise in seiner Reichweite liegt oder außerhalb davon. Jeder sollte sich daran erinnern, dass niemand vorhersagen kann, welche Höhen er in Bezug auf Reichtum, Ruhm oder Nützlichkeit erreichen kann, bevor er sich nicht ehrlich bemüht hat, und er sollte Mut aus der Tatsache schöpfen, dass alle Wissenschaften einmal in derselben Lage waren wie er und dass sich oft bewahrheitet hat, dass der Traum von gestern die Hoffnung von heute und die Realität von morgen ist.«[170]

Im Alter von 31 Jahren verfasste er eine Ideenskizze »The Navigation of Interplanetary Space«, in der er schrieb, der Mond könne ein Platz sein, um Wasserstoff und Sauerstoff für die Reisen zu Planeten herzustellen. Zudem schrieb er über Sonnenenergie als Energiequelle für Flüge zu den Planeten.[171]

In dem Aufsatz hieß es: »Aus wirtschaftlicher Sicht muss die Navigation im interplanetaren Raum gewährleistet sein, um den Fortbestand der Menschheit zu sichern. Und wenn wir der Meinung sind, dass die Evolution im Laufe der Jahrtausende ihren höchsten Punkt im Menschen erreicht hat, dann muss die Fortsetzung des Lebens und des Fortschritts das höchste Ziel der Menschheit sein, und dessen Ende die größtmögliche Katastrophe.«[172] Seine Motivation war also identisch mit der, die Elon Musk treibt, wie wir im vorigen Kapitel gesehen haben. Goddard war seiner Zeit weit voraus, wenn er schrieb, die Menschheit müsse lernen, sich im Sonnensystem von Planet zu Planet fortzubewegen und dabei als Treibstoff Wasserstoff und Sauerstoff benutzen sowie die Metalle, die sie auf den Himmelskörpern fänden, um weitere Raumschiffe zu bauen.[173]

Doch er war nicht nur ein Visionär, sondern auch Theoretiker und Ingenieur. 1919 veröffentlichte er ein Papier mit dem Titel »Method of Reaching Extreme Altitudes«. Damit bewies er als erster Wissenschaftler mathematisch, dass eine Rakete die Schwerkraft der Erde überwinden könnte. Zudem war er der erste, der wissenschaftlich bewies, dass Raketen im Vakuum fliegen können.[174]

In der Öffentlichkeit machte man sich über ihn lustig. So schrieb die *New York Times* im Januar 1920: »Dass Professor Goddard mit seinem ›Lehrstuhl‹ am Clark College und der Unterstützung der Smithsonian Institution die Beziehung zwischen Aktion und Reaktion nicht kennt und nicht weiß, dass man etwas Besseres als ein Vakuum braucht, gegen das man reagieren kann – das zu behaupten wäre absurd. Vielmehr scheint ihm lediglich das Wissen zu fehlen, das täglich in den High Schools vermittelt wird.«[175]

Erst am 17. Juli 1969, einen Tag nach dem Start einer bemannten Mission zum Mond, nahm die Zeitung dies in einem trockenen Statement zurück (eigenartigerweise ohne die Apollo-Mission zu erwähnen): »Weitere Untersuchungen und Experimente haben die Erkenntnisse von Isaac Newton aus dem 17. Jahrhundert bestätigt, und es steht nun endgültig fest, dass eine Rakete sowohl im Vakuum als auch in der Atmosphäre funktioniert.« Die Zeitung fügte hinzu: »Die *Times* bedauert den Fehler.«[176]

Goddard wurde in diesen Jahren berühmt, weil ihn die Zeitungen in den USA sensationslüstern als den Mann darstellten, der mit einer Rakete zum Mond fliegen wollte. Und man vermutete, dies werde bereits in naher Zukunft stattfinden, obwohl Goddard selbst nichts Entsprechendes in Aussicht gestellt hatte. Mehr als 100 Freiwillige meldeten sich, die gerne dabei sein wollten. Goddard merkte dazu an, er benötige »weniger Freiwillige und mehr wirkliche Unterstützung«.[177]

Eine Zeitung schrieb unter der Überschrift »Wants Pay Passenger for Voyage to Moon«: »Gesucht: Ein Millionär, der der Erde überdrüssig ist und zum Mond reisen möchte. Es gibt viele, die die Erde verlassen möchten, aber nicht das Geld haben, um die Reise zu bezahlen.«[178]

Es sollten sich einige Millionäre finden, die Goddard unterstützten, besonders aus der Guggenheim-Familie, die damals zu den reichsten Familien der Welt zählte. Ihr Vermögen stammte hauptsächlich aus dem Bergbaugeschäft, das sie in der zweiten Hälfte des 19. Jahrhunderts aufbaute. Harry Guggenheim, der sich sehr für die Fliegerei begeisterte, saß eines Tages mit seinem engen Freund Charles Lindbergh zusammen, der Ruhm erlangt hatte, weil er 1927 als erster Mensch nonstop und solo mit dem Flugzeug »Spirit of St. Louis« von New York nach Paris geflogen war. Die beiden Männer diskutierten, wie man in große Höhen fliegen könne. Guggenheims Frau hatte in Zeitungen über Goddard und seine ersten Testflüge gelesen und machte beide darauf aufmerksam. Lindbergh nahm Kontakt zu Goddard auf und fragte ihn, ob es möglich sei, mit einer Rakete zum Mond zu fliegen. Goddard bejahte das, fügte aber hinzu, man brauche dafür mindestens eine Million Dollar.[179]

Lindbergh stellte für Goddard, mit dem er sich schnell anfreundete, den Kontakt zur Carnegie-Stiftung und zu den Guggenheims her, die begannen, Goddard zu unterstützen. In den nächsten Jahren entwickelte Goddard eine Rakete mit Flüssigtreibstoff und unternahm 103 statische Tests und 48 Flugtests. In dieser Phase unterstützte ihn allein die Guggenheim-Familie mit 188 500 Dollar.[180]

Im Ersten und auch im Zweiten Weltkrieg versuchte Goddard, das Militär der USA für seine Entwicklungen zu gewinnen, aber trotz intensivster Bemühungen fiel die Unterstützung nicht so aus, wie Goddard sich das erhofft hatte. Rechnet man es in heutige Werte um, dann bekam Goddard insgesamt 26 Millionen Dollar vom US-Militär, aber 47,4 Millionen Dollar aus privaten Quellen – wie etwa von den Guggenheims oder der Carnegie-Stiftung.[181]

Nachdem Goddard 1945 an Kehlkopfkrebs gestorben war, kämpften seine Witwe und Harry Guggenheim über viele Jahre dafür, dass seine Leistung anerkannt wurde. Die Witwe klagte gegen die Vereinigten Staaten, weil sie seine Patentrechte verletzt, also letztlich seine Erfindungen gestohlen hätten. Wernher von Braun wurde um seine Meinung gefragt, und die fiel nicht so aus, wie es sich die Vereinigten Staaten erhofft hatten: »Wenn seine technische Meinung in eine rechtliche Meinung umgesetzt worden wäre, hätten die Bundesbehörden gegenüber Goddards Nachfolgern Schadenersatz leisten müssen. Angesichts dieses Risikos stuften die Bürokraten alles als geheim ein und bereiteten sich auf einen Kampf vor«, so Goddards Biograf David A. Clary.[182]

Schließlich gewann seine Witwe die Klage gegen die USA und das *New York Times Magazine* schrieb: »Als die Regierung kürzlich eine Zahlung in Höhe von 1 000 000 Dollar für die Verletzung von Patenten des verstorbenen Dr. Robert H. Goddard ankündigte, räumte sie ausdrücklich ein, dass die Atlas und Thor der Luftwaffe, die Jupiter und Redstone der Armee und die Vanguard der Marine im Wesentlichen Goddard-Raketentriebwerke und Goddard-Flüssigtreibstoffe verwendet hatten. Stillschweigend räumte sie zahlreiche Verletzungen anderer Patente von Goddard ein, indem sie die Rechte an mehr als 200 davon erwarb, von denen viele so grundlegend sind, dass sie in jeder modernen Rakete und jedem Lenkflugkörper verwendet werden müssen.«[183]

Für Goddards Witwe war die Zahlung vor allem eine Wiederherstellung der Gerechtigkeit, denn sie war verbittert darüber, »dass ihr Mann von einer undankbaren Regierung ungerecht behandelt worden war, die ihn zunächst ignoriert und dann seine Arbeit schamlos ausgebeutet hatte«.[184]

1965 proklamierte der amerikanische Präsident Lyndon B. Johnson sogar den »Goddard Day«: »In Anbetracht dessen, dass Dr. Robert Hutchings Goddard am 16. März 1926 in Auburn, Massachusetts, die weltweit erste Flüssigkeitsrakete erfolgreich startete; und in Anbetracht dessen, dass diese Leistung sowie Dr. Goddards weitere bahnbrechende Errungenschaften in der Theorie, Konstruktion und Erprobung von Raketen den Grundstein für die Entwicklung der modernen Raketentechnik legten und die Erforschung des Weltraums ermöglichten; und in der Erwägung, dass es angemessen ist, die großen wissenschaftlichen Leistungen von Dr. Goddard zu würdigen und sie am Jahrestag seines Erfolgs zu feiern; und in Anbetracht dessen hat der Kongress mit einem am 12. März 1965 verabschiedeten Gesetz den 16. März 1965 zum Goddard-Tag erklärt und den Präsidenten aufgefordert, eine Proklamation zu veröffentlichen, in der er die Regierungsbeamten und die Öffentlichkeit auffordert, an Feierlichkeiten, Versammlungen und anderen Aktivitäten zum Gedenken an den Goddard-Tag teilzunehmen.«[185]

Der ehemalige NASA-Chefökonom MacDonald resümiert, »Goddards Programm kann als Teil einer mehr als hundertjährigen Tradition privater Finanzierung der amerikanischen Weltraumforschung gesehen werden … Goddard erhielt im Laufe seiner Karriere Finanzmittel in einer Höhe, die mit den Kosten eines nicht trivialen Technologieentwicklungsprogramms der NASA im 21. Jahrhundert vergleichbar ist. Um es in einen historischen Kontext zu setzen: Das nächste privat finanzierte Programm für Flüssigkeitsraketen, das in den Vereinigten

Staaten eine ähnliche Finanzierung erhielt, kam erst mit den ersten privaten Raketenstartversuchen in den 1980er-Jahren zustande.«[186]

Der Ökonom rückt die moderne private Raumfahrt in eine ganz andere Perspektive, wenn er schreibt: »Aus historischer Langzeitperspektive ist der Trend im späten 20. und frühen 21. Jahrhundert hin zu einer zunehmenden Finanzierung von Raumfahrtprojekten durch den privaten Sektor – insbesondere durch wohlhabende Persönlichkeiten wie Paul Allen, Jeff Bezos und Elon Musk – nicht als neues Phänomen zu verstehen, sondern vielmehr als Wiederaufleben eines dominanten Strangs in der Raumfahrt, der über hundert Jahre vor dem Sputnik zurückreicht. Die Einbeziehung der Geschichte astronomischer Observatorien in die Gesamtgeschichte der Weltraumforschung zeigt, dass es in der Tat überwiegend private Quellen waren, die die Mittel für die Erforschung des Sonnensystems und des Universums durch die Nation bereitgestellt haben.«[187] MacDonald zieht noch eine weitere wichtige Folgerung aus seinen Forschungen. Oft werde gesagt, die Menschheit fühle den Drang, das Unbekannte zu erforschen und zu entdecken. Aber tatsächlich sei es nicht die Menschheit, sondern es seien herausragende Persönlichkeiten, die dieses Verlangen verspürten, den Weltraum zu erobern – und die deshalb entsprechende Projekte finanzierten.[188]

4. Starship – Schiff für die Zukunft der Menschheit

Wenn ich eine Wette abgeben sollte, mit welchem Raumschiff die ersten Menschen den Mars erreichen, dann würde ich heute auf das Starship tippen. Denn das Starship ist ein Raumschiff der Superlative. Der Raumfahrt-Experte Eugen Reichl sagt: »Nur wenige erkennen, wie revolutionär dieses Fluggerät tatsächlich ist. Das Starship wird im gesamten Rest des 21. Jahrhunderts den Raumtransport dominieren. Es ist riesig groß und dabei doch billig zu bauen, es ist mehr Schiffbau als Raumfahrt mit Einflüssen aus dem Automobilbau. Es ist vielseitig einsetzbar. Es wird in vielen Varianten entstehen und es öffnet dem Menschen das gesamte Sonnensystem.«[189]

Etwas verwirrend ist der Name »Starship«: Als Starship wird sowohl das eigentliche Raumschiff – die 50 Meter hohe zweite Stufe der Rakete – bezeichnet als auch die Kombination der ersten Stufe (genannt Super Heavy oder auch »Booster«) mit dem Starship.

Die bis heute größte und kraftvollste Rakete war die Saturn V, mit der 1969 die ersten Menschen zum Mond gebracht wurden. Sie war mit etwa 110 Metern Gesamthöhe nicht viel kleiner als die derzeit eingesetzten Prototypen des Starship, die in den Versionen V2 und V3 124 und 126 Meter hoch sind. Die Saturn V hatte drei Raketenstufen. Ganz oben befand sich die knapp 14 Meter lange Kombination aus Apollo-Servicemodul, Kommandokapsel und Fluchtturm.

Das Starship (heute immer häufiger nur als das »Ship« bezeichnet) selbst ist in der V2-Version 52 Meter hoch, und das gesamte System hat samt Booster ein Startgewicht von rund 5000 Tonnen, was etwa dem 1,7-fachen des Gewichts der Saturn V (ca. 2950 Tonnen) entspricht. Laut Elon Musk soll das Starship in künftigen Versionen bis zu 100 Personen pro Flug zum Mars transportieren können. Für solche Missionen, die etwa sieben Monate pro Strecke dauern, wird das Starship natürlich deutlich komfortabler als die Apollo-Kapsel ausgestattet sein, die nur für 8- bis 12-tägige Mondmissionen konzipiert war und über ein sehr begrenztes Innenvolumen verfügte.

Das Besondere am Starship wird deutlich im Vergleich mit der Saturn V: Sie war – so wie bisher alle Raketen – nur ein Mal zu verwenden, was sie sehr teuer machte. Musk arbeitete deshalb schon lange daran, seine Raketen wiederverwendbar zu machen. Teilweise gelungen war ihm dies schon bei seinem Standardträger, der Falcon 9. Beim Starship sollen aber sowohl das eigentliche Raumfahrzeug als auch die »Super Heavy« genannte erste Stufe der Rakete erneut einsetzbar sein. Die erste Stufe kehrt bereits kurz nach dem Start, wenn sie ihre Funktion erfüllt hat, zur Erde zurück.

Auch die zweite Stufe kehrt im Regelfall zurück, sobald ihre Mission vollendet ist. Das können Stunden, Tage, Wochen oder Monate sein. Manche Versionen werden aber nie mehr auf der Erde landen. Sie werden – entsprechend ausgerüstet – an ihren Zielorten verbleiben: In der Erdumlaufbahn als Raumstationsmodule oder Tankstationen, auf dem Mond als Pendelfahrzeuge zwischen Mondoberfläche und Mondorbit oder als permanente Mondbasis, oder auf Mars, Asteroiden und darüber hinaus.

Die Rückkehr läuft beim Starship und ihrem Booster, der Super Heavy, sehr unterschiedlich ab. Die Super Heavy führt eine ballistische Rückkehr durch, ähnlich wie schon heute die Erststufen der Falcon 9. Die Triebwerke zeigen dabei in Flugrichtung, während sie sich mit fünf- bis sechsfacher Schallgeschwindigkeit wieder dem Punkt nähert, an dem sie sechs bis sieben Minuten zuvor gestartet war. Mit einem sogenannten Re-entry-Brennmanöver einiger weniger ihrer insgesamt 33 Triebwerke reduziert sie ihre Geschwindigkeit zunächst auf einen »überlebbaren« Wert. Danach werden alle Triebwerke abgeschaltet, und die atmosphärische Reibung übernimmt die weitere Abbremsung, bis die Stufe ihre »Terminal Velocity« erreicht hat. Dies ist die Geschwindigkeit, bei der eine weitere aerodynamische Abbremsung mittels des Luftwiderstands nicht mehr möglich ist. Die »Terminal Velocity«, auch als Freifallgeschwindigkeit bezeichnet, liegt bei der Super Heavy bei etwa 700 bis 800 Kilometer pro Stunde. Nun zünden zunächst drei Triebwerke, um die restliche Geschwindigkeit auf nahe null abzubauen. Ist die Restfahrt eliminiert, läuft nur noch ein einzelnes Triebwerk. Das genügt, um die Kombination in der Schwebe zu halten und zum kombinierten Start- und Fangturm hin zu manövrieren, wo sie von speziellen Fangarmen aufgenommen und fixiert wird.

Ganz anders läuft das Landeverfahren beim Starship ab, also der Oberstufe. Wenn es sich im Erdorbit befindet, führt es etwa 45 Minuten vor der geplanten Landung ein sogenanntes »Retro-Brennmanöver« (original: Retroburn) durch. Gemeint ist das Zünden des Triebwerks, wodurch die Geschwindigkeit um etwa 400 Kilometer pro Stunde reduziert wird. Das genügt, um eine halbe Erdumkreisung später die obersten Schichten der Erdatmosphäre zu erreichen. Danach übernimmt die Luftreibung, ähnlich wie einst beim Shuttle, die gesamte Bremsung des Vehikels, bis es ebenfalls Terminal Velocity erreicht hat. Die beträgt beim Starship etwa 300 bis 350 Kilometer pro Stunde. Aufgrund der viel höheren Ausgangsgeschwindigkeit des Starship (etwa das Siebenfache der Super Heavy) muss der Eintrittswinkel in die Erdatmosphäre (Bauch voran) absolut perfekt eingehalten werden, sonst verglüht das Fahrzeug.

Aerodynamische Steuerflächen bringen das Fahrzeug schließlich in unmittelbare Nähe des Start- und Fangturms. Das Starship wechselt in dieser Phase vom horizontalen, flugzeugähnlichen Flug in die Vertikale und steuert den Turm an, wo es von den beiden Fangarmen aufgenommen wird. Derzeit setzt SpaceX einen kombinierten Start- und Fangturm ein. Künftig wird es getrennte Vorrichtungen geben.

Viele Menschen bestaunten dies beim fünften Testflug am 13. Oktober 2024. Es war ein erhebendes Gefühl zu sehen, wie sich der Booster verlangsamte und dann fast im Schwebeflug von den beiden Fangarmen aufgefangen wurde. »Dieser Start«, so Reichl, »war ein Meilenstein in der Raumfahrtgeschichte. Es war das erste Mal, dass eine Rakete der Orbitalklasse aus der Luft eingefangen wurde.«[190]

Doch das Starship birgt noch zahlreiche weitere faszinierende Aspekte. Beispielsweise die enorme Kraft der Triebwerke: Wenn alle 33 laufen, wird der Gesamtschub sogar bei den derzeit verwendeten Vorserienversionen schon doppelt so groß sein wie seinerzeit bei der Saturn V. Auch beim Raketentreibstoff ging Musk neue Wege. Die Raptor-Triebwerke seines Starships werden mit flüssigem Methan und flüssigem Sauerstoff betankt.

Musk wählte Methan, weil das auf dem Mars gewonnen werden kann. So muss das Raumschiff nicht den gesamten Treibstoff für den Hin- und Rückflug mitnehmen. Zunächst will er eine Rakete ohne Menschen auf den Mars schicken. Diese produziert dort vorab den Methan-Treibstoff, mit dem dann später die bemannte Rakete für den Rückflug zur Erde betankt wird. Methan kann auf dem Mars synthetisiert werden, indem man das Sabatier-Verfahren nutzt, bei dem CO_2 aus der Marsatmosphäre und Wasserstoff kombiniert werden. Wie wir sehen werden, ist diese Treibstoffmischung zudem billiger als viele andere, die sonst für Raketen verwendet werden.

Obwohl das Starship für viele Zwecke verwendet werden kann, u.a. auch für einen Flug zum Mond, ist doch das gesamte Design letztlich auf ein einziges Ziel ausgerichtet, nämlich viele Menschen zum Mars zu bringen. Musk hat mehrfach erklärt, dass sein Ziel darin besteht, bis Mitte des 21. Jahrhunderts regelmäßige Flüge zum Mars zu ermöglichen und schließlich eine Kolonie von etwa einer Million Menschen aufzubauen. Dazu mehr im folgenden Kapitel.

Das Starship ist das – bisher – letzte Glied einer Reihe von immer mächtigeren Raketen, die Musk baute. Er fing zunächst mit den Falcon-Raketen an. Diese sind primär für kommerzielle Satellitenstarts, Versorgungsmissionen zur ISS und andere Erdorbit-Missionen ausgelegt. Das Starship dagegen ist für Schwerlasttransporte konzipiert, so auch für die Mars-Kolonisierung, für Mondmissionen (z.B. Artemis-Programm) und den Transport von Passagieren oder großen Nutzlasten. Es ist ein vielseitigeres System mit Fokus auf langfristige Weltraumexploration.

Die Geschichte begann mit drei Fehlstarts der Falcon 1. Dass eine neue Rakete einen Fehlstart erleidet, ist nicht ungewöhnlich. Aber der Anfang von SpaceX war wirklich nervenaufreibend. Wo sollte die Rakete gestartet werden? SpaceX hatte die Vandenberg Air Force Base in Kalifornien in der Nähe von Santa Barbara vorgesehen. Die gehörte jedoch der Air Force, die jede Menge unsinnige Regeln und Anforderungen aufgestellt hatte: »Die Air Force und wir passten überhaupt nicht zusammen«, berichtet Hans Königsmann, damals für die Raketenstarts bei SpaceX verantwortlich. »Über einige Anforderungen lachten Elon und ich so sehr, dass wir kaum Luft bekamen.«[191] Dass sie einen anderen Standort suchen mussten, wurde ihnen endgültig klar, nachdem bekannt wurde, dass dort ein streng geheimer US-Spionagesatellit gestartet werden sollte. Im Frühjahr 2005, kurz vor dem geplanten Start, erklärte die Air Force, SpaceX müsse erst einmal abwarten, bis ihr Spionagesatellit gestartet sei – wann das sein werde, sagten sie jedoch nicht.[192]

Die Alternative war ein Startplatz 7700 Kilometer von Los Angeles entfernt, auf einer winzigen Insel, die den Namen Kwajalein-Atoll trägt. Da man auf der Reise dorthin mehrmals umsteigen musste, dauerte der Flug von Los Angeles aus 20 Stunden. Die ersten Starts im März 2006, ein Jahr später im März 2007 und dann im August 2009 scheiterten, und Musk ging das Geld aus, zumal sich damals auch seine Autofirma Tesla in ernsten Schwierigkeiten befand. Seine Freunde sagten ihm, er müsse sich zwischen Tesla und SpaceX entscheiden, beides werde er nicht durchziehen können. »Es hat sich angefühlt, wie wenn man zwei Kinder hat, und die Vorräte gehen zur Neige«, sagte er. »Entweder man gibt jedem die Hälfte, und am Ende verhungern sie vielleicht beide, oder man gibt dem einen Kind alles und erhöht die Chance, dass zumindest dieses eine überlebt. Ich habe es nicht über mich gebracht, das andere sterben zu lassen, also habe ich beschlossen, alles zu geben, um beide zu retten.«[193]

Freunde halfen ihm mit einer Geldspritze, und der vierte Versuch klappte endlich. Nach neun Minuten Flugzeit erreichte die Falcon 1 die Umlaufbahn, genau wie geplant. Es war die erste Rakete eines privaten Unternehmens, der dies gelang. Musk verließ den Kontrollraum und ging in die Fabrik, wo er wie ein Rockstar gefeiert wurde: »Es gab viele Leute, die dachten, wir würden es nicht schaffen, wirklich viele, aber wie heißt noch das Sprichwort – aller guten Dinge sind vier, oder? Es gibt nur eine Handvoll Länder auf der Erde, die so etwas geschafft haben. Normalerweise machen das Staaten, nicht Unternehmen.«[194]

Musks Biograf Walter Isaacson resümiert: »Die Falcon 1 hatte endlich Geschichte geschrieben und als erste Rakete eines privaten Unternehmens von der Erde aus die Umlaufbahn erreicht. Musk und seine kleine Crew ... hatten das System von Grund auf gebaut und die gesamte Installation selbst durchgeführt. Nur wenige Aufgaben waren ausgelagert worden. Und auch die Finanzierung stammte von privater Seite, zum Großteil aus Musks eigener Tasche. SpaceX hatte zwar Verträge über die Durchführung von Missionen für die NASA und andere Auftraggeber, würde aber nur bei Erfolg bezahlt. Zuschüsse oder Cost-Plus-Verträge gab es keine.«[195]

Der Raumfahrtexperte Erik Seedhouse, Professor für Applied Aviation and Spaceflight Operations und selbst Ausbilder von Astronauten, schreibt in seinem Buch »SpaceX. Starship To Mars, The First 20 Years«: »In nur sieben Jahren seines Bestehens hatte sich SpaceX als ernstzunehmende Größe etabliert – eine Leistung, die nur möglich war, weil es sich um ein privates Unternehmen handelte. Da das Unternehmen nicht durch staatliche Bürokratie behindert wurde, konnte Musk SpaceX nach seinen Vorstellungen entwickeln ...«[196]

Nachdem Musk so viel Mühe und Geld in die Entwicklung der Falcon 1 gesteckt hatte, erwartete man, dass er nun die Früchte ernten und mit seiner neuen Rakete Geld mit Launch-Services verdienen wollte.[197] Doch Musk war in Gedanken schon wieder viel weiter. Direkt nach dem gelungenen vierten Startversuch mit der Falcon 1 sagte er: »Das ist nur der erste Schritt von vielen. Nächstes

Jahr bringen wir die Falcon 9 in die Umlaufbahn, setzen die Dragon in Gang und nehmen den Platz des Space Shuttles ein. Wir haben noch einiges vor, sogar zum Mars fliegen.«[198]

Im Juni 2010 fand der erste Testflug des vielfach schwereren und größeren Nachfolgemodells Falcon 9 statt. Dass es schon beim ersten Versuch klappte, war ein riesiger Erfolg – zwei Drittel der in den vergangenen 20 Jahren neu eingeführten Raketen scheiterten beim ersten Startversuch.[199]

Die größten Durchbrüche gelangen der Falcon 9 jedoch am 22. Dezember 2015 und am 30. März 2017. Der 22. Dezember 2015 ist ein historisches Datum, denn die Falcon 9 landete an diesem Tag sicher in Cape Canaveral. Niemals zuvor hatte es irgendein Staat oder ein Unternehmen geschafft, eine orbitalfähige Rakete wenige Minuten nach dem Start sicher wieder auf den Boden zu bringen. Jeff Bezos' Unternehmen Blue Origin hatte zwar schon etwa einen Monat davor seine Rakete wieder sicher auf dem Boden gelandet, aber das war eine suborbitale Rakete, die keine Nutzlasten in den Orbit hätte bringen können. Es sollte noch ein ganzes Jahrzehnt dauern, bis Jeff Bezos das gelang, was Musk erstmals 2015 gelungen war.

Und am 30. März 2017 wurde erstmals eine bereits gebrauchte Falcon 9 erneut gestartet. Das Ziel einer wirklichen, also ökonomisch sinnvollen, Wiederverwendbarkeit, war erstmals erreicht. Damit nimmt SpaceX bis heute eine Ausnahmestellung ein: SpaceX hat bis Dezember 2025 einen seiner Falcon-9-Booster schon 32-mal verwendet. Das Ziel, mit dem er 2010 ins Rennen ging, waren maximal zehn Wiederverwendungen gewesen. Kein anderes Unternehmen hat bislang eine orbitale Trägerrakete mehr als ein einziges Mal geflogen.

In den Folgejahren etablierte sich die Falcon-Rakete als wichtigste Arbeitsrakete weltweit. Am 13. Juli 2025 gratulierte Musk seiner Mannschaft: »Congrats SpaceX team on 500 orbital spaceflight missions!« Der 500. Flug einer Falcon hatte am Tag zuvor stattgefunden. Dabei wurden 26 Starlink-Satelliten von der Vandenberg Space Force Base in Kalifornien gestartet. Heute fliegt SpaceX praktisch außer Konkurrenz: Von 258 Raketenstarts weltweit im Jahr 2024 entfielen 134 auf SpaceX. Wäre SpaceX ein Land, dann wäre es Nr. 1, gefolgt von China mit 66 erfolgreichen Starts. Die USA lägen ohne SpaceX auf Platz vier hinter China, Russland und Neuseeland.[200] 2025 gab es 324 Orbitalstartversuche, 317 waren erfolgreich. Davon entfielen 165 auf SpaceX, die Starship-Testflüge nicht einberechnet. China führte 88 erfolgreiche Starts durch.

Zu dem Erfolg der Falcon trug bei, dass sie nicht nur sehr zuverlässig ist, sondern auch billiger als die Wettbewerber. Harry W. Jones vom NASA Ames Research Center konstatiert, dass in der Phase der staatlichen Raumfahrt von 1970 bis 2010 die durchschnittlichen Startkosten bei 18 500 Dollar je Kilogramm lagen: »Mit der Falcon 9 kam es 2010 zu einem deutlichen Kostenrückgang auf 2700 $/kg. Die Falcon Heavy senkt die Kosten weiter auf 1400 $/kg. Die Startkosten des Shuttles lagen mit 57700 $/kg etwa 20-mal so hoch wie die der Falcon 9 und etwa 40-mal so hoch wie die der Falcon Heavy. Die durchschnittlichen Startkosten von 18 500 $/kg zwischen 1970 und 2000 wurden mit der Falcon 9 um den Faktor 7 und mit der Falcon Heavy um den Faktor 13 reduziert.«[201] SpaceX verlangt heute für einen Standardflug mit der Falcon 9 etwa 70 Millionen Dollar, während die internen Kosten schätzungsweise bei 15 bis 22 Millionen Dollar liegen, also bei etwa 20 bis 30 Prozent des Preises, den das Unternehmen für andere berechnet. Das zeigt das wahre Ausmaß der Kostensenkung. Sie hat natürlich auch viel mit der Wiederverwendbarkeit zu tun: Nur sechs Prozent der Falcon-9-Flüge im Jahr 2025 nutzten neue Booster, während manche Raketen über 30-mal geflogen sind.

Das Starship, so die Pläne von Musk, soll die Kosten nochmals massiv reduzieren, und zwar auf zehn Dollar pro Kilogramm.[202] Mag sein, dass diese Vision doch zu optimistisch ist, aber selbst ein Wert von einigen Hundert Dollar pro Kilogramm wäre sensationell. Diese Kostenreduktion wird es auch ermöglichen, Menschen zum Mars zu bringen, ohne sie den Risiken von mehreren Monaten ohne Schwerkraft oder starker Strahlenbelastung auszusetzen – darauf werde ich im folgenden Kapitel zurückkommen. Der Zusammenhang zu den Kosten: Aufwendige und schwere technische Einrichtungen wie künstliche Schwerkraft durch Rotation und massive Abschirmung gefährlicher Strahlung werden nur dann möglich sein, wenn die Startkosten deutlich gesunken sind.[203]

Doch wie gelang Musk die erhebliche Kostenreduktion? Einen entscheidenden Durchbruch, nämlich die Wiederverwendbarkeit, haben wir bereits genannt. Es ist nicht so, dass daran nicht auch schon zuvor gearbeitet worden wäre. Die Raumfahrtexperten Heribert Kuczera und Peter W. Sacher haben 2011 ein 251 Seiten umfassendes Buch zu diesem Thema herausgebracht. Sie betonten darin zwar die Notwendigkeit wiederverwendbarer Raketen, aber konstatierten ernüchtert: »Seit Beginn des 21. Jahrhunderts haben die Aktivitäten im Bereich wiederverwendbarer Trägersysteme (RLV = Reusable Launch Vehicles, auch häufig als wiederverwendbare Raumtransportsysteme im Hyperschallbereich bezeichnet) international stark an Interesse verloren. Dies lag nicht nur an den enormen Kosten, sondern auch an der Ausrichtung auf verfügbare Technologien und konservativere

Systeme. Ein wesentlicher Beweggrund war die Tatsache, dass die USA Programme für solche Raumtransportsysteme eingestellt hatten, nachdem ein Nachfolgeprojekt für das Space Shuttle dringlicher wurde – infolge der geplanten Außerdienststellung des Space Shuttles bis etwa 2020. Seither wurde das Thema nur noch in deutlich geringerem Umfang verfolgt – etwa auf akademischer Ebene oder im Rahmen kleinerer Forschungsprojekte. Der Hauptgrund dafür liegt in der offiziellen Ausrichtung der NASA auf Einwegraketen und kapselbasierte Raumfahrzeuge für den bemannten Transport, insbesondere mit Blick auf künftige Missionen zur ISS und zum Mond. Die Haushaltsmittel wurden daher vorrangig diesen Zielen zugewiesen ... Bemerkenswert ist, dass das ursprüngliche Ziel, durch den Einsatz wiederverwendbarer Systeme Kosteneinsparungen zu erzielen, nie bewiesen werden konnte. Das Space Shuttle erforderte zwischen den Starts zu viel Aufwand am Boden – etwa für Inspektion, Wartung und Reparatur.«[204]

Es ist interessant, diese Bewertung ausgewiesener Fachleute aus Sicht des Jahres 2011 zu lesen – in dem Wissen, das schon wenige Jahre später SpaceX in der Lage war, genau das zu liefern, was bis dahin unmöglich erschien: eine kostengünstige wiederverwendbare Rakete. Vermutlich wäre das sogar schon eher möglich gewesen, hätte nicht die staatliche Bürokratie Raumfahrtunternehmen wie SpaceX immer wieder durch langwierige und unsinnige Genehmigungsverfahren ausgebremst.

Über eines von vielen absurden Beispielen für die Auflagen der Federal Aviation Authority (FAA) berichtete Musk, der nach eigenen Worten fast verrückt wurde wegen monatelanger Verzögerungen für den später so erfolgreichen fünften Testflug des Starship: »... wir mussten das tun, SpaceX musste die Studie durchführen, um zu sehen, ob ... Starship einen Hai treffen würde. Und ich dachte mir: ›Der Ozean ist groß, es gibt viele Haie. Es ist nicht völlig auszuschließen, aber sehr unwahrscheinlich.‹

Also sagten wir: ›Okay, gut, wir machen die Analyse. Und dann, na ja, können Sie uns die Haidaten geben?‹ Sie sagten: ›Nein, wir können Ihnen die Haidaten nicht geben.‹ ...

Schließlich ... bekamen wir die Daten und ... konnten sagen: Ja, den Haien wird nichts passieren. Aber was – sie ließen uns nicht mit dem Start fortfahren, bis wir diese verrückte Haistudie durchgeführt hatten.

Dann dachten wir, okay, jetzt sind wir fertig ... und sie sagten: ›Aber was ist mit den Walen?‹

Ich sagte: ›Wenn Sie sich ein Bild vom Pazifik ansehen, wie viel Prozent der Oberfläche sehen Sie als Wal? Denn ich sehe keinen einzigen.‹

Und ehrlich gesagt, wenn Starship einen Wal getroffen hätte, wäre das so, als hätte der Wal es verdient, denn die Wahrscheinlichkeit dafür ist so gering. Das ist wie in ›Final Destination: Whale Edition‹. Das Schicksal hatte es auf diesen Wal abgesehen ...

Dann konfrontierten sie uns mit der Frage: ›Was ist, wenn die Rakete unter Wasser geht, dort explodiert und die Wale einen Hörschaden davontragen?‹ Wenn das wirklich passieren würde ... Sehen Sie, wenn wir eine Rakete unter Wasser fahren und zu einem U-Boot machen könnten, wäre das eine physikalische Meisterleistung, die wir nicht vollbringen könnten ... Deshalb empfinde ich die Überregulierung als so schmerzhaft.«[205]

Ein anderes Beispiel: Vor einem Testflug musste SpaceX nachweisen, dass man Vorkehrungen getroffen hatte, eine bestimmte Fischart, die vor mehr als 40 Jahren zum letzten Mal im Golf von Mexiko gesichtet worden war, nicht zu stören. In einem anderen Fall wurden Seehunde eingefangen, denen man Kopfhörer aufsetzte und ihnen dann einen Überschallknall vorspielte, um herauszufinden, wie sie darauf reagieren.[206]

Durch all die Genehmigungsverfahren ging viel Zeit verloren, und Musk war davon besonders betroffen, denn im Gegensatz zu den konventionellen Raketenherstellern versuchte er nicht, alles so perfekt wie möglich zu machen und erst dann zu starten, sondern kalkulierte ein, dass viele Starts vermutlich »scheitern« würden. In Wahrheit war es meist kein Scheitern, sondern das Unternehmen bekam dadurch sehr wertvolle Daten, die halfen, es beim nächsten Mal besser zu machen. Man spricht bei diesem Verfahren auch von iterativem Design, und Musk hatte dafür die Wendung »RUD« (Rapid Unscheduled Disassembly) erfunden, also »schnelle ungeplante Zerlegung«.[207]

Journalisten verstehen das oft nicht. Sie berichten, manchmal nicht ohne Schadenfreude, über das »Scheitern« eines Testflugs, auch wenn dieser aus Sicht des Unternehmens wichtige Erkenntnisse gebracht hatte. Musk machte die Regulierungswut und Risikoscheu verrückt: »Mein verdammtes Gehirn schmerzt«, kommentierte er und hielt sich den Kopf. »Ich versuche herauszukriegen, wie wir die Menschheit trotz all dem Unfug auf den Mars bekommen.« Und dann fügte er hinzu: »Auf diese Art verfallen Zivilisationen. Sie hören auf, Risiken einzugehen. Und wenn sie sich nicht mehr auf Risiken einlassen, verhärten sich ihre Arterien. Jahr für Jahr gibt es mehr Schiedsrichter und weniger Macher.«[208]

Vermutlich war dies ein Hauptgrund, warum Musk sich entschied, bei den Präsidentschaftswahlen 2024 Donald Trump zu unterstützen. Er hoffte, dass Trump ihm helfen könnte, viele dieser unsinnigen Regulierungen zu beseitigen, die seinen Raumfahrtplänen im Wege standen. Doch der geniale Unternehmer Musk besitzt wenig Gespür für

Politik und noch weniger Menschenkenntnis, sonst hätte er gewusst, dass Trump von seinen Mitarbeitern und Untergebenen blinde Unterwerfung fordert. Das jedoch widerspricht der Persönlichkeit von Musk.

Dass dieses Bündnis mit Trump genau zum Gegenteil führen könnte, sah man dann an Trumps Drohung, Musk die NASA-Aufträge zu entziehen oder ihn sogar auszuweisen.[209]

Es war zu fürchten, dass Musks Zerwürfnis mit Trump negative Auswirkungen für SpaceX haben könnte. Diese Möglichkeit deutete sich schon wenige Tage nach dem Bruch an. Trump hatte Jared Isaacman, der mit Musk befreundet ist und zusammengearbeitet hatte (im Kapitel 7 werden Sie den Namen wiederfinden), im Dezember 2024 als Kandidaten für die Leitung der NASA ins Gespräch gebracht. Er zog dies jedoch am 31. Mai 2025 zurück, nachdem es zum Streit mit Musk gekommen war. Die Begründung von Trump: Isaacman habe für die Demokraten gespendet.[210] Das stimmt zwar, aber die öffentlich einsehbaren Spendenregister zeigen, dass Isaacman auch republikanische Politiker finanziell unterstützt hat. Darum wirkt Trumps Argument konstruiert. Wie oft bei Trump, war auch die Personalie Isaacman ein Hin und Her, denn im Dezember 2025 wurde er letztlich doch zum NASA-Chef ernannt.

Eine andere Wendung: Im Oktober 2025 schrieb die NASA den Auftrag für das Mondlandesystem des Artemis-Programms erneut aus. Es mag sein, dass auch das gespannte Verhältnis zwischen Trump und Musk eine Rolle bei der Neuausschreibung spielte. Ich denke, es war ein Fehler von Musk, die Nähe zu Trump zu suchen. Denn nach allgemeiner Erfahrung wird aus einer Freundschaft eher eine Feindschaft (bei Trump ist das sehr oft geschehen) als aus einem Nicht-Verhältnis.

Zurück zu SpaceX und zu der Frage, wie Musk es gelang, die Kosten so massiv zu reduzieren. Die Wiederverwendbarkeit war nur einer der Faktoren. Der wichtigste war zunächst, dies muss man immer wieder betonen, dass es überhaupt einen ökonomischen Anreiz gab, Kosten zu senken, was bei den früher dominierenden Cost-Plus-Programmen, wie wir gesehen haben, nicht der Fall war. Die oft verpönte »Gewinnmaximierung« war der ökonomische Anreiz, der bei den Cost-Plus-Programmen exakt in die falsche Richtung ging, aber jetzt seine positive Wirkung mit Blick auf Kosteneinsparungen entfalten konnte. Musk wusste, dass jeder gesparte Dollar seinen Gewinn steigern würde.

Daher entschloss er sich zunächst, anders als dies bisher üblich war, etwa 70 Prozent der Komponenten selbst herzustellen, statt sie zu einem um ein Vielfaches höheren Preis bei Zulieferern einzukaufen. SpaceX schätzt: »Jeder Dollar, der das Unternehmen verlässt, kostet tatsächlich zwischen drei und fünf Dollar, und zwar wegen der Gemeinkosten und Gewinnaufschläge der Subunternehmer.«[211] Musk hinterfragt jede Kostenposition. Als er wissen wollte, warum es zwei Millionen Dollar kosten würde, Krane zum Aufrichten der Falcon 9 zu bauen, zeigten ihm die Mitarbeiter all die von der Air Force erlassenen Sicherheitsvorschriften, von denen die meisten überholt waren. In diesem Fall konnte Musk das Militär überzeugen, sie zu korrigieren, wodurch sich der Preis für die Krane auf 300 000 Dollar reduzierte.[212]

Die Cost-Plus-Programme der Vergangenheit boten keine Anreize für Einsparungen. Manchmal waren es scheinbar nur kleine Beträge, die Musk sparte, aber es ging ihm auch um das Grundsätzliche, nämlich seine Mitarbeiter zu erziehen, gewohnte Routinen infrage zu stellen und stets nach einfacheren und günstigeren

Lösungen zu suchen. So kostete eine Absperrvorrichtung in einer Rakete das Dreißigfache desselben Bauteils in einem Auto. Riegel, die die NASA in der Raumstation einbaute, hatten einen Stückpreis von 1500 Dollar. Einem SpaceX-Ingenieur gelang es, aus Riegeln für Toilettenkabinen einen Verschlussmechanismus für 30 Dollar zu konstruieren.[213]

Als Musk hörte, dass das Luftkühlungssystem für den Nutzlastbereich der Falcon 9 drei Millionen Dollar kosten sollte, forderte er seine Mitarbeiter auf, für 6000 Dollar eine Klimaanlage zu kaufen, wie man sie für ein Haus verwendete, und sie anzupassen.[214] Bei einem Triebwerk, das normalerweise zwei Millionen Dollar kostete, gab Musk vor, die Kosten auf 200 000 Dollar zu senken.[215] Und immer wieder gelang es zur Überraschung der Mitarbeiter, die vermeintlich »unmöglichen« Vorgaben von Musk einzuhalten.

Bei der Außenhülle für das Starship entschied sich Musk sehr unkonventionell für Edelstahl statt Karbonfaser, was sich nicht nur als in vielerlei Hinsicht besser herausstellte, sondern auch 67-mal günstiger war.[216] Manchmal profitierte SpaceX davon, dass Musk auch der Autohersteller Tesla gehörte, und es wurden einfache Lösungen in Anlehnung an die Automobilindustrie gefunden, die den Preis einiger Teile um 90 Prozent reduzierten.[217]

Ein weiterer Vorteil ist der vom Starship verwendete Treibstoff: »Wesentlich ist, dass der Methan/Sauerstoff-Treibstoff von Starship der preiswerteste unter allen Hochleistungs-Raketentreibstoffen ist. Bei Einwegraketen sind die Treibstoffkosten meist kaum von Belang, da sie im Verhältnis zu den verlorenen Hardwarekosten pro Flug verschwindend gering sind. Doch sobald eine Rakete wiederverwendet wird, zählen die Treibstoffkosten genauso wie bei Flugzeugen.«[218]

Am Startplatz von Cape Canaveral werden Raketen auf ihren Flug ins All vorbereitet. Die Trägerraketen werden zunächst in einer Montagehalle zusammengesetzt und getestet. Anschließend werden sie zum Bodensystem gebracht, wo weitere Überprüfungen und Betankungsvorgänge erfolgen. Schließlich wird die Rakete zur Startrampe transportiert, wo sie auf den Countdown und den eigentlichen Start wartet. Traditionelle Firmen gaben für all diese Vorrichtungen Hunderte Millionen Dollar aus, manchmal auch mehr als eine Milliarde. Musk genehmigte nur 20 Millionen Dollar, und wieder einmal wurde Geld durch Kreativität ersetzt.[219]

Musk brachte Mitarbeiter ins Schwitzen, wenn sie nicht wussten, was er mit dem »Idioten-Index« meinte. Dabei geht es um das Verhältnis der Gesamtkosten eines Bauteils zu den Kosten der dafür verwendeten Rohstoffe. Ein Bauteil mit einem hohen Idiotenindex – etwa eines, das 1000 Dollar kostete, während das Aluminium, aus dem es bestand, nur 100 Dollar kostete – deutete für Musk auf ein zu komplexes Design oder einen ineffizienten Herstellungsprozess hin. »Ist der Index hoch, bist du ein Idiot«, so Musk.[220]

Das Ergebnis war, dass das Starship sehr viel günstiger wurde als das im Auftrag der NASA konstruierte SLS-System. Die Entwicklungskosten bei SLS liegen etwa zehnmal höher als beim Starship. Harry Jones vom Ames Research Center der NASA konstatierte 2025, dass die NASA allein mit Startkosten von zwei Milliarden Dollar rechne, vielleicht aber auch mit über vier Milliarden Dollar. Damit seien die Kosten dann fast so hoch (47 500 Dollar/kg) wie seinerzeit beim Space Shuttle.[221] Die auf die Weltraumfahrt spezialisierten Harvard-Ökonomen Matthew Weinzierl und Brendan Rosseau kommen zu ähnlichen Ergebnissen: SpaceX prognostiziere für das Starship Startkosten von zehn Millionen Dollar (wohlgemerkt Selbstkosten, unabhängig davon, wie viel SpaceX seinen Kunden berechnet). »Diese Kostenschätzungen mögen optimistische Prahlereien sein, aber selbst wenn die Kosten für das Starship viel höher wären, sagen wir 100 Millionen Dollar pro Start, wäre das immer noch 42 Mal billiger pro Start als das, was die NASA für SLS ausgibt. Selbst wenn die Starts des Starship hundertmal so viel kosten würden wie von SpaceX angegeben – etwa eine Milliarde Dollar pro Start –, wäre das immer noch ein Viertel der Kosten für einen SLS/Orion-Flug. Und wie viele Weltraum-Kommentatoren bereits betont haben, würde die NASA für dieses Geld ein viel moderneres Produkt erhalten: Starship kann im Orbit auftanken, ist leistungsstärker, kann mehr Fracht transportieren und verbrennt natürlich nicht in der Atmosphäre oder landet nach einmaligem Gebrauch auf dem Meeresgrund.«[222]

Das Space Launch System (SLS) wird manchmal spöttisch als »Senate Launch System« bezeichnet, weil es stark von politischen Entscheidungen geprägt wurde, insbesondere zur Sicherung von Arbeitsplätzen und wirtschaftlichen Interessen in bestimmten Bundesstaaten.[223] Der Begriff spiegelt die Kritik wider, dass das Programm weniger aus wissenschaftlichen oder technischen Prioritäten entstand, sondern vielmehr durch politische Einflussnahme, um Aufträge an Unternehmen wie Boeing und Arbeitsplätze in Regionen wie Alabama zu sichern, wo wichtige Teile des SLS gebaut werden. Wie schon beim Space Shuttle, machen Politiker die Produktion von Raketen langsam und teuer.

Luft- und Raumfahrtunternehmen haben ihre Raketen typischerweise aus Bauteilen gebaut, die aus einem weit verzweigten und komplexen Netz von Zulieferern stammen. Die ULA (United Launch Alliance, ein 2006 gegründetetes Joint Venture von Boeing Defense, Space and Security und Lockheed Martin Space Systems) hatte Hunderte von Subunternehmern, die Dutzende von Einrichtungen im ganzen Land betrieben. Wie NASA-Forscher Jones betont, war dies »eine politische Notwendigkeit für ein staatlich finanziertes Beschäftigungsprogramm«.[224] Letztlich wurde das System immer ineffizienter, weil politische Maßgaben – jeder Bundesstaat wollte seinen Anteil am Programm haben – und nicht sachliche Argumente Entscheidungen bestimmten. SpaceX ist auch deshalb erfolgreich, weil man sich weniger um all diese politischen Befindlichkeiten kümmern muss.

Das Starship wird früher oder später in seinem grundsätzlichen Design von vielen Unternehmen und Ländern auf der Welt kopiert werden – so wie dies bei allen innovativen, überlegenen Produkten geschieht. In China versucht man dies heute schon. Die ersten Versuche werden scheitern, aber irgendwann wird es viele Raketentypen geben, die dem Starship in mancher Hinsicht ähnlich sind. Dabei wird es sicher Abänderungen und Modifikationen geben, manche davon vorteilhaft und andere unvorteilhaft. Das wird die Kosten noch weiter senken und schließlich zu einem Markt für gebrauchte Starship-Typen führen, der Weltraum-Flüge für viele erschwinglich machen wird, die sich dies heute nicht leisten könnten.[225]

Elon Musk denkt jedoch in riesigen Dimensionen, denn sein Ziel ist es nicht einfach, Menschen zum Mars zu bringen, sondern den Mars zu kolonisieren. SpaceX hat am 9. Juli 2025 Pläne beim Texas Department of Licensing and Regulation eingereicht, einen 700000 ft² (65000 qm)-Komplex »Gigabay« in Starbase (Boca Chica), Texas, zu errichten. Dieses Gebäude für 250 Millionen Dollar soll bis Dezember 2026 fertiggestellt sein und ist darauf ausgelegt, jährlich 1000 Starship-Raketensysteme zu produzieren – also rund 83 pro Monat.[226] SpaceX selbst beschreibt auf seiner offiziellen Seite das »Starfactory-« bzw. Gigabay-Konzept als Produktionsstätte mit einer Kapazität von 1000 Starships jährlich, konzipiert für den Mars.[227] Musk meinte dazu: »Diese Zahlen sind zwar nach traditionellen Maßstäben der Raumfahrt wahnsinnig hoch, aber für Menschen erreichbar, da sie in anderen Branchen bereits erreicht wurden.«[228] Er verwies zudem darauf, dass er in seinem Unternehmen Tesla jedes Jahr 1,7 Millionen Autos produziere.

Aber trotz aller Erfolge gibt es immer wieder Rückschläge. Während ich dieses Buch schrieb, sind beim siebten Test (Januar 2025), beim achten Test (März 2025) und beim neunten Test (Mai 2025) jedes Mal die Oberstufen explodiert.[229] Beim zehnten Testflug am 26. August 2025 gab es zwar Schäden, aber das System erreichte viele seiner Testziele und der Flug gilt als bedeutender Fortschritt. Der elfte Testflug von SpaceX Starship, der am 13. Oktober 2025 startete, war ein voller Erfolg und markierte einen Fortschritt durch erweiterte Manöver für zukünftige Landungen am Startplatz sowie als letzter Test der Version-2-Prototypen vor dem Übergang zur leistungsstärkeren Version 3.

Und das Großartige: SpaceX bleibt nicht allein. Am 13. November 2025 startete die New-Glenn-Rakete von Blue Origin von der Cape Canaveral Space Force Station in Florida, trennte während des Flugs ihre erste Stufe ab und landete diese vertikal auf einer schwimmenden Plattform im Atlantik. Damit wurde erstmals bei New Glenn die erste Stufe erfolgreich zurückgewonnen, nachdem der Versuch beim Erstflug im Januar gescheitert war. Nach SpaceX war Jeff Bezos' Unternehmen Blue Origin damit das zweite, dem die triebwerksgesteuerte Landung der Erststufe einer Orbitalrakete gelang. Die New Glenn ist eine rund 98 Meter hohe Schwerlastrakete mit einem Durchmesser von sieben Metern und wird von sieben BE-4-Methantriebwerken angetrieben. Sie kann je nach Missionsprofil etwa 45 Tonnen in den niedrigen Erdorbit transportieren. Elon Musk und Jeff Bezos ist damit etwas gelungen, was keinem staatlichen Raumfahrtunternehmen der Welt gelungen ist, was wiederum die Überlegenheit des Weltraumkapitalismus belegt.

5. Kolonisierung des Mars – die Jahrhundert-Aufgabe

Wir haben im ersten Kapitel gesehen, was Elon Musk dazu treibt, den Mars als Lebensziel ins Visier zu nehmen. Die Besiedlung unseres Nachbarplaneten soll aus der Menschheit eine multiplanetare Spezies machen. Musk will eine Million Menschen auf dem Mars ansiedeln. Um dies zu erreichen, muss er bei jedem Startfenster 1000 Starships mit jeweils 100 Kolonisten zum Mars schicken – und das über zehn Startfenster hinweg, die ungefähr alle 26 Monate auftreten.[230] Robert Zubrin, Gründer der Mars Society, der Musk maßgeblich beeinflusst hat, spricht von 50 000 Siedlern binnen eines halben Jahrhunderts.[231]

Musk hat immer wieder betont, SpaceX könne noch so sehr finanziell erfolgreich sein, aber wenn das eigentliche Ziel, nämlich die Kolonisierung des Mars, verfehlt werde, dann sei SpaceX aus seiner Sicht gescheitert.[232]

Auch wenn sich nur sehr wenige Visionäre mit der Kolonisierung des roten Planeten befassen, so scheint doch eine Mehrheit der Amerikaner eine Marsmission zu befürworten. Bei einer YouGov-Umfrage im Juni 2025 sprachen sich 65 Prozent für dieses Ziel aus.[233] Allerdings muss man einschränkend hinzufügen, dass laut einer Umfrage von PEW Research von Ende Mai 2023 andere Weltraumprojekte als wichtiger angesehen werden: Befragt danach, welche Prioritäten die NASA setzen solle, steht für die Amerikaner die Asteroiden-Abwehr an erster Stelle (60 Prozent) und eine bemannte Marsmission mit elf Prozent an letzter Stelle.[234]

Warum gilt das Interesse vor allem dem Mars, wenn Musk und andere Visionäre darüber nachdenken, aus der

Menschheit eine multiplanetare Spezies zu machen? Die anderen Planeten und Monde in unserem Sonnensystem sind entweder viel zu weit entfernt, zu heiß (Venus: 460 Grad!) oder zu kalt und bieten nach unserem heutigen Wissen bei Weitem nicht die Voraussetzungen wie der Mars. Warum aber eignet sich der Mars besser als andere Himmelskörper in unserem Sonnensystem für eine Kolonisierung – und welche Schwierigkeiten sind zu überwinden?

Zahlreiche unbemannte Marsmissionen, wie die NASA-Rover Curiosity, mit dem ein ferngesteuertes Roboterlabor von der Größe eines Kleinwagens 2012 auf den Planeten gebracht wurde, und Perseverance, der dort seit 2021 nach Spuren uralten mikrobiellen Lebens sucht, haben uns ein detailliertes Bild des Planeten geliefert. Wasser ist eine der zentralen Voraussetzungen für menschliches Leben und landwirtschaftliche Aktivitäten. Auf der Marsoberfläche existiert Wasser wegen der extrem niedrigen Temperaturen und des geringen Atmosphärendrucks nicht in flüssiger, aber gleichwohl in gefrorener Form. An den Polkappen und in höheren Breiten wurden durch verschiedene Missionen, darunter Mars Express der Europäischen Raumfahrtagentur ESA, beträchtliche Mengen an Wassereis entdeckt.

Im Juli 2018 gab es erste Berichte über einen möglichen unterirdischen Salzwassersee auf dem Mars. In der Fachzeitschrift *Science* veröffentlichten Roberto Orosei und sein Team ihre Studie »Radar evidence of subglacial liquid water on Mars«. Mithilfe eines Radarinstruments an Bord der Raumsonde Mars Express hatten sie etwa 1,5 km unter dem Eispanzer des Südpols Reflexionen entdeckt, die auf einen weitläufigen Gewässerkörper mit einem Durchmesser von rund 20 km schließen lassen – typische Signaturen für flüssiges, salzhaltiges Wasser.[235]

Weitergehende Untersuchungen aus dem Jahr 2020 zeigten zusätzlich drei kleinere unterirdische Becken in der Nähe des Hauptsees, der inzwischen auf etwa 30 km Durchmesser taxiert wird. Andere Messungen mit bodendurchdringendem Radar haben das Vorhandensein gewaltiger Gletscherformationen aus reinem Wassereis gezeigt, die nur von wenigen Metern Staub bedeckt sind. Sie erstrecken sich über einen großen Teil der nördlichen Region des Planeten und reichen vom Pol aus südwärts bis auf 38 Grad nördlicher Breite – dem Breitengrad von Athen auf der Erde.

Gefrorenes Wasser auf dem Mars könnte abgebaut, geschmolzen und gereinigt werden, um Trinkwasser, Sauerstoff (mittels Elektrolyse) oder sogar Treibstoff in Form von Wasserstoff zu gewinnen. Experimente der NASA und anderer Forschungseinrichtungen zeigen, dass Pflanzen unter marsähnlichen Bedingungen in speziellen Treibhäusern gezüchtet werden können. Der Marsboden – bestehend aus sogenanntem Regolith – enthält viele für Pflanzen wichtige Mineralien wie Phosphor, Kalium und Magnesium. Eine Herausforderung ist der Gehalt an Perchloraten, giftigen Salzen, die sowohl für Pflanzen als auch für Menschen schädlich sind. Diese müssten vor einer Nutzung des Bodens durch chemische oder biologische Verfahren entfernt werden. Alternativ könnten Hydrokultursysteme genutzt werden, bei denen Pflanzen ohne »Erde« oder anderem Lockermaterial und stattdessen mit einer Nährstofflösung wachsen.

Da die natürlichen Umweltbedingungen auf dem Mars – niedrige Temperaturen, niedriger Luftdruck sowie starke UV- und kosmische Strahlung – es unmöglich machen, Pflanzen im Freien anzubauen, würden die Kolonisten kontrollierte Gewächshausumgebungen mit geregelten Temperaturen und Luftfeuchtigkeit benötigen.

Diese könnten natürliches Sonnenlicht nutzen, wenn sie an der Marsoberfläche platziert werden. Befänden sie sich unter der Erde, bräuchten sie künstliche Beleuchtung.

Die Energieversorgung ist eine der größten Herausforderungen für eine Marskolonie. Die Sonneneinstrahlung auf dem Mars beträgt nur 43 Prozent des Wertes auf der Erde, was die Effizienz von Solarkraftwerken erheblich einschränkt. Hinzu kommt, dass gewaltige Staubstürme, die Wochen oder sogar Monate dauern können, die Solarpanele verdunkeln und die Energieproduktion stark beeinträchtigen würden. Während Solarenergie als ergänzende Energiequelle genutzt werden kann, gelten kompakte Kernreaktoren als vielversprechende Lösung für eine zuverlässige und kontinuierliche Energieversorgung. Reaktoren, die auf Technologien basieren wie jenen, die die NASA im Rahmen des Kilopower-Projekts entwickelt, könnten an Bord von Raumfahrzeugen wie dem Starship zum Mars transportiert werden. Sie bieten eine hohe Energiedichte und sind unabhängig von Wetterbedingungen oder Tageszeiten ideal für die harschen Bedingungen des Mars.

Langfristig könnten auch andere Technologien, wie geothermale Energie – sofern es nutzbare geothermische Quellen auf dem Mars gibt –, in Betracht gezogen werden. Neben der Verfügbarkeit von Wasser und dem potenziellen landwirtschaftlichen Nutzen bietet der Mars weitere Vorteile gegenüber anderen Himmelskörpern in unserem Sonnensystem: Seine Tageslänge beträgt 24,6 Stunden und ist damit der auf Erden sehr ähnlich, was die Anpassung für Menschen erleichtert. Zudem gibt es eine dünne Atmosphäre, die hauptsächlich aus Kohlendioxid besteht. Dieses Gas könnte sowohl für die Pflanzenproduktion als auch für die Herstellung von Treibstoffen genutzt werden, etwa durch die Umwandlung in Methan mit Hilfe der Sabatier-Reaktion. Wie erwähnt, ist das der Hauptgrund, warum sich Musk entschied, für das Starship Methan als Treibstoff zu verwenden.

Da die Atmosphäre des Mars keinen Sauerstoff enthält und zudem der Druck sehr niedrig ist, müssen die Mars-Habitate luftdicht und druckversiegelt gebaut werden, sodass dort ein erdähnlicher Druck herrscht. Abschirmung gegen kosmische Strahlung wäre ebenfalls erforderlich. Erste Siedlungen, so Zubrin, würden daher höchstwahrscheinlich mit ihren Schlafbereichen unter der Oberfläche errichtet werden, möglicherweise von großen Kuppeln überdeckt, die Sonnenlicht hindurchlassen, um Bereiche für Aktivitäten im Freien zu beleuchten. Die Dosisrate kosmischer Strahlung auf dem Mars ist ungefähr dieselbe wie auf der Internationalen Raumstation. Durch die Beschränkung von Aktivitäten an der Oberfläche auf einen Teil des Tages könnten die Strahlendosen somit gut innerhalb sicherer Grenzen gehalten werden.[236]

Wahrscheinlich gibt es auf dem Mars, so wie auch auf dem Mond, große Lavahöhlen, also röhrenförmige Hohlräume unter der Oberfläche, die durch erstarrte Lava entstanden sind. Solche Strukturen bilden sich, wenn sich bei einem Vulkanausbruch die äußere Lavazunge abkühlt und verfestigt, während das Innere weiterfließt – danach bleibt ein Hohlraum zurück. Der Mars hat große Vulkane (z. B. Olympus Mons, der größte, wahrscheinlich inaktive Vulkan im Sonnensystem), und es gibt viele Hinweise auf alte Lavaströme. Satellitenbilder (z. B. die des Mars Reconnaissance Orbiter) zeigen sogenannte Skylights – Öffnungen, die vermutlich in unterirdische Lavaröhren führen. Einige Lavaröhren auf dem Mars könnten ideale Orte für künftige menschliche Siedlungen sein, weil sie vor Strahlung, Mikrometeoriten und extremen Temperaturen schützen.

Es gibt heute schon in manchen Ländern riesige, in sich geschlossene Malls, die ähnlich sind, wie es vielleicht die Städte auf dem Mars sein werden. So etwa die Dubai Mall, wo man auf über einer Million Quadratmetern alles findet, vom Aquarium über eine Eislaufbahn, Hunderte Restaurants und Hotels – alles vollständig klimatisiert. Oder die West Edmonton Mall in Kanada, ebenfalls eine völlig in sich geschlossene Struktur, die neben Einkaufsmöglichkeiten umfangreiche Freizeitangebote wie einen Wasserpark, ein Hotel und eine Eislaufbahn umfasst.

Der Vergleich des Lebens auf dem Mars mit dem Leben in einem Shoppingcenter wird oft gezogen, so auch in dem Buch »Terraforming Mars«, wo es heißt: »Menschen, die in einem klimatisierten Einkaufszentrum irgendwo in einer sehr heißen oder sehr kalten Region umhergehen, essen und sich vergnügen, leben nicht in einer weniger künstlichen Umgebung als künftige Marskolonisten in ihren unter Druck stehenden Behausungen … das Gefühl, in einer vom Außen getrennten Umgebung zu leben, ist ähnlich.«[237] Allerdings ist es technisch eine ganz andere Herausforderung, solche Behausungen auf anderen Himmelskörpern druckdicht zu konstruieren.

Es gibt viele Ideen, wie Menschen auf dem Mars wohnen könnten. Chris Hajduk schreibt, ebenfalls in dem Buch »Terraforming Mars«: »… dieses Design für eine Marskolonie basiert auf dem Prinzip, Wasser aus dem Boden zu gewinnen und anschließend die während der Wassergewinnung gegrabenen Hohlräume neu zu gestalten, um sie in Wohnungen und Gebäude mit einem zentralen ›öffentlichen Park‹ umzuwandeln, der auf den Marshimmel blickt und natürliches Sonnenlicht in jede Wohnung und jedes Gebäude bringt – ohne direkte langfristige Strahlenbelastung.«[238]

Zubrin weist in seinen Büchern nach, dass die Voraussetzungen gegeben sind, den Mars zu kolonisieren und dort Städte zu errichten. Doch wer soll das bezahlen? Die ersten Marsmissionen, so Zubrin, würden wohl staatlich finanziert werden. Aber eine Kolonisierung des Planeten sei nicht mit staatlichen Mitteln möglich, sondern nur mit privatwirtschaftlichen Konzepten: »Während eine Marsbasis mit nur wenigen Hundert Menschen wahrscheinlich aus staatlichen Mitteln finanziert werden kann, ist dies für eine sich entwickelnde Marsgesellschaft mit möglicherweise Hunderttausenden von Menschen eindeutig nicht möglich. Um lebensfähig zu sein, muss eine echte Mars-Zivilisation entweder vollständig autark sein (was bis in ferne Zukunft sehr unwahrscheinlich ist) oder in der Lage sein, Exporte zu produzieren, mit denen sie die erforderlichen Importe bezahlen kann. Von dieser Frage hängt die Zukunft des Mars ab, und zwar nicht nur die der menschlichen Zivilisation auf dem Mars, sondern auch die des Planeten selbst. Wenn eine lebensfähige Mars-Zivilisation aufgebaut werden kann, werden die Bevölkerung und die Kräfte, die den Planeten verändern können, weiter wachsen. Der Mars war einst ein Planet mit gemäßigtem Klima, und mit genügend Arbeit kann er es wieder werden. Die Vorteile einer terraformten Welt für die Mars-Siedler liegen so auf der Hand, dass man einfach sagen kann: Wenn der Mars kolonisiert wird, wird er auch terraformt werden.«[239]

Die Mars-Kolonie könne Zubrin zufolge ihre eigenen Vorteile ausspielen, z. B. die, dass es sehr viel einfacher und billiger ist, die rohstoffreichen Asteroiden zwischen Mars und Jupiter vom Mars aus anzufliegen und auszubeuten: »Es wird einen ›Dreieckshandel‹ geben, bei dem die Erde hochwertige Hightech-Industriegüter zum Mars liefert, der Mars einfache Industriegüter und Grundnahrungsmittel zum Asteroidengürtel und möglicherweise auch zum Mond exportiert, und die Asteroiden Metalle (und vielleicht der Mond Helium-3) zur Erde senden.«[240]

Zubrin glaubt, dass die herausfordernden Lebensbedingungen auf dem Mars und die ständige Notwendigkeit, neuartige Lösungen für Probleme zu finden, eine Mars-Siedlung zu einem großartigen Motor für Erfindungen machen würden. Dies würde geistiges Eigentum für den Export schaffen und letztlich großen Nutzen auch für die Erdbewohner schaffen. »Kurz gesagt, die Zivilisation auf dem Mars wird pragmatisch sein, weil sie es sein muss, genau wie die amerikanische Zivilisation im 19. Jahrhundert. Dieser erzwungene Pragmatismus wird dem Mars einen enormen Vorteil im Wettbewerb mit der weniger belasteten und daher traditionsgebundenen Gesellschaft auf der Erde verschaffen. Wenn Not die Mutter der Erfindung ist, dann wird der Mars die Wiege sein.«[241]

Zubrin vertraut auf den Erfindungsgeist der Kolonialisten, die die Wirtschaft und Gesellschaft auf dem Mars auf eine ähnliche Weise erfolgreich machen werde wie einst die Siedler, die aus Europa kamen und in Amerika den Grundstein für die erfolgreichste Nation der Geschichte legten.

Es gibt viele Skeptiker, die uns erklären, warum die Besiedlung des Mars ökonomisch nicht sinnvoll sei. Matthew Weinzierl und Brendan Rosseau meinen: »Jeder wirtschaftliche Ertrag wäre höchst ungewiss, da Transporte vom Mars – sofern überhaupt möglich – extrem kostspielig wären und die Nachfrage unter wohlhabenden Erdbewohnern, dort zu leben, zumindest anfangs wahrscheinlich recht begrenzt wäre.«[242]

Das ist aus heutiger Perspektive richtig. Aber wenn es gelingt, die Kosten für die Raumfahrt weiter so stark zu reduzieren wie in den vergangenen zehn Jahren, dann werden Reisen zum Mars keineswegs nur für sehr reiche Menschen erschwinglich. Vielleicht wird das irgendwann nicht teurer sein als einst die Auswanderung aus Europa in die USA, und wer sein Haus auf der Erde verkauft, könnte damit schon seinen Flug finanzieren. Musk und Zubrin gehen davon aus, dass Mars-Reisen für einen Preis um die 200 000 oder 300 000 Dollar möglich sein werden,[243] was deutlich unter dem Durchschnittspreis für ein Haus in den USA liegt.

Und was die Exporte anlangt, so ist es falsch, dabei an Güter mit hohem Gewicht zu denken. Zubrin spekuliert vor allem auf Patente, denn die Menschen auf dem Mars seien aufgrund der unwirtlichen und neuen Bedingungen zu einem extrem hohen Maß an Innovationsfähigkeit gezwungen, insbesondere in Bereichen wie Nahrungsmittelproduktion, Kernspaltung und Kernfusion, Geothermie, Robotik und KI: »Meiner Meinung nach wird die beste, frühzeitige und umfangreiche Quelle für Einnahmen, die Mars-Kolonisten generieren können, aus dem Verkauf und der Lizenzierung von geistigem Eigentum stammen. Dies ergibt sich ganz natürlich aus der Natur der Marsbewohner selbst und ihrer Situation. Die Marsbewohner werden eine Gruppe technisch versierter Menschen in einer Grenzregion sein, die sie herausfordern und sogar zu Innovationen zwingen wird. Sie werden mit einem enormen Arbeitskräftemangel konfrontiert sein. Dies wird sie zu Innovationen in den Bereichen arbeitssparende Maschinen, Automatisierung, Robotik und künstliche Intelligenz zwingen. Da sie auf Gewächshauslandwirtschaft beschränkt sind, wird es einen Mangel an Land und Vieh geben. Dies wird sie zu Innovationen im Bereich der Biotechnologie zwingen, um hochproduktive und nährstoffreiche Nutzpflanzen zu entwickeln. Da sie über keine attraktiven fossilen Brennstoffe, Wind- oder

Wasserkraft oder Sonnenenergie verfügen, werden sie zu Innovationen im Bereich der Kernenergie, einschließlich fortschrittlicher Kernspaltungsdesigns, und der Fusion gezwungen sein, da der Deuterium-Brennstoff für Fusionsreaktoren auf dem Roten Planeten fünfmal so häufig vorkommt wie auf der Erde. All diese Innovationen werden auf der Erde von enormem Nutzen sein. Die Marsbewohner werden sie daher patentieren und die Patente für die Nutzung auf ihrem Heimatplaneten lizenzieren. Die Einnahmen aus dem Verkauf dieser geistigen Eigentumsrechte könnten enorm sein.«[244]

Ich denke, Zubrin hat recht. Die Städte werden deshalb auch anders aussehen als auf der Erde, da Roboter konsequent alles machen werden, was irgendwie von Robotern erledigt werden kann. Anders als für die Menschen sind für Roboter weder die Druckverhältnisse noch der fehlende Sauerstoff oder die Strahlung ein großes Problem. Zudem können sie 24 Stunden arbeiten, ohne Nahrungsaufnahme, Pausen und Urlaub. In meinem Science-Fiction-Roman »2075« finden sich daher in den kleinen Marssiedlungen wesentlich mehr Roboter als Menschen.[245]

Auch Immobiliengeschäfte könnten ertragreich sein. Ich werde später in Kapitel 10 auf das Thema Eigentum eingehen. Vorausgesetzt, es gibt Privateigentum auf dem Mars – und anders wird eine Besiedlung ohnehin nicht möglich sein –, könnte sich rasch ein reger Handel mit Grundstücken entwickeln. Investoren von der Erde würden spekulativ Grundstücke kaufen, vielleicht allein in der Hoffnung, sie später teurer weiterzuverkaufen. Gerade in der Nähe möglicher Wasservorkommen könnte dies sehr attraktiv sein. Auch für die Werbe- und Unterhaltungsindustrie wäre der Mars interessant. Aufgrund der Schwerkraft, die nur 38 Prozent der Schwerkraft auf der Erde beträgt, könnte man dort sportliche Wettkämpfe veranstalten.

Manche Autoren meinen, der Mars werde Touristen anziehen, beispielsweise um den Olympus Mons zu besteigen, der 2,5-mal höher ist als der Mount Everest (und übrigens so breit, dass er, wenn man ihn in die Vereinigten Staaten versetzte, von New York City bis in das rund 600 Kilometer entfernte Montreal in Kanada reichen würde).[246] Der Physiker Michio Kaku schwärmt in seinem Buch »Abschied von der Erde«: »Eine Wanderung über den Mars wäre wohl der Traum eines jeden passionierten Wanderers.«[247] Ja, angesichts der atemberaubenden Bilder, die uns die Sonden vom Mars geschickt haben, kann man sich das vorstellen. Aber ich halte Tourismus im größeren Stil auf dem Mars für unwahrscheinlich, da man nicht nur sechs bis neun Monate braucht, um den Planeten zu erreichen, sondern es auch nur alle 26 Monate ein Zeitfenster gibt, um dorthin zu fliegen. Ein Tourist müsste also mehrere Jahre Zeit mitbringen, und das könnten allenfalls einige reiche Rentner auf sich nehmen. Touristen werden eher zum Mond reisen, der sich auch für einen Drei-Wochen-Ausflug lohnt.

Die Gesellschaft auf dem Mars wird anders organisiert sein müssen als auf der Erde, wesentlich rationaler. Eine solche Gesellschaft muss zu einem Minimalstaat tendieren, ähnlich wie die USA in ihren Anfängen, denn sie kann sich kein Heer von unproduktiven Menschen leisten, die auf Kosten der produktiven leben.

Langfristiges Ziel von Zubrin, Musk und anderen ist das, was als »Terraforming« bezeichnet wird. Erstmals wurde der Begriff 1930 von Olaf Stapledon in seinem Roman »Last and First Men« verwendet, wo er beschreibt, wie Menschen die Venus terraformen. Bekannt wurde der Begriff »Terraforming« durch den Science-Fiction-Autor

Jack Williamson, der ihn 1942 in seiner Kurzgeschichte »Collison Orbit« verwendete – später wurde er von der Wissenschaft aufgegriffen.[248]

Gemeint sind Technologien, mit denen aus lebensfeindlichen Planeten über mehrere Jahrhunderte ein Planet geformt werden kann, auf dem Menschen leben könnten. Es gibt Pläne, wie die Atmosphäre des Mars langsam erwärmt werden könnte, sozusagen mit einem künstlichen Treibhauseffekt, damit das erste Mal seit drei Milliarden Jahren dort wieder flüssiges Wasser fließt.

Der Physiker Michio Kaku schreibt: »Um den Prozess des Terraforming in Gang zu setzen, könnten wir die Atmosphäre mit Methan und Wasserdampf impfen, um einen künstlichen Treibhauseffekt auszulösen. Diese Treibhausgase würden Sonnenlicht einfangen und die Temperatur der Eiskappen stetig erhöhen. Beim Schmelzen dieser Eiskappen werden dann Wasserdampf und Kohlendioxid frei.«[249] Zubrin und der NASA-Wissenschaftler Christopher McKay schlagen stattdessen die Verwendung von Fluorkohlenstoffgasen vor, da diese wesentlich stärkere Treibhausgase sind als Methan und – anders als Methan – gegen die Zerstörung durch solares Ultraviolett resistent sind.[250]

Eine andere Idee ist es, Satelliten um den Mars kreisen zu lassen mit riesigen Planen von mehreren Kilometern Durchmesser voller Spiegel oder Solarmodule. Auf diese Weise könnte das Sonnenlicht entweder gebündelt und dann auf die Eiskappen gerichtet werden, oder die Energie könnte mit Hilfe von Solarzellen konvertiert und in Form von Mikrowollen zum Boden geschickt werden.[251]

Es gibt noch radikalere Ideen: »Man könnte die Bahnen kleiner Asteroiden oder Kometen so verändern, dass sie auf dem Mars einschlagen … Beim Aufprall würde die gesamte Bewegungsenergie in Wärme umgewandelt, wodurch sich der Bereich um die Einschlagstelle stark erwärmt und die Stoffe freisetzt, aus denen das Objekt besteht.« Giancarlo Genta sagt, das klinge verrückt, »aber es ist im Grunde ein Nachbau des natürlichen Prozesses der Planetenentstehung. Man vermutet, dass die Erde in ihrer Entstehungsphase Wasser und Kohlenstoff – möglicherweise schon in Form organischer Moleküle – durch herabfallende Kometenkerne erhalten hat.«[252]

Das klingt so interessant wie riskant, denn zu diesem Zeitpunkt würden schon Menschen auf dem Mars leben, und der Prozess müsste so gesteuert werden, dass kein erhebliches Risiko für sie entstünde.

Eine ganz neue Idee, die schonender zum Erfolg führen würde, veröffentlichte ein Team von Wissenschaftlern um Edwin Kite von der University of Chicago im August 2024. Sie schlagen die Erwärmung des Mars mithilfe von Nanopartikeln vor: »Ein Drittel der Marsoberfläche enthält flach vergrabenes H_2O, das jedoch derzeit zu kalt ist, um von Lebewesen genutzt werden zu können. Vorschläge, den Mars mithilfe von Treibhausgasen zu erwärmen, erfordern große Mengen an Stoffen, die auf der Marsoberfläche nur selten vorkommen. Wir zeigen, dass künstliche Aerosole aus Materialien, die auf dem Mars leicht verfügbar sind – beispielsweise leitfähige Nanostäbchen mit einer Länge von etwa 9 Mikrometern –, den Mars um mehr als 5×10^3 [also 5000, R. Z.] Mal effektiver erwärmen könnten als die besten Gase. Solche Nanopartikel streuen das Sonnenlicht nach vorne und blockieren effizient aufsteigende thermische Infrarotstrahlung. Wie der natürliche Staub des Mars werden sie hoch in die Marsatmosphäre gewirbelt, wodurch sie aus der Nähe der Oberfläche abgegeben werden können. Bei einer Partikellebensdauer von zehn Jahren zeigen zwei Klimamodelle, dass eine kontinuierliche Freisetzung von 30 Litern pro

Sekunde den Mars global um ≥30 Kelvin erwärmen und das Eis zum Schmelzen bringen würde. Wenn also Nanopartikel in großem Maßstab auf dem Mars hergestellt (oder dorthin transportiert) werden können, scheint die Hürde für die Erwärmung des Mars geringer zu sein als bisher angenommen.«[253]

Beim Terraforming geht es nicht um ein »Alles oder nichts«, wie der Experte Martin Beech in seinen Büchern zeigt. Auch wenn es am Ende nicht gelingen sollte, den Mars so umzugestalten, dass sich Menschen in einigen Jahrhunderten auf unserem Nachbarplaneten frei wie auf der Erde bewegen können, wären schon Zwischenschritte (die zum Beispiel dazu führen, dass bestimmte Pflanzen auch außerhalb von Treibhäusern wachsen können) ein großer Fortschritt.[254]

Aber viele Fragen sind offen. Michio Kaku schreibt, wenn die Eiskappen des Mars völlig abschmelzen würden, dann würde die frei werdende Wassermenge Schätzungen zufolge ausreichen, um einen den ganzen Mars bedeckenden Ozean von 4,5 bis 9 Metern Tiefe zu füllen. Aber werden die Änderungen durch das Terraforming, sofern sie gelingen, dauerhaft sein oder muss man dafür ein künstliches Magnetfeld auf dem Mars herstellen? Könnte so etwas gelingen?[255] Mit Sicherheit würden sich noch ganz andere Probleme ergeben, an die wir heute nicht denken, andererseits würden sich aber auch durch den Fortschritt der Technik und den Innovationsgeist von Unternehmern Lösungen ergeben, die wir bislang für unmöglich halten.

Doch das ist Zukunftsmusik und wird nicht in diesem Jahrhundert stattfinden. Kehren wir also zurück in die Gegenwart: Zunächst einmal stehen die ersten Marsmissionen an. Auch mehr als 50 Jahre nach der Mondlandung hat es die NASA nicht hinbekommen, und auch sonst kein Staat. Am 20. Juli 1989 verkündete US-Präsident George Bush seine »Space Exploration Initiative«: »Zunächst für das kommende Jahrzehnt – für die 1990er-Jahre – die Raumstation Freedom ... Und als Nächstes – für das neue Jahrhundert – zurück zum Mond ... Und dann – eine Reise in die Zukunft – eine Reise zu einem anderen Planeten – eine bemannte Mission zum Mars.«[256]

Das Thema Mars lag schon seit einiger Zeit in der Luft, und eine Bewegung, die ursprünglich von jungen amerikanischen Wissenschaftlern ins Leben gerufen wurde und sich selbst »The Mars Underground« nannte, veranstaltete bereits Anfang der 1980er-Jahre Konferenzen, um die Machbarkeit einer Marslandung aufzuzeigen.[257] Die Mars-Bewegung war also zunächst eine spontane Bewegung »von unten«.

Drei Monate nach Bushs Rede legte die NASA eine Studie mit dem Titel »Report of the 90 Day Study on Human Exploration of the Moon and Mars« vor. Es war ein gigantisches Programm. Zuerst sollte eine riesige Raumstation gebaut werden, in der wiederum interplanetare Raumschiffe hergestellt werden sollten. Diese Raumschiffe sollten eine Menge Material zum Mond bringen, wo wiederum ein gigantischer Mondbasis-Komplex errichtet werden sollte. Und in dieser Mondstation sollte ein »Battlestar Galactica«-Raumschiff mit mehr als tausend Tonnen Gewicht hergestellt werden, das dann schließlich Menschen zum Mars bringen würde.[258] Die Kosten dafür waren so unermesslich hoch, dass die Ersteller des Programms sich nicht einmal trauten, sie in das Programm zu schreiben. Aber zur Presse sickerte durch, dass sie sich auf etwa 450 Milliarden Dollar (das würde heute etwa 1,1 Billionen Dollar entsprechen) belaufen würden.[259]

Robert Zubrin, der damals bei dem Luft- und Raumfahrtkonzern Martin Marietta beschäftigt war, erkannte sofort, dass dieser Plan völlig unrealistisch und viel zu kompliziert und teuer war. Niemals würde der US-Kongress einen solchen Plan genehmigen. Zudem müsse man bedenken: »Jedes Jahr muss jedes größere Programm vor den Kongress, um weitere Finanzmittel zu erhalten, wobei es Gefahr läuft, eingestellt zu werden, was häufig auf Kompensationsgeschäfte oder Reibereien zwischen den Abgeordneten, die nichts mit dem Programm selbst zu tun haben, zurückzuführen ist. Jedes Mal, wenn ein Programm vor den Kongress kommt, um Finanzmittel zu erhalten, ist das wie Russisches Roulette.«[260]

Dies war auch Zubrins Argument dafür, einen 10- statt einen 30-Jahresplan für die Mission zum Mars zu erstellen. Hier seine Kritik, die er damals als Reaktion auf die NASA-Studie vorlegte: »Der Plan sollte einfach, robust und kostengünstig sein und keine voneinander abhängigen Missionen (z.B. Mond, Mars, Erdumlaufbahn) vorsehen, die nicht wirklich aufeinander angewiesen sind.«[261] Wenn man alle ambitionierten Ziele auf einmal erreichen wolle, werde man am Ende keines erreichen. Zudem sei die Frage, warum man überhaupt auf den Mars wolle, in den NASA-Plänen nicht beantwortet worden: »Es reicht nicht aus, zum Mars zu fliegen, man muss dort auch etwas Sinnvolles tun können. Missionen ohne Nutzen haben keinen Wert.«[262]

Es sei unsinnig, die Mond- oder Marsmissionen davon abhängig zu machen, dass zuerst eine LEO-Infrastruktur mit einer riesigen Raumstation errichtet werde. Und schon aus Kostengründen sollten die Raketen und die Treibstoffe, die für die Mission zum Mond und zum Mars verwendet würden, die gleichen sein. Entscheidend sei zudem, dass ein Plan entwickelt werde, wie der Treibstoff, der notwendig sei, um auf die Erde zurückzukehren, auf dem Mars selbst hergestellt werde: »Wir sehen also, dass die Anforderungen an Einfachheit, Robustheit, niedrige Kosten und hohe Effektivität zu einer Architektur führen, die einen direkten Start zum Mond oder Mars mit einem gemeinsamen Start- und Raumtransfersystem und eine direkte Rückkehr zur Erde von der Planetenoberfläche unter Verwendung einheimischer Treibstoffe vorsieht, die auch für die Mobilität an der Oberfläche und die mobile Energieversorgung verwendet werden.«[263]

Zubrin und sein Kollege Ben Clark, die damals beide bei Martin Marietta arbeiteten, plädierten dafür, dass das Unternehmen einen Alternativplan zu dem der NASA entwickeln sollte. Das Besondere dabei: Bisher dominierte bei Firmen wie Martin Marietta die Idee, man müsse einen Plan vor allem so formulieren, dass er dem »Kunden« – in diesem Fall also der NASA – gefalle. Das heißt: Schon bei der Formulierung des Konzepts ging es nicht darum, einen optimalen Weg zu skizzieren, um später die NASA davon zu überzeugen, sondern man sollte sich vor allem an den Wünschen der staatlichen Entscheidungsträger und jener bei der NASA ausrichten und den Plan so formulieren, dass er damit korrespondiere und den Gefallen dieser Leute finde. »Wir haben den umgekehrten Ansatz vorgeschlagen: Erst einmal gute Ideen entwickeln und dann dem Kunden sagen, was er hören muss, gleichgültig ob es ihm gefällt oder nicht.«[264]

Zubrin und seine Kollegen entwickelten gemäß dieser Prinzipien einen detaillierten Plan, der die Kosten u.a. dadurch senken sollte, dass der Umweg über eine Raumstation oder eine Mondbasis vermieden wird. Ein zentraler Aspekt ihres Plans bestand darin, die Ausrüstung zur Herstellung des Treibstoffs für die Rückreise vom Mars zur Erde in einem separaten Raumschiff aus lokalen Materialien zum Mars zu transportieren.

Im Frühjahr 1990 stellte Zubrin seinen »Mars Direct«-Plan in verschiedenen NASA-Abteilungen vor und die Reaktion war weitaus positiver als erhofft, ja oft fiel sie geradezu begeistert aus. Am Memorial Day, dem 27. Mai 1990, präsentierte er den Mars-Direkt-Plan erstmals öffentlich bei einer Veranstaltung der National Space Society in Anaheim. Er bekam Standing Ovations und erstmals wurde auch in der Presse über den Plan berichtet.[265]

Doch schon bald formierte sich Widerstand. Mächtige Kräfte innerhalb der NASA, die für das Raumstationsprogramm verantwortlich waren, sahen den »Mars Direkt«-Plan als Gefährdung, weil Zubrin ja argumentiert hatte, dass eine Raumstation als Zwischenglied auf dem Flug zum Mars überflüssig sei. Zubrins Kollege David Baker, sein wichtigster Mitstreiter für den Mars-Direkt-Plan, war schließlich so frustriert, dass er das Unternehmen verließ und zurück an die Uni ging. Aber Zubrin wollte nicht aufgeben und überzeugte die NASA, eine Referenzmission zu entwickeln, die auf den Ideen von »Mars Direct« basierte. Obwohl der modifizierte Plan mit etwa 50 Milliarden Dollar Kosten etwa doppelt so teuer war wie Zubrins ursprünglicher »Mars Direct«-Plan, der etwa 20 bis 30 Milliarden Dollar gekostet hätte,[266] kostete dieses Programm immer noch nur ein Achtel des ursprünglichen NASA-Programms. Das Magazin *Newsweek* brachte damals eine Cover-Story mit der Headline »Eine bemannte Mission zum Mars?« und schrieb: »Die Technologie ist bereits vorhanden. Und mit 50 Milliarden Dollar – einem Zehntel der bisherigen Schätzungen – ist das ein Schnäppchen.«[267]

Zubrin blieb am Ball und legte 1996 ein viel beachtetes Buch vor, »The Case for Mars«, in dem er detailliert beschrieb, wie eine Marsmission und eine spätere Kolonisierung des Mars möglich sein würden. Er stützte sich dabei auf die Ergebnisse von mehreren unbenannten Marsmissionen, die im Ergebnis gezeigt hätten, dass sich kein Planet – und auch kein Mond – innerhalb unseres Sonnensystems so gut für die Besiedlung eigne wie der Mars.

Probleme gibt es jedoch schon bei der Reise zum Mars. Manche Skeptiker meinen, eine so lange Reise sei wegen der langen Schwerelosigkeit und vor allem wegen der Strahlung zu gefährlich. Ja, es stimmt, jenseits des Magnetfeldes der Erde sind Astronauten einer Strahlung aus Galactic Cosmic Rays (GCR) und von Solar Particle Events (SPE) ausgesetzt. Laut der von der NASA in Auftrag gegebenen Studie »Space Radiation and Astronaut Health« aus dem Jahr 2021 würde man während einer zweijährigen interplanetaren Mission 600 mSv (Millisievert) Strahlung aufnehmen – das ist eine Maßeinheit für die Strahlendosis, die die biologische Wirkung ionisierender Strahlung auf den menschlichen Körper beschreibt. Das Risiko, im Laufe des Lebens an Krebs zu erkranken, stiege dadurch um drei Prozentpunkte.[268] Aber da das Risiko, irgendwann im Leben an Krebs zu erkranken, in den USA bei 39 Prozent liegt,[269] würde dies heißen, dass es sich durch einen Flug zum Mars auf 42 Prozent erhöht. Das ist zwar signifikant, aber im Vergleich zu anderen Risiken eines Flugs zum Mars sicher nichts, was gegen die Reise spricht.

Es gibt heute schon umfangreiche wissenschaftliche Studien, wie Menschen durch Gentechnik an die Gegebenheiten im Weltraum angepasst werden könnten. So wird darüber diskutiert, wie die negativen Folgen eines langen Aufenthalts im Weltraum (Muskel- und Knochenschwund, Strahlenbelastung usw.) durch Gentherapie abgemildert werden können. Wer sich dafür interessiert, dem empfehle ich den von Konrad Szocik herausgegebenen Sammelband »Human Enhancement for Space

Missions. Lunar Martian, and Future Missions to Outer Planets«, der 19 wissenschaftliche Beiträge zu diesem Thema enthält. Was sonst unter der Überschrift »Human Enhancement« kontrovers diskutiert wird, ist vielleicht nur eine notwendige und sinnvolle Anpassung an die Gegebenheiten des Weltraums: »Wenn es um die Erforschung des Weltraums geht«, schreibt der ehemalige Stanford-Wissenschaftler Arvin M. Gouw, »würden biomedizinische Eingriffe, die normalerweise als Verbesserung angesehen würden, für Astronauten als medizinische Notwendigkeit betrachtet werden. Beispielsweise würde eine genetische Veränderung zur Verdopplung der Muskelmasse bei einem Sportler als Enhancement angesehen werden, bei einem Astronauten aufgrund der Mikrogravitation jedoch als Therapie.«[270]

Unabhängig von den Risiken einer Reise ist die Kolonisierung des Mars – oder auch anderer Himmelskörper – aus vielen Gründen umstritten. Es wird nicht nur darüber diskutiert, ob eine solche Kolonisierung möglich sei, sondern auch, ob sie ethisch vertretbar ist. Ich werde diese Diskussion im Folgenden relativ ausführlich darstellen, weil ich glaube, dass die Anhänger der Raumfahrt die Gefahren, die von ideologisch motivierten Bedenkenträgern kommen, massiv unterschätzen.[271]

Kelly und Zach Weinersmith haben ein Buch mit dem Titel »A City on Mars. Can we settle space, should we settle space, and have we really thought this through?« (deutscher Titel: »Unsere Zukunft steht in den Sternen«) vorgelegt. Bei ihnen überwiegen die Bedenken gegen eine Kolonisierung des Mars oder anderer Himmelskörper. Sie argumentieren, man könne in der fernen Zukunft vielleicht darüber nachdenken, aber jetzt sei man noch nicht so weit.

Manche der Bedenken, die sie vortragen, sind erwägenswert: Können sich Menschen unter den Bedingungen von geringerer Schwerkraft sicher fortpflanzen und können sich Babys normal entwickeln, ist eine der ungelösten Fragen.[272] Aber sie schreiben, die Chinesen planten schon Experimente, wonach sich Affen in ihrer Raumstation paaren sollen – vielleicht bekommen wir dann erste Antworten.

Viele Fragen in dem Buch wirken jedoch an den Haaren herbeigezogen und sind typisch für das Herangehen von intellektuellen Bedenkenträgern, die erst einen sicheren und fertigen Plan haben wollen, der auf alle denkbaren Fragen eine Antwort gibt, ehe man beginnt zu handeln. Genau das Gegenteil vom Unternehmer, der anfängt zu handeln und laufend neue Probleme löst.

Manche Bedenken sind abwegig, so etwa die Befürchtung, dass sich konkurrierende Staaten gegenseitig mit Asteroiden bombardieren könnten.[273] Manches ist widersprüchlich, so etwa, wenn sie einerseits schreiben, die Kolonisierung des Weltraums sei ohne erkennbaren wirtschaftlichen Nutzen,[274] und andererseits die Gefahr an die Wand malen, dass Atommächte einen Krieg um die Filetstücke auf dem Mond oder dem Mars beginnen könnten. Diese und andere Absurditäten wurden von Zubrin in einer vernichtenden Rezension ihres Buches kritisiert.[275]

Mit manchem haben sie indes auch recht: Es ist tatsächlich abwegig, zu glauben, eine Klimakatastrophe werde demnächst unseren Planeten oder alles menschliche Leben vernichten und wir müssten aus diesem Grund einen Ersatzplaneten suchen. Selbst wenn diese Gefahr bestünde, wäre es ohnehin zu spät.[276] Und sie haben auch recht, wenn sie sich gegen die These wenden, die Besiedlung anderer Himmelskörper werde Kriege auf der Erde beseitigen oder zur Verwirklichung der Utopie einer perfekten Gesellschaft führen.

Aber viele ihrer Bedenken erwecken den Eindruck, die Autoren wollten um jeden Preis alle möglichen Gründe sammeln, warum wir nicht in den Weltraum aufbrechen sollten. Sie fragen beispielsweise, wie man unter den Bedingungen von Schwerelosigkeit sicher medizinische Operationen durchführen könne; ob sich Paare in der Schwerkraft während des Geschlechtsakts aneinander festbinden müssten; wie auf dem Mars eine psychiatrische Betreuung von Personen gewährleistet werden könne; ob sich der dauerhafte Aufenthalt auf dem Mars negativ auf die Psyche auswirken werde, ob Medikamente gegen psychische Störungen durch die kosmische Strahlung negativ verändert würden oder wie die Gewinne aus Asteroid Mining »gerecht« verteilt werden könnten.

Gegen das Argument, »Weltraumforschung ist ein natürlicher Trieb«, führen die Eheleute Weinersmith ins Feld: »Die meisten von uns sind nämlich keine berühmten Entdecker. Die meisten von uns machen lieber an Orten Urlaub, an denen es Gebäck und Klimaanlagen gibt, und nicht auf dem Mount Everest oder im Amazonasbecken ... Wenn die Erforschung ein natürlicher menschlicher Drang ist, der befriedigt werden muss, warum sitzen dann so viele von uns gerne auf ihren Sofas ...?«[277]

Ian Stoner argumentiert ähnlich, wenn er in dem Buch »Terraforming Mars« schreibt: »Es ist alles andere als klar, dass der Drang zur Expansion Teil der menschlichen Natur ist. Manche Menschen scheinen in dieser Hinsicht getrieben zu sein, aber viele andere sind zufrieden damit, zu Hause zu bleiben.«[278]

Hiergegen wende ich ein: Der Fortschritt der Menschen, egal in welchem Bereich, wurde niemals von denen gemacht, die am liebsten zu Hause bleiben und auf ihrer Couch liegen, sondern von denen, die keine Durchschnittsexistenz akzeptieren, die anders sind als die Mehrheit, die neugieriger sind und vielleicht auch abenteuerlustiger als die große Masse.

Unternehmer, die, bevor sie ein Unternehmen gründen, all die Hundert Bedenken durchspielen würden, die die Weinersmiths gegen die Eroberung des Weltraums ins Feld führen, würden so agieren, wie es die Autoren empfehlen: »Wir sind nicht der Meinung, dass dies bedeuten muss, dass Weltraumsiedlungen niemals entstehen sollten. Wir sind jedoch der Meinung, dass Weltraumsiedlungen wahrscheinlich ein Projekt für Jahrhunderte und nicht für Jahrzehnte sind und sein sollten ... Wir sollten die großen Entwicklungen in Wissenschaft, Technologie und internationalem Recht abwarten und dann viele Siedler auf einmal losschicken.«[279] Sie würden ewig zögern und warten – und niemals handeln. Ich kann mir vorstellen: Wären die Weinersmiths dabei gewesen, als die ersten Menschen lernten, künstlich Feuer zu machen, hätten sie gesagt: »Wartet mal! Wir brauchen erst eine perfekt funktionierende Feuerwehr und genaue Pläne, was wir machen, wenn ein Feuer außer Kontrolle gerät. Bis wir die haben, solltet ihr nicht weitermachen.«

Die amerikanische Religionswissenschaftlerin Mary-Jane Rubenstein, die sich sonst mit Umwelt- und Genderthemen befasst, kritisiert die Pläne von Musk und anderen noch grundsätzlicher in ihrem 2022 erschienenen Buch »Astrotopia. The Dangerous Religion of the Corporate Space Race«. Rubenstein kritisiert einen westlichen »Antimineralismus«, gemeint ist damit »eine Tendenz, Gesteine, die von Menschenhand (und Marktkräften) entfernt, installiert, behauen, gestapelt und geformt wurden, höher zu schätzen als Gesteine, die dort geblieben sind, wo sie durch geologische (und angestammte) Prozesse entstanden sind.«[280]

Das klingt absurd, ist aber nur im Zusammenhang mit einer anti-westlichen, »post-kolonialen« Philosophie zu verstehen. Das Vorhaben von Musk und anderen, den Mars zu »kolonisieren«, musste reflexartig den Protest der postkolonialistischen Woke-Ideologie hervorrufen. Offensichtlich ist jedoch der entscheidende Unterschied zwischen der Kolonisierung von Ländern auf der Erde (wie z. B. Amerikas), dass diese mit Menschen besiedelt waren, während es auf dem Mars, dem Mond oder Asteroiden entweder kein Leben gibt oder allenfalls Mikroben. Doch dieses Argument lassen die Postkolonialisten nicht gelten. Zustimmend zitiert Rubenstein den amerikanischen Astrophysiker Carl Sagan, der argumentierte: »Wenn es Leben auf dem Mars gibt, sollten wir meiner Meinung nach nichts mit dem Mars machen. Der Mars gehört dann den Marsianern, auch wenn es sich dabei nur um Mikroben handelt.«[281]

Dazu merkt Zubrin an: »Die Behauptung der Anti-Humanisten, dass die Beschädigung von Marsgestein oder Mikroben dasselbe sei wie die Schädigung der amerikanischen Ureinwohner, ist extrem rassistisch. Die Schädigung der amerikanischen Ureinwohner war falsch, weil sie Menschen waren, keine Mikroben! Indem sie den Menschen ihre besondere Würde nehmen, vertreten die Anti-Humanisten die rassistischsten Positionen, die man sich vorstellen kann.«[282]

Nun, Rassismus ist vielleicht nicht der passende Begriff, aber in der Tat sind solche Argumente menschenfeindlich.

Ein vermutlich populäreres Argument als das Insistieren auf dem Recht von Mikroben ist das Ausspielen der Raumfahrt gegen die Lösung für andere Probleme. Man sieht bei Rubenstein, dass sie offenbar nicht nur gegen die Besiedlung des Mars ist, sondern beispielsweise auch gegen die Mondlandung. »Neil Armstrongs Mondspaziergang«, so Rubenstein, »hat für Arme, Schwarze, Indigene und Migranten im eigenen Land sehr wenig bewirkt.« Und sie stellt folgende Fragen: »Inwiefern hätte die Mondlandung Ende der 1960er-Jahre die Bürgerrechte der schwarzen Amerikaner auf der Erde vorangebracht? Welchen Beitrag sollte es zur Lösung des Schlamassels in Vietnam leisten, dem Apollo entkommen ist? Wie hätte der Mondflug zur Entkolonialisierung Indiens und Afrikas beitragen können? Welche Haltung nahm die Mondlandung ein gegenüber der Arbeiterbewegung, der Frauenbewegung, Fragen der reproduktiven Gerechtigkeit, den Rechten von Homosexuellen, Nahrungsmittelengpässen, Armut, autoritären Regimen, der Aufnahme von Geflüchteten, der nuklearen Aufrüstung, dem Zugang zu Wasser und dem wachsenden Bewusstsein für die Klimakrise?«[283]

Diese Fragen sind offenbar unsinnig, denn niemand hat behauptet, die Mondlandung habe einen Beitrag zur Dekolonisation von Afrika geleistet. Das war nicht das Ziel des Unternehmens und konnte es auch nicht sein. Man könnte ebenso beim Bau jeder großen Brücke oder von jedem Krankenhaus oder jeder Universität fragen, was dieser Bau zur Dekolonisation von Indien beitrage oder wie dadurch die Rechte schwarzer Amerikaner verbessert worden seien.

Deondre Smiles, Professor an der University of Victoria mit den Forschungsschwerpunkten »Critical Indigenous geographies; human-environmental interaction; political ecology; tribal cultural resource preservation« argumentiert in einem Beitrag zum Thema »The Settler Logic of (Outer) Space« (2020) aus der Perspektive indigener Völker, die in der Debatte um Raumfahrt zu wenig berücksichtigt werde: Als man mehrere Angehörige des Stammes der Inuit nach der Mondlandung gefragt habe, hätten sie geantwortet: »Wir wussten nicht, dass das das erste Mal war, dass ihr Weißen den Mond betreten habt. Unsere Schamanen reisen schon seit Jahren dorthin. Sie gehen die ganze Zeit … Wir besuchen den Mond und das Mondvolk regelmäßig. Die Frage ist nicht, ob wir unsere Verwandten besuchen, sondern wie wir sie und ihr Land behandeln, wenn wir es tun.«[284]

Was will Smiles uns damit sagen? Die westliche Perspektive auf die Raumfahrt sei einseitig vom rationalistischen Denken geprägt und müsse um indigene Perspektiven erweitert werden: »Diese Beispiele sollten uns daran erinnern, dass die historischen Grundlagen unseres großen nationalen Mythos auf wackeligen intellektuellen Füßen stehen – wir müssen diesbezüglich ehrlich sein.« Infrage stellen möchte er vor allem »die Priorisierung der ›Wissenschaft‹ gegenüber indigenen Erkenntnismethoden«.[285]

Diese Fragestellungen haben inzwischen sogar Eingang in offizielle Dokumente von Institutionen gefunden, die die NASA beraten. In einem 2020 veröffentlichten offiziellen Papier der »Equity, Diversity, and Inclusion Working Group of the Planetary Science and Astrobiology Decadal Survey« heißt es: »Der Mond und andere Himmelskörper sind für manche Kulturen heilig. Ist es möglich, diese Überzeugungen zu respektieren, wenn wir diese Welten zur Nutzung ihrer Ressourcen erschließen? Wenn die Antwort nein lautet, muss die Mondforschung bereit sein, ihre Vorgehensweisen und Pläne anzupassen. Ein alternativer Ansatz für den Umgang mit diesen Umgebungen findet sich im indigenen Wissen, das von Natur aus interdisziplinär und generationsübergreifend ist und sich in nachhaltigen Praktiken ausdrückt.«[286]

In einem 2020 veröffentlichten Papier, das u. a. von Mitgliedern des Planetary Protection Office der NASA verfasst wurde (»Absolute Prioritization of Planetary Protection, Safety, and Avoiding Imperialism in All Future Science Missions: A Policy Perspective«), wird eine massive Regulierung der privaten Raumfahrt gefordert, die unter dem Primat des »Antimperialismus« stehen müsse.[287]

Doch zurück zur Frage der Besiedlung des Mars: Um eine Entscheidung zu treffen, ob es richtig und legitim ist, zu versuchen, den Mars zu besiedeln, muss man eine Abwägung treffen. Auf der einen Seite steht das »Recht« von Mikroben oder Felsbrocken und die Frage, ob möglicherweise religiöse Gefühle indigener Völker oder sogar die Gefühle des Mondes verletzt werden könnten.

Rubenstein und andere argumentieren, zumindest müsse man in Erwägung ziehen, ob Felsen nicht eigene Rechte hätten. Aus der Tatsache, dass es den ersten Menschen, die 1969 auf dem Mond landeten, schwerfiel, die amerikanische Flagge in den Boden zu rammen (unter dem Staub stießen sie auf harten Stein), schließen sie, der Mond habe sich damit wehren wollen: »Tatsächlich könnte der Mond sogar *Wünsche* haben. Angesichts der Atemprobleme, die er unseren Astronauten bereitet, und der Funktionsstörungen, die er an ihren Maschinen verursacht, könnte der Mond durchaus den geologischen Wunsch zum Ausdruck bringen, dass die Menschen auf ihrem Heimatplaneten bleiben.«[288]

Dies wurde nicht nur von Philosophen diskutiert, sondern sogar innerhalb der NASA. Zu den Gegnern einer Mars-Kolonisierung gehört Linda Billings, bis heute eine Beraterin des NASA Planetary Defense Coordination Office on Communication Strategy and Planning. Sie schrieb 2019 einen Aufsatz »Should Humans Colonize Mars? No«, in dem sie argumentiert, es sei »unmoralisch, eine winzige, nicht repräsentative Untergruppe der Menschheit – bestehend aus Menschen, die sich eine Reise dorthin mit Hunderttausenden bis Millionen Dollar leisten können – zum Leben auf den Mars zu transportieren, wie Bezos, Musk und ihre Befürworter es vorschlagen.«[289]

Man kann nur hoffen, dass in der NASA inzwischen der Einfluss von Antikapitalisten und Vertretern der Woke-Ideologie dauerhaft zurückgedrängt wurde: Nachdem Präsident Donald Trump am 20. Januar 2025 die Executive Order 14151 (»Ending Radical And Wasteful Government DEI Programs And Preferencing«) unterzeichnet hatte, die alle DEIA-Initiativen in Bundesbehörden beendete, verschickte zwei Tage später die NASA-Leitung an alle Mitarbeiter ein Memo, in der die sofortige Schließung interner DEIA-Programme angeordnet wurde.[290]

Die oben angesprochenen Thesen gegen eine Mars-Kolonisierung werden inzwischen nicht nur auf Konferenzen und in Fachzeitschriften diskutiert, sondern auch in einer breiteren Öffentlichkeit. In einer großen Debatte auf einer Konferenz in Reno, Nevada, die später unter dem Titel »The Great Colonization Debate« veröffentlicht wurde, hieß es: »Die Menschheit selbst scheint eher wie eine Infektion für die Erde zu wirken als alles andere, daher würde ich fragen, ab wann unser ›Recht‹ auf Überleben das Recht aller anderen Arten auf der Erde auf Überleben überwiegt.«[291] Gleichzeitig wurde aber der Gedanke abgelehnt, dass Menschen auch andere Lebewesen mit auf den Mars nehmen, denn die seien ja nicht gefragt worden, ob sie das überhaupt wollten: »… wenn Menschen wirklich dorthin gehen, sollten sie keine anderen Tiere mitnehmen, denn die anderen Arten haben dem nicht zugestimmt!«[292]

Ein anderes, oft wiederholtes Argument lautete: »Es ist zutiefst pervers zu sagen, dass die Menschheit durch die Zerstörung anderer Ökosysteme gerettet werden muss, denn es ist doch die Schuld der Menschheit, dass wir überhaupt in dieser Situation sind.«[293] Das Bild, das von der Menschheit gezeichnet wird, ist das einer ausschließlich bösen Spezies, die in den vergangenen Jahrhunderten unserem Planeten nichts als Elend und Vernichtung gebracht habe. Man müsse entschiedenen Widerstand gegen die Pläne zur Besiedlung des Mars leisten, so der Tenor der Konferenz: »Wir haben die moralische Pflicht, die elitäre Vorstellung von Kolonialisierung zu sabotieren: Als Menschen, die über diese Dinge nachdenken, ist es unsere Aufgabe, zu infiltrieren, zu überzeugen, zu bekehren und zu übernehmen.«[294]

Die Vertreter dieser Richtung feierten eine »anticolonial spacewave«, die sich im Oktober 2020 in der Publikation eines Papiers der Equity, Diversity, and Inclusion Working Group of the Planetary Science and Astrobiology Decadal Survey manifestiert habe, die für die NASA und andere staatliche Stellen in den USA Empfehlungen gibt. Diese Empfehlungen lesen sich wie ein Manifest des Antikapitalismus und Anti-Kolonialismus. So heißt es in dem Papier: »Es ist von entscheidender Bedeutung, dass Ethik und antikoloniale Praktiken eine zentrale Rolle beim Schutz unseres Planeten spielen. Wir müssen uns aktiv dafür einsetzen, kapitalistische Ausbeutung auf anderen Welten zu verhindern.«[295]

Grundtenor des Papiers: Der Kapitalismus habe mit seinem Streben nach Profit die Erde bereits zerstört und wolle diese Zerstörung nun auf andere Planeten ausdehnen. Absurderweise wird die Behauptung, Kolonialmächte hätten in der Vergangenheit unbesiedeltes Land erobert (während es in Wahrheit oftmals besiedelt war), nun auf eine Stufe mit dem Argument der Befürworter einer Mars-Besiedlung gestellt, dass es dort keine Menschen gebe.

Wörtlich heißt es: »Wir müssen zunächst einmal die Vorstellung ablehnen, dass mikrobielles Leben aufgrund der Bezeichnung ›nicht intelligent‹, oder der Behauptung, der Mars sei ein leerer Ort, moralisch nicht relevant sei. Wir dürfen nicht die Vorstellungen von ›terra nullius‹ wiederholen, die die koloniale Gewalt auf der Erde aufrechterhalten haben.«[296]

Rubenstein meint, die Argumente derer, die den Mars besiedeln wollten, sowie die Argumente der Kolonialisten auf der Erde ähnelten sich, da beide behaupteten, das Land, das sie besiedeln wollten, sei leer.[297] Mag sein, dass die Behauptung damals wie heute erhoben wurde, aber damals war sie meist falsch, und heute ist sie richtig.

In einem ebenfalls 2020 veröffentlichten Aufsatz, bei dem mehrere Autoren dem NASA Planetary Protection Office angehörten, wird eine Priorität des »Antiimperialismus« und Antikolonialismus gefordert, der sich in entsprechenden Gesetzen zur Regulierung der privaten Raumfahrt niederschlagen müsse.[298]

Die Vertreter der privaten Raumfahrt sollten nicht den Fehler machen, solche Bestrebungen zu unterschätzen. Ja, manche Argumente wie etwa der Vorwurf des »Antimineralismus« an Menschen, die die »Rechte von Felsen« nicht anerkennen, wirken absurd. Aber die Geschichte lehrt uns: Während Unternehmer und Ingenieure daran arbeiten, neue technische und wirtschaftliche Lösungen für Menschheitsprobleme zu finden, gibt es Intellektuelle, die daran arbeiten, diese im Namen des Antikapitalismus zu verhindern.

Es wäre nicht das erste Mal, dass Irrationalität am Schluss den Sieg über Rationalität erringt. Die Konsequenzen wären fatal, wenn am Ende Politiker, beeinflusst von derartigen Ideen, Projekte wie die von Elon Musk verhinderten.

Wer glaubt, die Woke-Ideologie sei inzwischen tot oder ohne Einfluss, irrt sich. Die Geschichte der politischen Linken belegt: Sie geben nicht so schnell auf, und auch dann, wenn man denkt, sie seien am Ende, kommen sie wenige Jahre später mit noch stärkerer Kraft wieder. Parallel mit dem Fortschritt der privaten Raumfahrt hat der Widerstand von Antikapitalisten, Vertretern der »woke«-Ideologie und sogenannten »Postkolonialisten« massiv zugenommen. Ihre zentralen Argumente, wie etwa die »Rechte« von Felsbrocken und von Mikroben, die die legitimen Eigentümer des Mars seien, sind offensichtlich abwegig. Insbesondere, wenn man bedenkt, dass gerade jene Intellektuellen, für die der Schutz des Privateigentums sonst – vorsichtig gesagt – keinerlei Priorität hat, sondern die in ihm oft sogar die Wurzel vieler Übel sehen, ihre Liebe zum Eigentum auf einmal entdecken, wenn es sich nicht um Menschen, sondern um möglicherweise auf anderen Himmelskörpern existierende Mikroben handelt. Der Anthropologe Michael Oman-Reagan argumentierte auf der oben erwähnten Konferenz zum Thema Kolonialisierung des Weltraums: »Wenn es auf dem Mars Mikroben gibt, dann gehört der Mars meiner Meinung nach ihnen. Wenn es auf dem Mars Wasser gibt, dann gehört dieses Wasser ihnen.«[299]

Martyn J. Fogg, ein britischer Physiker, Geologe und Spezialist für Terraforming, hat diese und ähnliche Argumente in einem Beitrag zum Thema »The ethical dimensions of space settlement« zurückgewiesen: »Das Argument läuft darauf hinaus, dass Menschen tatsächlich den geringsten Grad an intrinsischem Wert unter allen Arten geformter Objekte besitzen. Felsen dürfen über Äonen hinweg verwittern und zerfallen, Asteroiden und Meteoriten dürfen ungehindert die Marsoberfläche treffen, und Mikroben dürfen – sofern sie die Reise überstehen – mitfliegen und sich dort zu neuen, marsianischen Lebensformen entwickeln. Nur der Mensch soll nach dieser Philosophie daran gehindert werden, sein evolutionäres Potenzial zu entfalten. Doch wenn Raumfahrt für Mikroben eine legitime Aktivität ist – warum sollte sie es dann nicht auch für Menschen sein? Die damit verbundenen Ideologien der Menschenfeindlichkeit und der Gefühlsduselei können darauf keine zufriedenstellende Antwort geben.«[300]

Musk lässt sich in seinem Mars-Ziel nicht beirren – weder durch Umfragen und erst recht nicht durch die Kritik linker Ideologen. Im Mai 2025 kündigte er an, ein unbemanntes Starship werde Ende 2026 zum Mars starten. »Wenn diese Landungen gut verlaufen, könnten bemannte Landungen bereits 2029 beginnen, auch wenn 2031 wahrscheinlicher ist.«[301] Nun, das mögen wieder sehr optimistische Vorhersagen von Musk sein, aber dennoch spricht manches dafür, dass sein Starship als erstes Raumschiff Menschen zum Mars bringen wird – wenn auch vermutlich nicht so bald, wie er vorhersagt.

Doch wie sieht es mit den Planungen der NASA aus? Es gibt keinen konkreten Plan, immer noch nicht! Harry Jones vom NASA Ames Resarch Center konstatierte im Juli 2024: »Es schien, als gäbe es überwältigende Schwierigkeiten, die uns daran hinderten, zum Mars zu fliegen. Wir haben den Mars noch nicht erreicht, obwohl dies seit Apollo das Ziel der NASA ist. Wir haben keinen detaillierten, realisierbaren Missionsplan. Es gab nicht genügend Finanzmittel, um greifbare Fortschritte zu erzielen. Marspläne sehen in der Regel die Entwicklung fortschrittlicher Technologien vor, bevor wir mit der Mission beginnen können.«[302] Man liest zwischen den Zeilen die Frustration über die Politik – und über die NASA selbst. Seit über 50 Jahren gibt es immer wieder neue Ausreden, um eine Marsmission in die ferne Zukunft zu verlegen. Dabei fehlt es nicht an Plänen für eine Mars-Reise. Mehr als 1000 wurden schon von den 50er-Jahren bis heute ausgearbeitet. Selbst wenn man nur jene berücksichtigt, die wissenschaftlichen Ansprüchen genügen, waren es immer noch 55 Pläne.[303]

Jones kommt jedoch in einer eingehenden Analyse zu dem Ergebnis, dass es »no showstoppers« gibt – also keine unüberwindlichen Hindernisse auf dem Weg zum Mars. Er listet sieben Problembereiche auf und analysiert die Herausforderungen und die Lösungen nach dem heutigen Stand der Technik: gefährliche Umweltbedingungen auf der Marsoberfläche, Leistungsfähigkeit des Menschen, Versorgung mit lebenswichtigen Ressourcen, medizinische Betreuung, Strahlenrisiko, geringere Schwerkraft, Zeitverzögerungen bei der Kommunikation.[304] Aber, so seine These: Für all diese Probleme gibt es heute Lösungen, was unter anderem auch damit zusammenhängt, dass die Startkosten massiv gesunken sind.

Die größten technischen Herausforderungen für eine Marsmission sind die langfristige Lebenserhaltung, die Strahlenbelastung und die verringerte Schwerkraft. Sonneneruptionen und kosmische Hintergrundstrahlung sind nach Jones Probleme, für die es Lösungen gibt, die durch die gesunkenen Startkosten erst möglich wurden: Ein kleiner, abgeschirmter Schutzraum innerhalb des Raumschiffs mit zwei Metern Durchmesser und 7,5 Zentimeter dicken Wänden könne während des Transits vor Sonnenstürmen schützen. Eine kürzere Transitzeit und die Nutzung von Mars-Regolith zur Abschirmung der Oberflächenhabitate vermögen die Auswirkungen der kosmischen Hintergrundstrahlung zu verringern.

Zum Problem der Schwerelosigkeit auf der Reise und der um über 60 Prozent reduzierten Schwerkraft auf dem

Mars: Ein rotierendes Raumschiff, wie wir es auch aus Science-Fiction-Filmen kennen, kann auf der Reise künstliche Schwerkraft erzeugen. Und auch für den Aufenthalt auf dem Mars gibt es Lösungen: »Ein Konzept sieht ein großes, unterhalb der Oberfläche rotierendes Rad vor. Der Boden müsste geneigt sein, sodass sich die Mars-Schwerkraft von 0,38 g mit einer horizontalen Zentrifugalkraft von 0,92 g zu einer Gesamtbelastung von 1 g addiert. Die Konstruktion wäre unter der Oberfläche, um zusätzlich als Strahlenschutz zu dienen.«[305]

Alles in allem: Ja, ein Flug zum Mars und erst recht eine Kolonisierung werden riesige Probleme hervorbringen – manche, die wir kennen, und sicher viele andere, die wir nicht kennen. Doch nach tausend Plänen, wie man es machen könnte, kommt nun die Zeit zu handeln. Hätten Roald Amundsen und seine vier Begleiter, die 1911 als Erste den Südpol erreichten, das gleiche Maß an Sicherheit und Perfektion für ihren Plan verlangt, wie die NASA bisher für Marsmissionen, hätten sie mit Sicherheit nie ihre Expedition gestartet. Und Jones zeigt einen sehr wichtigen positiven Aspekt: Schon durch die massiv gesunkenen Startkosten lassen sich viele Probleme lösen, die früher unlösbar schienen.

6. Die Schätze des Weltraums

Haben Sie das auch schon gehört? »Die Rohstoffressourcen der Erde sind endlich, also kann es kein unendliches Wachstum geben.« Die Folgerung lautet dann: Irgendwie muss das Wachstum begrenzt werden. Was ist an diesem Argument dran?

Die Warnungen vor den Grenzen des Wachstums sind nicht neu, es gibt sie seit Jahrhunderten. Hier nur einige Beispiele aus den vergangenen 80 Jahren: Im Jahr 1939 erklärte das US-Innenministerium, dass die amerikanischen Ölvorräte nur noch 13 Jahre reichten. Im Jahr 1949 verkündete der US-Innenminister, das Ende der Ölvorräte sei nunmehr in Sicht. Nachdem das US Geological Survey nichts aus früheren falschen Behauptungen gelernt hatte, sagte es 1974, dass die USA nur noch über einen 10-jährigen Vorrat an Erdgas verfügten.

1970 veröffentlichten Wissenschaftler in der Zeitschrift *Scientific American* eine Grafik, in der geschätzt wurde, dass der Menschheit kurz nach dem Jahr 2000 das Kupfer ausginge. Die Vorräte an Blei, Zink, Zinn, Gold und Silber sollten noch vor 1990 versiegen.[306] Ebenfalls 1970 sagte der Ökologe Kenneth Watt voraus, dass der Welt das Öl ausgehe: »Du fährst zur Tankstelle und sagst: Volltanken, Kumpel. Und er sagt: Tut mir leid, nichts mehr da.«[307]

Große Beachtung fand die 1972 unter dem Titel »Grenzen des Wachstums« veröffentlichte Studie des »Club of Rome«. Bis heute sind von diesem Buch mehr als 30 Millionen Exemplare in 30 Sprachen verkauft worden. Das Buch mahnte zur Umkehr und hatte eine klare Botschaft: Die Rohstoffressourcen seien schon bald verbraucht, besonders Öl. In 20 Jahren werde der letzte Tropfen Öl gewonnen sein, prophezeiten die Wissenschaftler Anfang der 1970er-Jahre. Nicht nur beim Erdöl, bei fast allen relevanten Rohstoffen prognostizierte der Bericht des »Club of Rome« den Zeitpunkt ihrer Erschöpfung völlig falsch.

Erdgas, Kupfer, Blei, Aluminium, Wolfram: Nichts davon würde man – weiteres Wirtschaftswachstum vorausgesetzt – nach den damaligen Vorhersagen heute noch in der Erde finden. Alles aufgebraucht, teilweise seit Jahrzehnten. Die Silberminen sollten seit 1985 erschöpft sein. Tatsächlich schätzte der geologische Dienst der USA (United States Geological Survey, USGS) im Januar 2020 die Silberreserven weltweit auf 560 000 Tonnen.

Bevor man mit dem Kopf schüttelt über all die falschen Vorhersagen, muss man einräumen, dass vom Beginn der Industrialisierung bis etwa in die 1970er-Jahre tatsächlich ein enger Zusammenhang von Wirtschaftswachstum einerseits und Energie- und Rohstoffverbrauch andererseits bestand.[308]

Doch anhand zahlreicher Datenreihen belegt der amerikanische Wissenschaftler Andrew McAfee in seinem 2020 erschienenen Buch »Mehr aus weniger«, dass sich das Wachstum der Wirtschaft vom Rohstoffverbrauch entkoppelt hat. Daten für die USA zeigen, dass von 72 Rohstoffen nur sechs ihr Verbrauchsmaximum noch nicht erreicht haben. Obwohl die amerikanische Wirtschaft in den vergangenen Jahren stark gewachsen ist, verlief der Verbrauch an vielen Rohstoffen rückläufig.[309]

2015 hatte der amerikanische Umweltwissenschaftler Jesse H. Ausubel in seinem Aufsatz »The Return of Nature: How Technology Liberates the Environment«[310] gezeigt, dass die US-Amerikaner pro Kopf immer weniger Rohstoffe konsumieren. Der Gesamtverbrauch an Stahl, Kupfer, Dünger, Holz und Papier, der früher parallel zum Wirtschaftswachstum gestiegen war, hatte irgendwann ein Maximum erreicht und ist seitdem rückläufig. Der

Grund dafür sind die Gesetze des vielgescholtenen Kapitalismus: Firmen suchen ständig nach neuen Möglichkeiten, effizienter zu produzieren, d. h. mit weniger Rohstoffen auszukommen und Kosten zu senken.

Hinzu kommt: Innovationen haben einen Trend befördert, den wir Miniaturisierung oder Dematerialisierung nennen. Ein Beispiel ist das Smartphone. Halten Sie sich vor Augen, wie viele Geräte in Ihrem Smartphone enthalten sind und wie viele Rohstoffe diese früher verbraucht haben: Taschenrechner, Telefon, Videokamera, Wecker, Diktiergerät, Navigationssystem, Fotoapparat, iTunes-Player (statt früherem CD-Player), Kompass, Anrufbeantworter, Scanner, Maßband/Zollstock, Radio, Taschenlampe, Kalender, Enzyklopädie, Duden, Wörterbücher für Übersetzungen in jede Sprache, Adressbuch.

Die meisten Menschen haben heute kein Faxgerät mehr und benutzen keine Straßenkarte aus Papier, weil alles in ihrem Smartphone enthalten ist. Manche verzichten sogar auf ihre Armbanduhr. Früher brauchten Sie für das Telefon, für Ihr Audio-Kassettengerät, für ein Diktiergerät und für eine Videokamera vier Mikrofone, heute benötigt Ihr Smartphone ein einziges Mikrofon für all diese Funktionen.

Als Jugendlicher war ich stolz auf meine große Schallplattensammlung, die mehrere Regale umfasste. Später kaufte ich CDs, die alle in ein einziges Regal passten – und schon wesentlich weniger Rohstoffe verbrauchten. Heute lacht meine Freundin, weil ich mir immer noch CDs kaufe – sie nutzt Streaming-Dienste wie Spotify. Ich gebe zu, ich bin etwas altmodisch und besitze mehrere Tausend Bücher auf Papier, aber viele Menschen nutzen inzwischen lieber E-Books oder hören auf ihrem Smartphone Hörbücher. Dies sind nur einige von vielen Beispielen, die den Trend zur Dematerialisierung belegen, die zu einem relativ sinkenden Rohstoffverbrauch beitragen.[311]

Der Physiker und Energieökonom Björn Peters schreibt zum Thema der »endlichen Rohstoffe«:[312] Es gibt drei Hierarchiestufen von Ressourcen – natürliche, technische und wirtschaftliche Ressourcen:

Natürliche Ressourcen sind alle in der Natur vorkommenden Gegebenheiten – Wind, Sonne, Wasser, Gestein oder Pflanzen. Erst wenn der Mensch über geeignete Technologien verfügt, werden sie zu technischen Ressourcen. So wurde Öl durch die Erfindung der Petroleumlampe und des Verbrennungsmotors oder Sonnenlicht durch den photoelektrischen Effekt nutzbar. Doch ob eine technisch zugängliche Ressource tatsächlich verwendet wird, hängt von den Kosten ihrer Gewinnung im Verhältnis zum Nutzen ab – sie wird damit zur wirtschaftlichen Ressource.

Welche Ressourcen wirtschaftlich sind, ändert sich mit Preisen, Nachfrage und technischem Fortschritt. Sinkende Förderkosten oder steigende Preise machen neue Lagerstätten rentabel. Beim Erdöl etwa stiegen die förderbaren Mengen durch Verfahren wie Enhanced Oil Recovery, mit denen heute bis zu 30 Prozent des ursprünglichen Ölvorkommens nutzbar werden könnten. Mit Technologien wie In-situ-Cracking könnten möglicherweise sogar 75 Prozent genutzt werden.

Angaben über die Reichweite von Rohstoffen – oft 25 bis 30 Jahre – sind keine realen Grenzen, sondern betriebswirtschaftliche. Unternehmen erfassen nur jene Reserven, die sie mit heutiger Technik und zu heutigen Preisen wirtschaftlich abbauen können. Diese werden als »gemessene« oder »bestimmbare« Ressourcen bezeichnet, während »vermutete« Vorkommen nicht bilanziert werden. Da Unternehmen nur etwa 20 bis 30 Jahre im Voraus planen, erscheinen die Vorräte stets begrenzt – tatsächlich werden sie durch Innovation ständig erweitert. Insbesondere, so Peters, sinken Explorationskosten für neue Rohstoffe durch neue Technologien stetig, sodass es wirtschaftlich nicht zu rechtfertigen sei, für länger als 20 bis 30 Jahre Rohstoffe zu prospektieren.

Rohstoffe gehen also nicht aus, sie werden nur teurer oder billiger, wichtiger oder ersetzt. Entscheidend ist die menschliche Kreativität. Nachhaltigkeit darf nicht Stillstand bedeuten, sondern Vertrauen in den Fortschritt. Historische Beispiele wie Salz oder Eibenholz zeigen, dass Knappheit stets vorüberging, wenn neue Technologien entstanden.

Die Wirklichkeit ist also komplexer, als es auf den ersten Blick erscheinen mag, wenn gesagt wird: »Unser Planet hat nur begrenzte Ressourcen, also können wir auch nicht unbegrenzt wachsen.« Die Menschheit verbraucht nur einen winzigen Bruchteil der auf der Erde vorhandenen mineralischen Rohstoffe (Kupfer, Eisen, Aluminium, Phosphor etc.). Bei dem meistgenutzten Rohstoff Kupfer sind es ca. 0,000034 Prozent im Jahr.[313]

Zudem ist das Argument von begrenzten Rohstoffen als Limit für das Wachstum der Weltwirtschaft noch aus einem anderen Grund falsch. Warum sollten wir uns nur der Rohstoffe auf der Erde bedienen? Nicht nur auf dem Mond, sondern insbesondere auf den Asteroiden gibt es jede Menge Rohstoffe. Schätzungen zufolge befinden sich allein in dem Asteroidengürtel zwischen Mars und Jupiter zwischen 700 000 und 1 700 000 Asteroiden mit einem Durchmesser von mindestens einem Kilometer.

Daneben gibt es über 30 000 bisher bekannte erdnahe Asteroiden, sogenannte NEAs, und jährlich werden etwa 2000 bis 3000 weitere entdeckt. Obwohl sie als erdnahe Asteroiden bekannt sind, nähern sich nur sehr wenige so weit der Erde, dass sie eine Gefahr darstellen könnten.

So kommen zum Beispiel manche Asteroiden der Amor-Gruppe der Erde bis auf 45 Millionen Kilometer nahe. Die meisten NEAs haben einen Durchmesser von weniger als zwei Kilometern. Der größte erdnahe Asteroid, Ganymed (nicht zu verwechseln mit dem gleichnamigen Jupitermond), misst 32 Kilometer Durchmesser und kann der Erde bis zu 51 Millionen Kilometer nahe kommen.[314]

Als ich 2024 und 2025 vom Bundesverband der Deutschen Industrie eingeladen war, auf einem Rohstoff- und Weltraumkongress zum Thema »Asteroid Mining« zu sprechen, waren die Reaktionen geteilt: Viele im Publikum waren neugierig, aber viele zeigten sich auch skeptisch. Das hat auch mit zahlreichen Missverständnissen zu tun, die sich um das Thema Asteroid Mining ranken.

Das Thema polarisiert schon immer. Es ist fast 40 Jahre her, da sprach Jeff Bezos vor einer Gruppe von Studenten in Princeton und spekulierte darüber, wie man auf dem schnellsten Weg einen Asteroiden für die Menschen nutzbar machen könnte. Eine Studentin sprang auf und schrie wütend: »How dare you rape the universe!« und rannte aus dem Saal. Alle Augen richteten sich auf Bezos, der fragte: »Habe ich sie richtig verstanden? Hat sie wirklich gerade die unveräußerlichen Rechte karger Felsen verteidigt?«[315] Die amerikanische Religionswissenschaftlerin Mary-Jane Rubenstein, die wir schon im letzten Kapitel kennengelernt haben, bekennt ihre große Sympathie mit der Studentin, deren Ärger sie nachempfinden könne. Die gleichen Kritiker, die den Kapitalismus verurteilen, weil er zur Erschöpfung der Rohstoffe auf der Erde führen werde, wehren sich vehement dagegen, Rohstoffe von anderen Himmelskörpern zu nutzen.

Abgesehen von diesen ideologisch begründeten Einwänden stellt sich die Frage: Ist es überhaupt ökonomisch sinnvoll, Bergbau auf Asteroiden zu betreiben? Ist es nicht viel zu teuer, die Rohstoffe auf die Erde zu bringen?

In den Medien finden sich immer wieder Sensationsberichte über unvorstellbar wertvolle Asteroiden wie etwa Psyche, einen Himmelskörper mit etwa 230 Kilometern Durchmesser. Die Entfernung zur Erde beträgt zwischen 300 und 600 Millionen Kilometern. Die Raumsonde Psyche ist auf dem Weg zu diesem Asteroiden und soll im August 2029 dort ankommen. Sie wird 26 Monate lang den Asteroiden in vier verschiedenen Umlaufbahnen untersuchen, um Geologie, Topografie, elementare Zusammensetzung, Magnetfeld und Massenverteilung zu analysieren.[316]

Die Zahlen über den vermutlichen Wert von Asteroiden wie Psyche, die in den Medien genannt werden, sind so hoch, dass ich lieber in Klammern hinzufüge, wie viele Nullen sie haben. In einem der vielen Zeitungsartikel mit der Überschrift »NASA plans mission to a metal-rich asteroid worth quadrillions« wurde über einen rapiden Zusammenbruch der Weltwirtschaft spekuliert, wenn man den Reichtum von Psyche erschließe: »Es ist ein wirklich seltsames Objekt«, sagte Lindy Elkins-Tanton, leitende Wissenschaftlerin der NASA-Mission und Direktorin der School of Earth and Space Exploration der Arizona State University. Wenn der 200 Kilometer breite Körper irgendwie auf unseren Planeten transportiert werden könnte, hätte allein das Eisen laut Berechnungen von Elkins-Tanton einen Wert von 10 Trillionen US-Dollar [= 10 000 000 000 000 000 000 → 18 Nullen]. Das weltweite Bruttosozialprodukt (BSP) betrug 2015 nur etwa 73,7 Billionen Dollar [= 73 700 000 000 000 → 13 Nullen], sodass unsere Wirtschaft sofort zusammenbrechen würde.«[317]

Sensationsberichte gab es auch über den Asteroiden Germania, dessen Wert in Medienberichten auf 100 Billionen US-Dollar taxiert wurde, was zu dieser Zeit mehr war als das gesamte Bruttoinlandsprodukt der Erde.[318] Es existiert sogar eine Webseite, wo für zahlreiche Asteroiden der vermeintliche Wert angegeben ist – wenn man in die Spalte das Suchkriterium »most valuable« eingibt, bekommt man allein zahllose Asteroiden mit der Angabe »Wert größer als 100 Billionen« US-Dollar aufgeführt.[319]

Martin Elvis, ein renommierter Astrophysiker am Center for Astrophysics, Harvard & Smithsonian in Cambridge, der über 400 Fachpublikationen vor allem zu supermassiven Schwarzen Löchern (Quasaren) veröffentlicht hat, macht sich über diese Angaben lustig: »Die Lobeshymnen auf den Wert der Weltraumressourcen wurden größtenteils von Wissenschaftlern verfasst, nicht von Geschäftsleuten. Und wir Wissenschaftler sind in finanziellen Fragen ziemlich naiv.«[320]

Wenn in solchen Mengen wertvolle Metalle wie Platin auf den Markt geworfen würden, würde der Preis natürlich sofort dramatisch fallen. Zudem weiß man bislang nur durch Fernerkundung und Spektralanalysen etwas über die Zusammensetzung von Psyche und anderen Asteroiden. Jüngste Forschungen kamen zu dem Ergebnis, dass beispielsweise Psyche vielleicht doch nicht so reich an Metallen ist, wie man bislang dachte.[321] Genaue Daten werden erst nach einer Untersuchung vor Ort oder durch Probenentnahmen vorliegen.

Es ist jedoch unstrittig, dass wertvolle Rohstoffe wie etwa PGMs (Platingruppe) auf manchen Asteroiden in wesentlich höherer Konzentration anzutreffen sind als auf der Erde. Von den zehn wertvollsten Rohstoffen der Welt gehören etwa fünf bis sechs zur Platingruppe, und auch die anderen (z. B. Gold) sind wahrscheinlich in viel größeren Mengen und leichter zugänglich auf Asteroiden als auf der Erde vorhanden.

Die Metalle auf Asteroiden werden grob in zwei Gruppen eingeteilt: Zum einen Edelmetalle wie die Platinmetalle, die man zur Erde bringen und dort verkaufen könnte. Zum anderen gibt es unedle Metalle wie Aluminium (Al) und Silizium (Si), die man direkt im All zum Bau von Raumstationen oder für Solarmodule verwenden könnte.

Wissenschaftler berichteten in einem 2023 erschienenen Aufsatz über »Precious and structural metals on asteroids«, dass es zwar nur wenige Elemente gebe, die in Asteroiden in höheren Konzentrationen vorkommen als in den besten Erzvorkommen auf der Erde. Dazu zählten aber insbesondere die sehr wertvollen Platinmetalle, die in Eisenmeteoriten in Mengen zwischen etwa 6 und 230 ppm (= parts per million) vorkämen – und damit mehr als in fast allen Erzen auf der Erde. Frühere Schätzungen, die sogar bis zu 300 oder 700 ppm angaben, hätten sich laut neuen Messungen aber nicht bestätigt.[322] Die Forscher betonten außerdem, dass man früher dachte, Asteroiden vom sogenannten M-Typ seien große Metallbrocken. Heute wisse man jedoch, dass sie oft aus einer Mischung von Silikaten und Metallen bestehen.[323]

Dass die Konzentration von PGMs mit 6 bis 230 ppm um ein Vielfaches höher ist als in der Erdkruste, liegt daran, dass die sogenannte Differenzierung, die auf Planeten wie der Erde stattgefunden hat, bei den meisten Asteroiden nicht stattfand.

Die Erde verlor während ihrer Differenzierung – einem Prozess, bei dem ein ursprünglich homogenes, geschmolzenes Gesteins- und Metallgemisch sich unter dem Einfluss der Schwerkraft in Schichten trennte, sodass schwere, eisen- und metallreiche Bestandteile zum Zentrum sanken und leichtere Silikatgesteine nach oben stiegen – den Großteil ihrer siderophilen Elemente an den Kern. Manche größeren Körper im frühen Sonnensystem durchliefen eine ähnliche Differenzierung, wurden aber später durch gewaltige Kollisionen zerstört. Die Überreste ihrer freigelegten metallischen Kerne sind heute als bestimmte metallreiche Asteroiden erkennbar und enthalten hohe Konzentrationen an Eisen, Nickel und Platingruppenmetallen, die in der Erdkruste selten sind.

»Das bedeutet«, so der führende Experte für Asteroid Mining, John S. Lewis, »dass die terrestrischen Konzepte, wonach riesige Mengen uninteressanter Abraumhalden entfernt und Erzvorkommen tief im harten Gestein gefunden und abgebaut werden müssen, für den Asteroidenbergbau weitgehend irrelevant sind. Undifferenzierte Asteroiden bestehen aus einer feinkörnigen Mischung aller Materialien, aus denen der Kern, der Mantel und die Kruste der Erde entstanden sind... So ist beispielsweise die Konzentration der ›seltenen‹ und ›wertvollen‹ Metalle der Platingruppe in einem zufälligen Bruchstück eines durchschnittlichen Asteroiden um ein Vielfaches höher als in den reichsten bekannten Erzvorkommen in der Erdkruste!«[324]

Auch andere verbreitete Vorstellungen von Asteroiden sind falsch. So denken viele Menschen, Asteroiden seien zu weit weg, die Entfernungen seien zu groß. Für die Asteroiden im Asteroidengürtel zwischen Mars und Jupiter trifft das zu, zumindest mit dem heutigen Stand der Technik. Die Raumsonde Psyche, die ich weiter oben erwähnte, startete am 13. Oktober 2023 und wird voraussichtlich im Juli/August 2029 den Asteroiden erreicht haben. Damit beträgt die Flugdauer etwa sechs Jahre. Eine Reise zu dem Asteroiden und der Rücktransport des Platins zur Erde würde mehr als ein Jahrzehnt brauchen. Allerdings: Ein Flug vom Mars aus wäre wesentlich kürzer, zudem müsste beim Start nur die um über 60 Prozent geringere Schwerkraft des roten Planeten überwunden werden.

Lewis schätzt, dass es etwa 3800 erdnahe Asteroiden (NEAs) gibt, die mit weniger Treibstoffverbrauch zu erreichen sind als der Mond.[325] Obwohl der Mond mit etwa 384 000 Kilometern Entfernung relativ nahe an der Erde liegt, ist der Energieaufwand, um dorthin zu gelangen, vergleichsweise hoch. Einige erdnahe Asteroiden hingegen bewegen sich auf Bahnen, die der Erdumlaufbahn sehr ähnlich sind. Das bedeutet, dass ein Raumfahrzeug weniger Energie aufwenden muss, um dorthin zu gelangen – obwohl die Asteroiden oft weiter entfernt sind als der Mond. Dieser scheinbare Widerspruch erklärt sich dadurch, dass nicht nur die Entfernung zählt, sondern vor allem der relative Energieaufwand. Es gibt aber ein anderes Problem, auf das Lewis hinweist: »Die erdnahen Objekte (NEOs) stellen eine ganz andere Art von Problemen dar: Der Reichtum an Ressourcen in NEOs kann vernünftigerweise nicht bezweifelt werden. Typische begehrte Ressourcen sind in erdnahen Asteroiden Hunderte bis Tausende Male häufiger als auf dem Mond. Aber die Hin- und Rückflugzeiten für Missionen zu NEOs betragen in der Regel zwei bis fünf Jahre – nicht eine Woche, wie beim Mond.«[326]

Auf den ersten Blick scheint das paradox, aber es erklärt sich so: Obwohl einige erdnahe Asteroiden rein rechnerisch weniger Energie für einen Flug benötigen als der Mond, dauern Missionen zu ihnen deutlich länger. Der Mond umkreist die Erde in gleichbleibender und relativ geringer Entfernung und ist dadurch fast jederzeit gut erreichbar. Die Flugzeit beträgt nur wenige Tage. Asteroiden hingegen bewegen sich auf elliptischen und zur Ekliptik mehr oder weniger geneigten Bahnen um die

Sonne. Sie sind also nicht ständig in der Nähe und nur zu bestimmten Zeitpunkten so positioniert, dass ein Flug dorthin innerhalb eines angemessenen Zeit- und Energiebudgets möglich ist. Auch die Rückkehr zur Erde ist von solchen günstigen Zeitfenstern abhängig. Während man zum Mond direkt fliegen und fast beliebig zurückkehren kann, muss man bei Asteroiden oft viele Monate warten, bis sich eine gute Gelegenheit für den Rückflug ergibt. Zudem dauern die Bahnen, die besonders wenig Energie verbrauchen, grundsätzlich länger, da sie eher einer Kurve als einer direkten Linie gleichen. All das führt dazu, dass Missionen zu erdnahen Asteroiden deutlich mehr Zeit beanspruchen als zum Mond.

Ein anderer Einwand gegen das Asteroid Mining, den man oft hört, lautet, die Transportkosten der Rohstoffe vom Asteroiden zur Erde seien zu hoch, sodass der Abbau nicht lohnend sei. Dass der Transport teuer wird, ist teilweise richtig, aber der Hinweis geht dennoch am Thema vorbei. Experten wie Lewis, der das Thema schon 1997 in seinem Buch »Mining the Sky« aufbrachte, plädierten vor allem dafür, die auf Asteroiden gewonnenen Rohstoffe im Weltraum zu verwenden: »Die Ressourcen, die für die Nutzung im Weltraum am meisten gefragt sind, sind diejenigen, die zur Deckung des enormen Material- und Energiebedarfs einer Weltraumzivilisation verwendet werden können. Die Transportkosten von der Erde sind so hoch, dass alle Materialien, die im Weltraum in großen Mengen benötigt werden, unabhängig von ihrem Marktpreis auf der Erde, wann immer möglich aus im Weltraum vorkommenden Ressourcen hergestellt werden sollten. Eine weitere Folge dieses Prinzips ist, dass nur Materialien mit einem hohen Marktwert pro Einheit auf der Erde (Tausende von Dollar pro Kilogramm) den Transport zur Erde wert sein können.«[327]

Das schrieb Lewis 1997, als die Kosten, etwas in den Weltraum zu bringen, noch wesentlich höher waren, aber im Prinzip gilt dies immer noch. Zum Beispiel wird es in vielen Fällen sinnvoller sein, Rohstoffe von Asteroiden zu verwenden, um Raumstationen oder große Solarpanels im Weltraum zu bauen, als sie von der Erde dorthin zu befördern.

Vor allem kann auf vielen Asteroiden Wasser gewonnen werden. Der Astrophysiker Martin Elvis meint sogar, die Wassergewinnung könne möglicherweise wichtiger werden als die von Rohstoffen wie Platin. Wasser von der Erde in den Weltraum zu bringen, ist sehr teuer, auch bei gesunkenen Startkosten. Aber Wasser wird im Weltraum dringend gebraucht, z. B. zur Herstellung von Raketentreibstoff. Wasser kann in Sauerstoff und Wasserstoff aufgespalten werden und dann als Treibstoff dienen.

Raumschiffe werden künftig im Weltraum aufgetankt werden müssen. So wie auf der Erde der Autoverkehr nicht ohne Tankstellen funktionieren kann, so wird es auch künftig im Weltraum sein. Eine Tankstelle für Raketentreibstoff zu betreiben, kann eine großartige Geschäftsidee sein. Dieser Treibstoff könnte z. B. verwendet werden, um große und teure Kommunikationssatelliten zu repositionieren oder um gefährlichen Weltraummüll aus dem Weg zu räumen. Wasser kann auch hervorragend zur Abschirmung gegen kosmische Strahlung im Weltraum verwendet werden. In Studien wurde gezeigt, dass Wasser ähnliche oder bessere Schutzwirkungen aufweist als viele andere Materialien mit vergleichbarer Masse. Und das Tolle ist: Wasser ist auf Raumfahrzeugen ohnehin notwendig (z. B. als Trinkwasser, Kühlmittel oder Bestandteil von Lebenserhaltungssystemen). Wasser könnte in Wänden und Tanks platziert werden, um zugleich als Strahlenschutz zu dienen.[328]

Das ist der entscheidende Punkt: Ich habe in vielen Diskussionen mit Menschen, die sich nie mit dem Thema beschäftigt hatten (aber trotzdem eine feste Meinung dazu vertreten), gefunden, dass schon ihre Grundannahme falsch war, nämlich dass die beim Asteroid Mining gewonnenen Rohstoffe überwiegend auf die Erde gebracht werden sollten. Das wird bei extrem wertvollen Rohstoffen geschehen, wie etwa seltenen Erden. Die meisten Rohstoffe werden aber für die Produktion im Weltraum verwendet werden. Denn auch wenn die Startkosten von der Erde sinken, so ist es vielfach günstiger, auf Asteroiden gewonnene Rohstoffe zu verwenden. Produktion im Weltraum wird perspektivisch eine große Rolle spielen, und warum sollte man die Rohstoffe von der Erde ins All befördern, wenn wir genug davon auf den Planeten, Monden und Asteroiden haben?

Ein anderes Missverständnis: Durch Filme wie »Armageddon«, in dem Bruce Willis und sein Team superschwere Bohrmaschinen auf einen Asteroiden gebracht haben, sind die Vorstellungen von der Beschaffenheit dieser Himmelskörper verzerrt. Lewis betont aber, dass das Graben von Stollen oder das Abtragen von Abraum für den Abbau von Asteroiden selten oder gar nicht relevant sein wird. Aufgrund der großen Unterschiede in der Zusammensetzung und der enormen Festigkeitsunterschiede zwischen verschiedenen Meteoriten-Gruppen und den ihnen entsprechenden Asteroidenfamilien sind die geeigneten Abbautechniken entsprechend unterschiedlich.[329]

Viele Asteroiden werden sogar als fliegende Geröllhaufen bezeichnet, da das Material aufgrund fast völlig fehlender Gravitation kaum aneinanderhaftet. Die Expertin Karen E. Daniels betont in einem Aufsatz mit der Überschrift »Rubble-Pile Near Earth Objects: Insights from Granular Physics«, die meisten erdnahen Asteroiden bestünden aus »zerklüftetem Gestein, mitunter stark zerbrochen und porös, das oft als Geröllhaufen bezeichnet wird ... schwach zusammengehalten als Aggregat durch eine Kombination aus Gravitations- und Van-der-Waals-Kräften.«[330] Van-der-Waals-Kräfte sind schwache physikalische Anziehungskräfte zwischen Molekülen oder Partikeln, die ohne chemische Bindung wirken.

Das Zerkleinern von Gestein mit schwerem Gerät ist oft gar nicht notwendig. Im Gegenteil: Die wirklichen Probleme sind andere. Beispielsweise ist es schwierig, auf kleineren Trümmerhaufen zu landen oder ein Raumschiff bzw. Gerät zum Abbau dort fest zu verankern. Wird der Asteroid bei der Landung, bei der Verankerung eines Raumschiffs oder beim Bergbau selbst stabil bleiben oder möglicherweise auseinanderbrechen?[331]

Das Andocken an einem Asteroiden kann sich als sehr schwierig darstellen, besonders bei kleineren Asteroiden, wie Lewis schreibt: »Asteroiden, insbesondere solche mit einem Durchmesser von weniger als einigen Hundert Metern, haben oft eine äußerst unregelmäßige Form. Ihre Oberflächen sind ein chaotisches Flickwerk aus Kratern, Felsen, Geröll und Staub. Einige Bereiche können große Flächen aus rostfreiem Stahl sein, andere können tiefes, locker gepacktes Regolith mit Gesteinsbrocken aller Größen enthalten, und wieder andere können extrem zerbrechliche und instabile sogenannte Staub-›Märchenschlösser‹ aus feinkörnigem Staub sein. Darüber hinaus rotieren Asteroiden nach ihrem eigenen Zeitplan und nicht nach vorab festgelegten Missionsrichtlinien. Die überwiegende Mehrheit der NEAs, also diejenigen mit einem Durchmesser von weniger als 100 Metern, sind Kollisionsfragmente, die ursprünglich bei gewaltsamen Zerstörungsereignissen entstanden sind. Sie haben oft

Rotationsperioden von wenigen Minuten. Viele sind so unregelmäßig geformt, dass sie Tumbling-Bewegungen ausführen, die sich nicht als Rotation um eine einzige, klar definierte Achse beschreiben lassen.«[332]

Bei größeren Asteroiden ist das eher möglich. Und wenn man mit dem Abbau beginnt, muss das Problem gelöst werden, dass Materialien aufgrund der fast völlig fehlenden Schwerkraft in den Weltraum entschweben. Doch auch dafür gibt es Lösungen, so etwa das sogenannte Cable-Cutter-Bag-Prinzip, das die NASA bereits in den 1990er-Jahren entwickelt hat. Es entstand aus der Herausforderung, in einer Umgebung mit extrem geringer Schwerkraft Proben zu nehmen, ohne dabei auf komplexe, schwere oder riskante Technologien wie Bohrer oder Ankersysteme zurückgreifen zu müssen.

Bei dieser Methode werden Netze oder Beutel verwendet, die über einen Teil der Asteroidenoberfläche gelegt oder gespannt werden. So ein Netz wird mit Hilfe von Kabeln in Position gehalten. Sobald es das Zielmaterial – etwa lockeres Gestein – eingeschlossen hat, kommen spezielle Schneidvorrichtungen zum Einsatz. Diese durchtrennen gezielt bestimmte Kabelverbindungen, wodurch sich das Netz automatisch zusammenzieht und das eingeschlossene Material umschließt.

Das Besondere an dieser Methode ist, dass sie vollkommen ohne physische Verankerung im Boden auskommt. In der Mikrogravitation eines Asteroiden und wegen der porösen Oberfläche ist es schwierig, ein Raumfahrzeug stabil auf der Oberfläche zu fixieren. Selbst kleinste Kräfte, wie sie beim Bohren entstehen, könnten das gesamte System abstoßen oder destabilisieren. Das Cable-Cutter-Bag-Prinzip umgeht dieses Problem. Zudem ist das System technisch vergleichsweise einfach. Kabel, Netze und Schneidmechanismen sind leichter, robuster und weniger störanfällig als viele mechanische Alternativen. Auch das Risiko eines Materialverlusts ist gering, da das Gestein nach dem Einsammeln direkt im verschlossenen Netz verbleibt und nicht in den Weltraum entweichen kann. Ich war erstaunt darüber, sehr detaillierte Ausführungen über verschiedene Techniken des Asteroid Mining zu finden. Bereits 2019 erschien ein Buch, das sich ausschließlich mit diesem Thema befasst, »Space Mining and Manufacturing. Off-World Resources and Revolutionary Engineering Techniques«.[333]

Manche Asteroiden können nach der Bergbau-Phase sogar noch genutzt werden, wie Experten vorschlagen: »Nach Abschluss des Abbauprozesses und der Laser-Sinterung [Verfahren zum Verschmelzen mit Laser, R. Z.] der inneren Oberfläche kann der verbleibende hohle Asteroid als Schutzraum für Industrieanlagen oder zur Lagerung von Produkten wie Wasser, Sauerstoff oder anderen Gasen genutzt werden. Die Gesteinshülle bietet Schutz vor Mikrometeoriten, kosmischer Strahlung, Sonneneruptionen und nicht zuletzt eine thermische Isolierung. Erdnahe Asteroiden mit einem Durchmesser von mehr als 400 Metern können für menschliche Kolonien mit künstlicher Schwerkraft verwendet werden.«[334] Durch die Rotation wird eine künstliche Schwerkraft hergestellt.

Um den Bergbau auf Asteroiden effektiver betreiben zu können, wurde auch diskutiert, Asteroiden in eine Umlaufbahn zum Mond zu bringen. Risiken sind jedoch nicht zu übersehen. So stellt sich zum Beispiel die Frage, ob sich bei dem Abbau einer bestimmten Masse eines Asteroiden dessen Umlaufbahn ändern könnte, was im schlimmsten Fall zu einer Kollision mit dem Mond oder sogar der Erde führen würde. Selbst wenn das Risiko noch so gering ist, sollte man es nicht eingehen, zumal damit all denen, die aus ganz anderen Gründen gegen Asteroid

Mining sind, eine Vorlage für Angstmacher-Kampagnen geliefert würde.[335]

Mike H. Ryan und Ida Kutschera schreiben in einem Beitrag über die ökonomischen Aspekte des Asteroid Mining: »Viele praktische Probleme, die sich beim Abbau von Asteroiden stellen, haben klare und eindeutige Lösungen. Die Frage ist nicht, ob Asteroiden abgebaut werden können, sondern ob der finanzielle Ertrag die für einen solchen Abbau erforderlichen umfangreichen Investitionen rechtfertigt ...«[336] Asteroid Mining sei auf jeden Fall ein Hochrisiko-Investment, so die Autoren, und hinzu kommt, dass die Investoren nicht nur ein hohes Risiko tragen, sondern auch einen langen Zeithorizont brauchen.[337]

Schon mehrere Unternehmen in diesem Segment sind gescheitert, so etwa Planetary Resources und Deep Space Industries. Planetary Resources wurde 2012 in den USA gegründet und zog anfangs große Aufmerksamkeit auf sich. Zu den prominenten Investoren zählten Google-Mitbegründer Larry Page, der langjährige Google-CEO Eric Schmidt sowie der Regisseur James Cameron. Das Unternehmen plante, mit kleinen Satelliten zunächst Asteroiden zu identifizieren und später Wasser und Platin abzubauen. Trotz der medienwirksamen Gründung und namhafter Unterstützer scheiterte Planetary Resources schließlich an der Finanzierung: Die geplanten Investitionen blieben aus, die technischen Herausforderungen fielen größer als erwartet aus, und es fehlte ein belastbares Geschäftsmodell mit einer mittelfristigen Ertragsperspektive. 2018 wurde das Unternehmen schließlich von der Blockchain-Firma Consensys übernommen, die das ursprüngliche Geschäftsmodell nicht weiterverfolgte.

Deep Space Industries wurde 2013 ebenfalls in den USA gegründet und verfolgte ähnliche Ziele, insbesondere die Extraktion von Wasser aus Asteroiden, das im All als Treibstoff genutzt werden sollte. Im Gegensatz zu Planetary Resources setzte DSI früh auf die Entwicklung kleiner Satellitenplattformen und versuchte, Einnahmen über diese Technologien zu generieren. Dennoch blieb auch hier der Durchbruch aus. Die technologischen Hürden, die Unsicherheit über eine wirtschaftlich sinnvolle Umsetzung und ausbleibende Investoren führten dazu, dass das Unternehmen 2019 von Bradford Space übernommen wurde – ebenfalls mit dem Ergebnis, dass das Asteroid-Mining-Geschäft eingestellt wurde. Auch wenn DSI in den Medien weniger bekannt war, galt es doch zusammen mit Planetary Resources als eines der zwei zentralen Unternehmen, die das Konzept eines extraterrestrischen Rohstoffmarkts in der privaten Raumfahrt vorantreiben wollten.

Wie geht es also weiter? Zunächst einmal wäre es wichtig, von möglichst vielen Asteroiden Proben zu entnehmen, um mehr Klarheit über die Zusammensetzung zu gewinnen und jene Himmelskörper zu identifizieren – am besten NEAs –, bei denen sich ein Abbau lohnen könnte.

Bisher stammen viele Befunde aus der Analyse von Meteoriten. In den frühen 70er-Jahren entdeckte ein Forscher, dass das Spektrum von Vesta, dem zweitgrößten Asteroid im Asteroidengürtel, in der Zusammensetzung fast identisch war mit der eines Meteoriten. Diese Entdeckung führte zu der Hypothese, dass Erkenntnisse über die Zusammensetzung von Meteoriten auch wichtige Aufschlüsse über die Zusammensetzung von Asteroiden bringen könnten. Wenn also die Spektral-Analyse eines Asteroiden der eines bestimmten Meteoritentyps entspricht, kann man davon ausgehen, dass die Zusammensetzung des Asteroiden der des Meteoriten entspricht.

»Aus diesem Grund werden Meteoriten oft als ›Weltraumsonden für Arme‹ bezeichnet – dank Zehntausender gesammelter, analysierter und katalogisierter Proben haben wir ein gutes Verständnis der Zusammensetzung und Geologie von Asteroiden gewonnen, obwohl nur eine Handvoll von ihnen von Robotersonden besucht und untersucht wurde. Insofern keine Analysen vor Ort durchgeführt und keine Proben zur Erde zurückgebracht wurden, lässt sich die Zusammensetzung eines Asteroiden nur durch die Analyse des von seiner Oberfläche reflektierten Sonnenlichts bestimmen.«[338] Allerdings stammen die meisten Meteoriten, die die Erde treffen, von NEAs, sodass daraus gewonnene Erkenntnisse nicht unbedingt für die Asteroiden des Asteroidengürtels gelten.[339]

Die weitere Erforschung von Asteroiden ist in mehrfacher Hinsicht lohnenswert: Besonders bei erdnahen Asteroiden fällt ins Gewicht, dass sie einerseits eine potenzielle Gefahr für die Erde darstellen, wenn sie auf Kollisionskurs geraten, und andererseits wegen ihres Rohstoffgehalts von wirtschaftlichem Interesse sein können. Asteroidenmissionen leisten daher einen doppelten Beitrag: Sie ermöglichen sowohl die Entwicklung von Strategien zum Schutz vor Einschlägen als auch die Erkundung möglicher Ressourcen. Die Relevanz solcher Forschung ist kaum zu überschätzen, da sie sowohl sicherheitsrelevante als auch langfristig wirtschaftliche Perspektiven eröffnet.[340]

Bislang haben nur wenige Missionen Proben von Asteroiden entnommen und erfolgreich zur Erde gebracht. Hier sind die wichtigsten Missionen:

Hayabusa (Japan, 2003–2010):

Asteroid: Itokawa

Mission: Die japanische Raumsonde Hayabusa war die erste, die Proben von einem Asteroiden zur Erde

brachte. Sie landete 2005 auf dem Asteroiden Itokawa und entnahm kleine Proben. Obwohl es technische Probleme gab, kehrte Hayabusa 2010 zur Erde zurück und brachte etwa 1500 Partikel Asteroidenmaterial mit einem Gewicht von 1 Mikrogramm mit.
Hayabusa2 (Japan, 2014–2020):
Asteroid: Ryugu
Mission: Die Nachfolgemission Hayabusa2 wurde ebenfalls von der japanischen Raumfahrtbehörde JAXA durchgeführt. Die Sonde landete 2019 auf dem Asteroiden Ryugu und sammelte Proben, darunter auch Material aus dem Untergrund des Asteroiden. Hayabusa2 kehrte 2020 mit 5,4 Gramm Asteroidenmaterial zur Erde zurück.
OSIRIS-REx (NASA, 2016–2023):
Asteroid: Bennu
Mission: Die NASA-Mission OSIRIS-REx wurde 2016 gestartet und erreichte den Asteroiden Bennu 2018. Im Oktober 2020 führte sie ein »Touch-and-Go«-Manöver durch, bei dem sie Proben von Bennu aufnahm. OSIRIS-REx kehrte im September 2023 zur Erde zurück und brachte etwa 250 Gramm Probenmaterial mit – die bisher größte Menge an Asteroidenmaterial, die zur Erde gebracht wurde.

Man darf neugierig auf weitere Erkundungen sein, die uns mehr Gewissheit darüber geben, in welcher Menge welche Elemente in welchen Asteroiden gefunden werden können.

Der in den vorangegangenen Kapiteln beschriebene Fortschritt in der Raketentechnik hat gravierende Auswirkungen auf die Frage der Wirtschaftlichkeit. Der bereits zitierte Astrophysiker Martin Elvis hatte die Zahl der erdnahen Asteroiden, bei denen es sich wirtschaftlich lohnen könne, sie auszubeuten, im Jahr 2013 auf lediglich zehn geschätzt – auf Basis einer Gleichung, in der im Grunde sämtliche Variablen unbekannt waren und das Ergebnis nur sehr vage geschätzt wurde.[341]

Unter anderem aufgrund der kraftvolleren Raketen von SpaceX hat sich die Erreichbarkeit von potenziell wertvollen Asteroiden stark erhöht. Elvis hat inzwischen seine ursprüngliche Schätzung massiv geändert und schreibt in seinem 2021 erschienenen Buch: »Nimmt man alle Faktoren zusammen, könnten wir von zehn edelmetallhaltigen Asteroiden in unseren Katalogen im Jahr 2013, als ich die Zahl erstmals geschätzt habe, innerhalb eines Jahrzehnts auf mehrere Tausend kommen, und vielleicht sogar noch viel mehr, wenn man Wasser mit einbezieht. Jeder einzelne davon wäre 1 Milliarde Dollar oder mehr wert. Das klingt langsam nach richtig viel Geld.«[342]

Die Aufgabe von Astronomen sowie von Forschern, die Sonden zu den Asteroiden schicken, ist es nun, die richtigen Asteroiden zu identifizieren – davon hängt alles ab. »Wenn wir eine schlechte Wahl treffen, sind wir aus dem Geschäft«,[343] so Elvis. Sobald einige vielversprechende Asteroiden identifiziert wurden, könnte ein Wettlauf um ihre Nutzung beginnen. Und dies wirft dann eine andere Frage auf: Gibt es überhaupt eine rechtliche Basis dafür? Sonst wird das niemand machen. Der Outer Space Treaty von 1967, dem 116 Nationen beigetreten sind, verbietet die Besitznahme von »Celestical Bodies« (wobei dieser Begriff nicht definiert wird und manche Juristen Zweifel haben, ob er für kleinere Asteroiden gilt). Aber der US-Commercial Launch Competitiveness Act von 2015 erlaubt es Amerikanern, sich an der kommerziellen Erforschung und Ausbeutung von Weltraumressourcen zu beteiligen. Dazu mehr in Kapitel 10.

Erfreulich ist, dass es bislang in der Öffentlichkeit weniger Vorbehalte gegenüber dem Asteroid Mining gibt als gegenüber Bergbau auf dem Mond und auch gegenüber Bergbau in der Tiefsee oder der Antarktis. Dies zeigt eine 2022 veröffentlichte Umfrage mit 6239 Befragten in 27 Ländern auf fünf Kontinenten.[344] Doch das muss nicht so bleiben. Wenn Asteroid Mining von einem Randthema, mit dem sich nur wenige Experten befassen, zu einem praktisch relevanten Thema der öffentlichen Diskussion werden sollte, dann werden Antikapitalisten auch dagegen Front machen und die öffentliche Meinung entsprechend beeinflussen. So schreibt bereits jetzt der amerikanische Kapitalismus-Kritiker Brian Merchant: »Reiche Investoren aus reichen Unternehmen, die in reichen Ländern leben, werden in erster Linie davon profitieren – Asteroiden könnten laut Planetary Resources ›zig Milliarden‹ Dollar zum globalen BIP beitragen, aber wo wird der größte Teil davon hingehen? Hinweis: An denselben Ort, an den seit Anbeginn der Menschheit die Gewinne aus dem Verkauf von Rohstoffen fließen – in die Taschen der 1 Prozent ... Nicht zufrieden mit den endlichen Ressourcen unseres Planeten, suchen wir nach neuen Himmelskörpern, die wir plündern können. Wir erweitern den kapitalistischen Horizont in den Weltraum, wir treiben das Streben nach Profit über die Erdumlaufbahn hinaus.«[345]

Antikapitalisten, die stets von »Nachhaltigkeit« und der Schonung der Umwelt sprechen, stellen sich gegen Asteroid Mining, das unter Umweltgesichtspunkten eine wichtige Alternative darstellen könnte. In einem 2023 veröffentlichten Aufsatz unter dem Titel »Mining in space could spur sustainable growth«[346] zeigen Wissenschaftler, dass der Abbau von Metallen im Weltraum ein Weg sein könnte, um wirtschaftliches Wachstum nachhaltiger zu gestalten. Wenn es gelinge, Metalle auf Asteroiden oder dem Mond zu gewinnen, ließen sich mehrere Probleme des irdischen Rohstoffabbaus entschärfen. Auf der Erde würden neue, wirtschaftlich ausbeutbare hochwertige Erzvorkommen zunehmend seltener entdeckt, was bedeutet, dass immer größere Mengen an Gestein verarbeitet werden müssen, um die gleiche Menge Metall zu gewinnen.

Der Weltraum hingegen, so das Argument, bietet Zugang zu metallreichen Körpern, die ohne vergleichbare ökologische Folgen ausgebeutet werden könnten. Bei weiter sinkenden Transportkosten durch technische Fortschritte in der Raumfahrt könnte dieser Abbau wirtschaftlich attraktiv werden. Zugleich würde die Abhängigkeit von umweltschädlichen Verfahren auf der Erde reduziert. Auch die CO_2-Emissionen, die durch energieintensive Prozesse in der Metallgewinnung entstehen, könnten so deutlich gesenkt werden.[347] Und schließlich, auch darauf weist Elvis hin, ist es wahrscheinlich, dass wir sogar ganz neue Materialien bzw. Rohstoffe finden, die es auf der Erde nicht gibt, aber für die sich innovative Verwendungen finden werden.[348]

7. Der Weltraum als Reiseziel

Ein Problem der privaten Raumfahrt ist, dass sie immer noch in einem zu hohen Maße abhängig ist von staatlichen Subventionen oder Aufträgen. Wir können drei Phasen unterscheiden:

Phase 1: Staatliche Raumfahrt (1957 bis etwa 2010): Es gibt kaum private Raumfahrt, fast alle Aktivitäten sind staatlich.

Phase 2: Private und staatliche Raumfahrt (etwa ab 2010 bis Gegenwart): Es entwickelt sich eine private Raumfahrt, aber staatliche Aufträge (z.B. von der NASA oder vom Militär) bzw. Subventionen spielen neben den privaten Investments, die stark an Bedeutung gewonnen haben, immer noch eine große Rolle. Zudem sind eine wichtige Finanzierungsquelle erhebliche Geldmittel, die Milliardäre wie Jeff Bezos, Elon Musk, Paul Allen oder Richard Branson geben. Verdient wurden diese Gelder jedoch ganz überwiegend (Jeff Bezos, Paul Allen, Richard Branson) oder zu einem erheblichen Teil (Elon Musk) in anderen Wirtschaftssegmenten, nicht in der Space-Industrie.

Phase 3: Überwiegend private Raumfahrt (Zukunft): Die private Raumfahrt finanziert sich vor allem aus den Erträgen, die sie erzielt.

Space Mining als eine mögliche Quelle von Erträgen in der Zukunft habe ich im vorangegangenen Kapitel erläutert, andere Erträge, vor allem aus dem Satellitengeschäft, werde ich im nächsten Kapitel behandeln. Eine extrem wichtige Quelle von Erträgen in der Zukunft, nämlich aus dem Handel mit Grundstücken, werde ich in Kapitel 10 skizzieren – dies setzt allerdings die Erkenntnis voraus, dass es eine Zukunft im Weltraum nur auf der

Basis von Privateigentum gibt. Eine weitere, bisher nicht genannte Quelle von Erträgen könnte der Space-Tourismus sein, der mit Flügen zur Internationalen Raumstation ISS bereits vor einem Vierteljahrhundert, im Jahr 2001, begonnen hat.

Um es vorweg zu sagen: Es gibt eine erstaunliche Menge wissenschaftlicher Veröffentlichungen zum Thema Space-Tourismus. Ein Überblicksartikel listete 2025 allein 299 wissenschaftliche Artikel, Bücher etc. auf, jedenfalls mehr, als es bislang Space-Touristen gab.[349] Die Liste der Artikel reicht bis hin zu Themen wie »Designing a Zero Gravity Toilet for Disabled Space Tourists«. Es scheint so, als habe man keinen Aspekt außer Acht gelassen.

Es gab immer mal wieder Personen, die, obwohl sie keine Berufsastronauten waren, an Flügen teilnahmen. Christa McAuliffe war Teil des Teacher in Space Program, einer Initiative der NASA, um das öffentliche Interesse an der Raumfahrt zu fördern. Sie sollte als erste zivile Lehrerin im All Unterrichtsstunden aus dem Weltraum übertragen und damit Schüler inspirieren. Am 28. Januar 1986 startete sie gemeinsam mit sechs weiteren Besatzungsmitgliedern an Bord der Space-Shuttle-Raumfähre Challenger. Bereits 73 Sekunden nach dem Start explodierte die Raumfähre infolge eines Dichtungsversagens an einem Feststoffbooster, das durch die niedrigen Temperaturen am Starttag ausgelöst wurde. Alle sieben Astronauten, darunter auch Christa McAuliffe, kamen bei dem Unglück ums Leben.

Auch der japanische Journalist Toyohiro Akiyama, der etwa vier Jahre später, am 2. Dezember 1990, zusammen mit zwei russischen Kosmonauten an Bord einer russischen Sojus TM-11 ins All flog, zahlte seinen Flug nicht selbst und reiste in professioneller Mission. Die Russen bezeichneten ihn offiziell als »research cosmonaut«, tatsächlich war er aber in einer Marketing-Aktion unterwegs. Sein Arbeitgeber, der Fernsehsender TBS, hatte ihm den Flug bezahlt – man vermutet, dass es zehn bis 14 Millionen Dollar (in heutigem Geld etwa 23 bis 32 Millionen Dollar) waren.[350] Akiyama verbrachte acht Tage im All, davon sechs in der russischen Raumstation MIR. Aus Anlass des 40-jährigen Bestehens des japanischen TV-Senders sollte er täglich über seine Eindrücke und Erlebnisse im Weltraum berichten. Doch er litt heftig unter der Raumkrankheit, ein Unwohlsein, das ähnlich wie bei der Seekrankheit durch eine Störung des Gleichgewichtssinns hervorgerufen wird, sowie unter Entzugserscheinungen, weil er Kettenraucher war, der sonst vier Packungen am Tag rauchte.[351] Seine Berichte waren langweilig (»ich sehe jetzt hier grade aus dem Fenster raus«) oder skurril (»Dicke japanische Frösche im Weltraum lieben die Schwerelosigkeit. Dünne japanische Frösche benehmen sich, als wären sie lieber in Yokohama«). Die Quoten des Fernsehsenders waren nach der PR-Mission auch nicht viel höher als davor.[352]

Als der erste richtige Space-Tourist, der seinen Flug aus eigener Tasche bezahlte, gilt Dennis Tito, der im April 2001 zur ISS flog. Der US-Unternehmer und ehemalige NASA-Ingenieur reiste an Bord einer russischen Sojus-Rakete. Der Flug wurde von der russischen Raumfahrtagentur Roskosmos in Zusammenarbeit mit dem privaten US-Unternehmen Space Adventures organisiert. Tito verbrachte insgesamt rund acht Tage im All, davon fast sieben Tage auf der ISS. Für das Erlebnis zahlte er 20 Millionen Dollar (heute wären das etwa 34 Millionen). Seine Reise war zunächst umstritten: Die NASA hatte Sicherheitsbedenken, weil Tito kein Berufsastronaut war. Doch Russland setzte sich durch und ermöglichte ihm den Flug. Während seiner Zeit im All führte Tito kleinere wissenschaftliche Experimente durch und filmte umfangreich für private Zwecke. Nach seiner Rückkehr äußerte er sich begeistert über die Erfahrung und zeigte sich überzeugt, dass Weltraumtourismus in Zukunft ein Massenmarkt werden könne.

Zwischen 2001 und 2009 reisten sieben Personen über die Agentur Space Adventures als zahlende Weltraumtouristen mit russischen Sojus-Raumschiffen zur ISS. Sie mussten vorher ein monatelanges Training durchführen und sogar Russisch lernen – die Begründung lautete, sie müssten die Sprache verstehen, um gegebenenfalls Notfallmaßnahmen umsetzen zu können.[353]

Nach 2009 gab es zunächst eine Pause, Besuche von Privatpersonen auf der ISS waren nicht mehr möglich. Seit 2022 finden jedoch wieder Besuche von Privatpersonen statt, die das Unternehmen Axiom Space mit Raumschiffen von SpaceX durchführt. Die Touristen zahlen etwa 55 Millionen Dollar pro Person.

Interessanterweise waren die viel aufwendigeren und teureren Orbitalflüge die ersten Flüge von Weltraumtouristen, während die vergleichsweise sehr viel günstigeren Suborbital-Flüge, die nicht dem Schwerefeld der Erde entkommen, erst danach kamen. Dabei gibt es große Unterschiede auch zwischen verschiedenen Suborbital-Flügen, was am Beispiel von Blue Origin (Jeff Bezos) und Virgin Galactic (Richard Branson) verdeutlicht werden soll:

Bei Blue Origin bringt die Rakete New Shepard eine Kapsel über die 100-km-Marke, die sogenannte Kármán-Linie, trennt sich von der Kapsel, und diese kehrt per Fallschirm zurück. Die Passagiere erleben dabei einige Minuten Schwerelosigkeit. Es handelt sich um einen vollständig autonomen Flug ohne Piloten. Virgin Galactic VSS Unity startet horizontal an Bord eines Trägerflugzeugs (White Knight Two), das in großer Höhe das Raumflugzeug ausklinkt. Dieses zündet dann ein Raketentriebwerk und steigt auf etwa 85 bis 90 Kilometer, also unterhalb der Kármán-Linie, aber über der US-Grenze zum Weltraum (80 km – wir kommen auf diese Definition zurück).

Viel Medienaufmerksamkeit gab es 2021 für ein Wettrennen zwischen den Milliardären Jeff Bezos und Richard Branson. Branson, Gründer von Virgin Galactic, kündigte überraschend an, am 11. Juli 2021 mit der VSS Unity ins All zu fliegen – neun Tage vor Amazon-Chef Jeff Bezos. Dieser hatte zuvor den 20. Juli 2021 als Starttermin für seinen Flug mit der Blue-Origin-Rakete New Shepard verkündet. Branson reiste mit drei weiteren Passagieren und zwei Piloten an Bord seiner Raumfähre, die von einem Trägerflugzeug in rund 15 Kilometer Höhe gebracht wurde. Von dort aus zündete das Raumschiff sein Raketenmodul und stieg auf etwa 86 Kilometer Höhe.

Bezos hingegen flog mit seinem Bruder Mark, einer 82-jährigen ehemaligen Astronautenanwärterin und einem 18-jährigen Passagier auf 106 Kilometer. Beide Flüge dauerten nur wenige Minuten, aber symbolisch hatten sie große Bedeutung im Wettrennen der Milliardäre um die kommerzielle Raumfahrt. Branson war der erste, der als Unternehmer mit seinem eigenen Raumfahrtunternehmen selbst ins All flog, jedenfalls, wenn man der US-Definition folgt, wonach der Weltraum bei 80 Kilometer Höhe beginnt. Bezos war der erste, wenn man die internationale Definition von 100 Kilometer zugrunde legt.

Zum Fluggeschäft war Branson gekommen, als er im Urlaub war und sein Flug storniert wurde. Kurzerhand charterte er für 2000 Dollar ein Flugzeug und teilte den Betrag durch die Anzahl der Passagiere. Er lieh sich eine

Tafel und schrieb darauf: »Virgin Airways. Einfacher Flug nach Puerto Rico 39 Dollar.«[354] Dass das so gut funktionierte, brachte ihn später auf die Idee, eine eigene Fluggesellschaft zu gründen. Sein Unternehmen Virgin Galactic hat er dann 2004 mit großen Ambitionen gegründet. Aber es hatte immer wieder mit schweren Rückschlägen zu kämpfen, darunter ein tödlicher Unfall 2007 auf dem Boden, bei dem drei Mitarbeiter ums Leben kamen. 2014 stürzte das Space Ship Two »VSS Enterprise« bei einem Testflug ab, wobei der Co-Pilot starb und der Pilot schwer verletzt überlebte. Diese Tragödien führten zu langjährigen Verzögerungen, hohen Entwicklungskosten und einem Vertrauensverlust bei Investoren. Trotz des Börsengangs 2019 und des erfolgreichen Flugs 2021 blieb das Unternehmen defizitär und kämpfte mit Serien von Startverschiebungen und finanziellen Problemen. Im Frühjahr 2024 stellte Virgin Galactic schließlich seine kommerziellen Flüge mit dem bisherigen Raumgleiter »Unity« ein und konzentriert sich nun auf die Weiterentwicklung des Trägersystems.

Sehr viel höher als Branson und Bezos flogen im September 2021 die Teilnehmer einer Inspiration4 genannten Reise zwei Monate nach diesem Duell der Space-Milliardäre. Dieser Trip, der ebenfalls von einem Milliardär finanziert wurde, dauerte drei Tage, führte vier Privatastronauten in eine Umlaufbahn von etwa 575 Kilometern Höhe – höher als die ISS – und unterschied sich von früheren Raumflügen, da keine professionellen Astronauten an Bord waren. Kommandant war Jared Isaacman, Milliardär und Gründer von Shift4 Payments, der die Mission finanzierte. Der Unternehmer, der am 18. Dezember 2025 zum neuen NASA-Chef berufen wurde, besitzt die wahrscheinlich größte Flotte an Kampfjets außerhalb der regulären Luftwaffe.

Mit an Bord war Hayley Arceneaux, die einen Knochenkrebs überlebt hatte, und zwei weitere Privatpersonen. Sie wurden im Rahmen einer Spendenkampagne für das St. Jude Children's Research Hospital ausgewählt, die 240 Millionen Dollar brachte – wobei mehr als die Hälfte der Spenden von Isaacman und Elon Musk kamen. Technisch gesehen war sie eine vollständig autonome Dragon-Kapsel-Mission ohne Andocken an eine Raumstation, die von SpaceX kontrolliert wurde.

Langsam nimmt der Weltraumtourismus Fahrt auf. Blue Origin veröffentlicht seine Preise nicht, aber sie sollen zwischen 200 000 und über einer Million Dollar liegen.[355]

Es wird nicht bei suborbitalen Flügen und Reisen zu Raumstationen bleiben. 2018 kündigte Elon Musk an, dass der japanische Milliardär Yusaku Maezawa als erster Weltraumtourist mit SpaceX den Mond umrunden soll. Die Reise, die für 2023 geplant war, sollte eine Woche dauern und mit der Big Falcon Rocket (später Starship) stattfinden. Maezawa, Gründer des Online-Modehändlers Zozotown, zahlte eine hohe, nicht öffentlich genannte Summe für das Projekt »dearMoon«. Er plante, sechs bis acht Künstler wie DJ Steve Aoki kostenlos mitzunehmen, um ihre Kreativität zu inspirieren. 2020 suchte Maezawa zusätzlich eine weibliche Begleitung für die Reise über eine öffentliche Ausschreibung. 2021 öffnete er die Bewerbung für die Plätze weltweit. Aufgrund von Verzögerungen bei der Starship-Entwicklung wurde der Zeitplan jedoch unrealistisch. 2024 sagte Maezawa die Mondreise ab, da der Starttermin ungewiss blieb. SpaceX konzentrierte sich weiter auf Raketenentwicklung und andere Missionen, wie ISS-Versorgungsflüge.

Man kann jedoch sicher sein, dass Flüge um den Mond die nächste Etappe für den Weltraumtourismus sein werden. In einigen Jahrzehnten, wenn es Siedlungen auf dem

Mond gibt, wird sich dort eine Tourismus-Industrie entwickeln. Christopher Wanjek schreibt in seinem Buch »Spacefarers«: »Mondtourismus ist zweifellos Teil unserer Zukunft. Eine zweiwöchige Reise dorthin lässt sich leicht mit einer Afrikareise zur Zeit der Entdecker vor 150 Jahren vergleichen: anfangs nur für Wohlhabende, mit einem gewissen Risiko verbunden und keinesfalls für Kinder – zumindest vorerst nicht.«[356]

Es werden Hotels auf dem Mond entstehen, und die beiden großen Attraktionen werden die Schwerelosigkeit sein und der ungetrübte Blick ins All: »Es gibt zweifellos einen Wow-Effekt, wenn man am Rand eines riesigen Mondkraters steht und über den Einschlag nachdenkt, der ihn verursacht hat. Doch die eigentliche Schönheit auf dem Mond könnte die Erde sein, die am Himmel als riesige Kugel erscheint – bis zu sechsmal größer als unsere Sicht auf Sonne oder Mond von der Erde aus. Aus der Perspektive des Mondes wird die Erde im Laufe eines Monats zu- und abnehmen, und von der Aussichtsplattform Ihres Hotels aus wären wirbelnde Wolkenmuster und große Stürme zu sehen.«[357]

Da die Schwerkraft auf dem Mond sechsmal geringer ist als die auf der Erde, wird es dort attraktive Sportereignisse (z. B. Leichtathletik) geben – und jede Menge Möglichkeiten, mit TV-Übertragungen zur Erde und Sponsorship eine Menge Geld zu verdienen. Doch das alles dürfte einige Jahrzehnte in der Zukunft liegen. Erleben wir heute den Anfang einer neuen Industrie, dem Space-Tourismus? Oder wird das nur ein teures Hobby für sehr reiche Menschen bleiben? Ist die Situation vielleicht vergleichbar mit den Anfängen der Luftfahrt?

In den 1920er-Jahren entstanden erste Luftfahrtunternehmen, und es entwickelte sich die kommerzielle Luftfahrt. Damals war Fliegen jedoch den Vermögenden vorbehalten. Ein Transatlantik-Flug in der ersten Klasse kostete sogar noch in den frühen 1960er-Jahren so viel wie ein neuer VW-Käfer, Billigflüge wie wir sie heute kennen und die sich jeder leisten kann, gab es damals nicht.

Es ist nicht ungewöhnlich, sondern sogar die Regel, dass sich neue Produkte zuerst nur die Reichen leisten können. Sie finanzieren damit die Entwicklungskosten, bevor diese Produkte zur Massenware werden. Im Mittelalter waren Fensterscheiben aus Glas ein Luxusgut, das sich nur Kirchen und Paläste leisten konnten. Erst im 19. und 20. Jahrhundert wurden Glasfenster für breite Schichten erschwinglich. Wasserspültoiletten wurden im 18. Jahrhundert in England entwickelt, blieben aber lange ein Privileg der Oberschicht. In vielen europäischen Haushalten wurden Badezimmer mit WC erst nach dem Zweiten Weltkrieg zur Norm. Das Auto war bei seiner Erfindung Ende des 19. Jahrhunderts ein teures Einzelstück, das sich nur Reiche leisten konnten. Erst mit Henry Fords Fließbandproduktion ab 1913 wurde das Auto zum Massenprodukt, und das auch viele Jahre lang zunächst nur in den USA.

Das erste kommerzielle Mobiltelefon war das Motorola DynaTAC 8000X, das 1983 in den USA zugelassen wurde. Es kostete damals 3995 US-Dollar, was inflationsbereinigt heute etwa 11 000 bis 12 000 US-Dollar entspricht. Das Gerät war klobig, wog etwa 1 Kilogramm und bot rund 30 Minuten Gesprächszeit. Heute sind Smartphones in allen sozialen Schichten verbreitet. In allen diesen Fällen finanzierten wohlhabende Käufer am Anfang die Entwicklung und Produktionsausweitung. Ihr Konsum ermöglichte Skaleneffekte, technische Verbesserung und Wettbewerb. So wurden Produkte, die als Luxus begannen, später zum Standard. Der Weg von der Elite zum

Massenmarkt ist historisch also die Regel und nicht die Ausnahme.

Was aber sind heute die Motive für Space-Tourismus? Manchmal wird er mit Abenteuerurlaub oder Extremsportarten verglichen, aber das gilt allenfalls für die Risikowahrnehmung. In den USA müssen Space-Touristen zuvor über die Gefahren wie Tod, Verletzung, physische und psychologische Schäden oder wirtschaftliche Verluste aufgeklärt werden. Sie müssen eine entsprechende Erklärung unterschreiben, dass sie über all diese Risiken informiert wurden, auch darüber, dass es weitere Risiken geben könnte, die noch unbekannt sind. Erst wenn sie diesen »written informed consent« unterschrieben haben, dürfen sie fliegen. Außerdem wird ihr Flug als höchstgefährliche Aktivität eingestuft, sodass sie nicht versichert sind.[358] Manchmal wird kritisiert, dass die Unterschrift unter eine solche Information als ausreichend angesehen wird, aber ich finde es positiv, dass man ausnahmsweise an den eigenverantwortlichen Konsumenten glaubt, während sonst in der Rechtsprechung der USA Erwachsene oft wie kleine Kinder betrachtet werden, die etwa erfolgreich klagen können, wenn sie sich mit einem Kaffee verbrüht haben, als ob sie nicht damit hätten rechnen können, dass so etwas passieren kann, wenn man unvorsichtig ist.

Aber abgesehen vom Risiko hat Space-Tourismus in der bisherigen Art nur wenig mit Abenteuerurlaub zu tun. Der Space-Tourist hat keinerlei Einfluss auf den Verlauf seiner Reise und ist – jedenfalls bei den suborbitalen Kurzflügen – weitgehend passiv. Was also treibt die Menschen, so große Summen auszugeben? Die beiden am häufigsten genannten Motive sind die Erfahrung der Schwerelosigkeit und die Aussicht, die Erde aus der Ferne zu sehen – beides klingt plausibel.[359] Vermutlich kommt für manche auch Prestige dazu, also der Wunsch, anderen zu zeigen, dass man sich etwas sehr Teures leisten kann.

Inzwischen gibt es erste empirische Untersuchungen über Motive für Space-Tourismus. Manche sind von zweifelhaftem methodischem Wert. So wurde 2024 in den »Annals of Tourism Research Empirical Insights« eine Untersuchung über die Motive für suborbitale Weltraumreisen veröffentlicht. Die Studie basierte auf einer Befragung von 870 Personen, von denen aber nur 33 (also weniger als vier Prozent) mehr als 100 000 Dollar im Jahr verdienten. Das heißt, hier waren Besserverdiener sogar noch weit unterproportional zur US-Bevölkerung vertreten, wo immerhin jeder Vierte mehr als 100 000 Dollar verdient.[360] Angesichts der Summen, die solche Ausflüge ins All kosten, sind solche Befragungen wenig zielführend.

Etwas aufschlussreicher ist eine qualitative Studie, bei der jedoch die Teilnehmerzahl sehr gering war. Mit vier potenziellen und zwei tatsächlichen Space-Touristen wurden ausführliche Interviews durchgeführt. Greg Olsen, der als Space-Tourist 2005 die ISS besuchte, sagte dabei: »Die Menschen, die mich kennen, wissen, dass diese Reise mein Leben verändern wird … Dennis Tito sagt, er denkt jeden Tag daran. Wenn man so eine Erfahrung gemacht hat, fühlt man sich besonders. Ich vermute, dass ich das Leben danach mehr schätzen und versuchen werde, mehr zu erreichen.«[361]

Mark Shuttleworth, der 2002 als Space-Tourist die ISS besuchte, meinte: »Ich war schon immer ein Nerd. Ich war ein Bücherwurm … Was an diesem Weltraumabenteuer für mich besonders interessant ist, ist, wie sehr es sich lohnt, sich körperlich herauszufordern. Sport habe ich nie besonders ernst genommen. Natürlich muss ich das jetzt. Manche der körperlichen Tests sind ziemlich anstrengend.«[362]

Ihn zog die psychische Erfahrung an, etwas zu tun, wovor er zuvor große Angst hatte: »Manchmal habe ich große Angst, wenn ich an die enormen Kräfte und technischen Schwierigkeiten der bemannten Raumfahrt denke. Diese Angst zu durchschreiten, ist einer der Gründe, warum dieses Projekt für mich bereits jetzt eine persönliche Bereicherung ist.«[363]

Das Vorbereitungstraining für die Flüge war für manche Teilnehmer fast ebenso wichtig wie der Flug selbst, wie es in einem Beitrag über die Motive von Space-Touristen heißt: »Künftige Weltraumtouristen müssen viel Zeit, Geld und auch emotionale Energie in ihr Vorhaben investieren, da sie eine lange Phase des Trainings und der Vorbereitung durchlaufen müssen, um ihre Vision Wirklichkeit werden zu lassen. Für die meisten Teilnehmer dieser Studie scheint das jedoch kein Problem zu sein – im Gegenteil: Offenbar erhöht gerade dieser Aufwand die Attraktivität des Vorhabens, sowohl aufgrund seines Neuigkeitswertes als auch wegen der körperlichen und geistigen Herausforderungen, die es mit sich bringt.«[364]

Gerade angesichts der Kürze des Flugs ist das Abenteuer Vorbereitung, bei der man auf gleichgesinnte Abenteurer trifft und sich enormen physischen und psychischen Herausforderungen stellt, für manche Space-Touristen heute wohl ein wichtiges Teil des Produkts.

Von vielen Kritikern wird der Space-Tourismus grundsätzlich abgelehnt. Für manche sind diese Reisenden einfach Narzissten, die unter psychologisch erklärungsbedürftigen Allmachtsfantasien litten. Der britische Soziologe James S. Ormrod hat einen Aufsatz über »Pro-Space-Activism and Narcisstic Phantasy«[365] geschrieben, in dem er den Kapitalismus beschuldigt, Narzissmus zu erzeugen,[366] und dieser Narzissmus führe zum Wunsch, den Weltraum zu bereisen. Das Streben, Schwerelosigkeit zu erfahren, sei Ausdruck des Wunsches, in den Mutterleib zurückzukehren.[367] »Der Kapitalismus dient dem Erwachsenen somit als stets aufmerksame Mutter. Dies zeigt sich im Aufkommen von Space-Tourismus-Unternehmen, die den Konsumenten ein präödipales Gefühl der Allmacht vermitteln.«[368]

Eine oft vorgebrachte Kritik lautet, dass sich nur Superreiche solche Reisen leisten könnten. So heißt es in einem Beitrag über die Geschichte des Space-Tourismus: »... wir müssen uns der ungleichen Natur dieser Entwicklung bewusst sein, die eher den Eliten als den Massen zugute kommt.«[369] Nach dem Wettrennen zwischen Bezos und Branson und den Missionen von SpaceX hagelte es überall Kritik, vor allem von Antikapitalisten. Der linke US-Politiker Bernie Sanders erklärte: »Es ist an der Zeit, Milliardäre zu besteuern, denn hier auf der Erde, im reichsten Land der Welt, lebt die Hälfte unserer Bevölkerung von Gehaltsscheck zu Gehaltsscheck. Menschen kämpfen darum, sich zu ernähren, kämpfen darum, einen Arzt aufzusuchen – aber hey, die reichsten Typen der Welt fliegen ins Weltall!« Dieser Tweet ging schnell viral: »Ich glaube eigentlich nicht, dass wir wütend genug darüber sind, dass reiche Leute ins All fliegen, während die Welt brennt.«[370]

Musk reagiert auf solche Kritik viel zu defensiv – er hätte viel besser argumentieren können: »Ich finde, wir sollten fast all unsere Ressourcen dafür nutzen, die Probleme hier auf der Erde zu lösen. 99 Prozent oder mehr unserer Wirtschaft sollten darauf ausgerichtet sein. Aber vielleicht könnte man so um die 1 Prozent, oder sogar weniger, dafür einsetzen, das Leben auch jenseits der Erde möglich zu machen.«[371]

Ich habe schon dargestellt, warum ich die Kritik von Antikapitalisten wie Sanders nicht überzeugend finde.

Erstens ist die Annahme falsch, mit mehr Geld seien die Probleme der Armut zu lösen. Zweitens überzeugt die Kritik nicht, weil es für alle neuen Produkte und Dienstleistungen zutrifft, dass sie sich am Anfang stets nur die Reichen leisten können. Man sollte froh sein, dass es Superreiche gibt, die bereit und in der Lage sind, extrem hohe Preise zu zahlen und damit die Entwicklung zu finanzieren.

Aber wer so argumentiert, stößt ebenfalls auf Kritik, denn wenn Space-Tourismus irgendwann zum Massenangebot werden sollte – oder zumindest zu etwas, das sich deutlich mehr Menschen als heute leisten können –, wird ein anderes Argument vorgetragen, nämlich die Sorge um die Umwelt. Annette Toivonen, die 2022 an der University of Lapland über »The emergence of New Space: A grounded theory study of enhancing sustainability in space tourism from the view of Finland« promoviert wurde, beschreibt die Zwickmühle, in der sich die Befürworter des Space-Tourismus befinden, so: »Egal, ob sich der Weltraumtourismus nur auf eine kleine Elite beschränkt und somit ›Freizeitflüge‹ für Ultrareiche bietet oder ob er sich auf einen deutlich größeren Markt ausweitet und dadurch eine erheblich stärkere Umweltbelastung verursacht – aus ökologischer Sicht lässt sich die Entwicklung eines neuen Weltraumtourismusprodukts nicht wirklich rechtfertigen.«[372]

Manchmal werden auch beide Argumente gegen den Space-Tourismus kombiniert, so in der modischen Polemik gegen Reiche, die einen sehr viel größeren »ökologischen Fußabdruck« hätten als der Rest der Bevölkerung. »Weil es zugleich zu den kostspieligsten ultra-luxuriösen Unternehmungen gehört, dürfte der Orbitaltourismus wohl die derzeit extremste Aktivität im Hinblick auf Klima- und Umweltungleichheiten darstellen«, so mehrere Autoren in einem Aufsatz zur »Environmental sustainability of future proposed space activities«.[373]

Tatsächlich führen Raketenstarts zu Umweltbelastungen,[374] und das bisherige Modell, Raketen nur für den einmaligen Gebrauch zu produzieren, ist in der Tat alles andere als nachhaltig. Aber gerade private Firmen wie SpaceX sind auch hier weiter als die staatliche Raumfahrt. Raketen wiederverwendungsfähig zu machen, ist zweifelsohne ein wichtiger Schritt zur Nachhaltigkeit. »Trotz ihres vergleichsweise kurzen Bestehens«, schreibt Toivonen in ihrem Buch »Sustainable Space Tourism«, »hat die kommerzielle Space-Tourismusbranche bereits ein Maß an nachhaltigem Betrieb gezeigt, wie es in der traditionellen, staatlich geführten Raumfahrtindustrie bislang nicht zu sehen war.«[375]

Die aus meiner Sicht größte Umweltgefahr, die die Raumfahrt verursacht, ist das Problem des Weltraumschrotts, auch Space Debris genannt. Damit sind alle von Menschen geschaffenen Objekte im Erdorbit gemeint, die nicht mehr funktionsfähig sind, wie ausgediente Satelliten, Raketenteile oder Fragmente von Kollisionen. In einem 2025 veröffentlichten Bericht ist von 131 Millionen Satelliten- und Raketenteilen die Rede, die größer als ein Millimeter sind.[376] Wegen der extrem hohen Geschwindigkeiten besitzen schon kleinste Teile eine enorme Zerstörungskraft. Das größte Problem besteht darin, dass sich diese Trümmer nicht von selbst abbauen, sondern über Jahre bis Jahrhunderte im Orbit verbleiben können. Der sogenannte Kessler-Effekt beschreibt ein Szenario, in dem die Dichte an Objekten im Orbit so hoch wird, dass eine Kollision eine Kettenreaktion weiterer Zusammenstöße auslöst, wodurch immer mehr Trümmer entstehen.

Eine solche Entwicklung könnte ganze Orbitregionen unbenutzbar machen, da die Kollisionsgefahr für Satelliten und Raumfahrzeuge drastisch steigt. Bereits heute müssen die internationalen Raumfahrtagenturen regelmäßig Ausweichmanöver durchführen, um funktionsfähige Satelliten oder die ISS vor Trümmern zu schützen.

Aber auch hier gilt, dass der Staat und nicht private Raumfahrtunternehmen die größten Probleme verursacht. Ein prominentes Beispiel war der chinesische Anti-Satelliten-Test im Jahr 2007, bei dem ein ausgedienter Wettersatellit mit einer Rakete zerstört wurde, was mehr als 3000 katalogisierte Trümmerteile erzeugte. Diese Trümmer verteilen sich bis heute in verschiedenen Umlaufbahnen und gefährden andere Raumfahrzeuge.[377]

Ein weiteres Ereignis war der russische Anti-Satelliten-Test im Jahr 2021, bei dem der ausgediente Satellit Kosmos-1408 zerstört wurde. Dabei entstanden über 1500 identifizierte Trümmerstücke sowie Tausende kleinere Fragmente, die ebenfalls schwer zu verfolgen sind. Die ISS-Besatzung musste sich nach diesem Vorfall zeitweise in Raumschiffen in Sicherheit bringen, da die Gefahr einer Kollision deutlich gestiegen war.[378]

Private Unternehmen wie SpaceX, OneWeb und andere Betreiber von Satellitenkonstellationen haben sogenannte »End-of-Life«-Protokolle eingeführt, um die Lebensdauer ihrer Satelliten gezielt zu beenden und Weltraumschrott zu vermeiden. Diese Protokolle sehen vor, dass ein Satellit nach Erreichen seiner technischen oder wirtschaftlichen Nutzungsgrenze kontrolliert aus der Umlaufbahn entfernt wird. In niedrigen Erdorbits (LEO) geschieht dies in der Regel durch ein gezieltes Absenken der Umlaufbahn, sodass der Satellit innerhalb weniger Jahre durch den atmosphärischen Wiedereintritt verglüht. Manche Systeme verfügen dafür über eigene Triebwerke oder nutzen den atmosphärischen Widerstand in tieferen Bahnen.

SpaceX arbeitet auch am Konzept des suborbitalen Punkt-zu-Punkt-Transports mit dem Starship. Das würde Langstreckenreisen auf der Erde revolutionieren, indem herkömmliche Flugzeuge durch ein voll wiederverwendbares Raumschiff ersetzt werden. Statt stundenlanger Flüge könnten Passagiere Strecken wie von New York nach Shanghai in etwa 30 bis 40 Minuten zurücklegen. Dies wird möglich, wenn das Starship in einer suborbitalen Flugbahn, in etwa 100 bis 150 Kilometern Höhe, außerhalb der Erdatmosphäre fliegt, wo es kaum Luftwiderstand gibt und Geschwindigkeiten von bis zu 27 000 km/h erreicht werden können.

Solche Flüge könnten enorme Zeitersparnisse bringen, besonders für globale Geschäftsreisen oder Notfälle. Zudem könnten sie, wenn das Starship mit Methan aus erneuerbaren Quellen betrieben wird, umweltfreundlicher sein als Langstreckenflugzeuge, da sie potenziell weniger CO_2 pro Passagier verursachen. Allerdings gibt es Herausforderungen: Die Entwicklung und der Betrieb sind teuer, auch wenn SpaceX durch Wiederverwendbarkeit Kosten senken will. Es müssten weltweit Start- und Landeplattformen, sogenannte Spaceports, oft offshore, gebaut werden, um Lärm und Sicherheitsrisiken zu minimieren. Zudem erfordert das Konzept Anpassungen in Luftfahrtregulierungen und internationalen Abkommen, und die hohen G-Kräfte beim Start und Wiedereintritt wären nicht für jeden Passagier erträglich. Musk stellte das Konzept erstmals 2017 vor, mit Beispielen wie Flügen von London nach Tokio oder von Los Angeles nach Sydney in etwa 30 Minuten. Potenzielle Startorte könnten schwimmende Plattformen vor Küstenstädten wie New York oder Singapur sein.

Der entscheidende Punkt, was den Zusammenhang von Umweltbelastung und Space-Tourismus anlangt, ist jedoch die Unterscheidung zwischen kurzfristigen Belastungen und langfristigem Nutzen, betonen Wissenschaftler: »Einige Kritiker vertreten die Ansicht, dass Raumreisen eine beträchtliche Umweltbelastung darstellen werden. Auch wenn dies auf kurze Sicht oberflächlich betrachtet stimmt, verhält es sich langfristig genau umgekehrt. Es wäre ein riskanter Irrtum, die Entwicklung des Weltraumtourismus aus Sorge vor den anfänglichen, geringen ökologischen Folgen zu stoppen, da man damit zahlreiche bedeutende künftige Vorteile verhindern würde – darunter die Verfügbarkeit preiswerter, kohlenstoffneutraler Solarenergie aus dem All sowie weiterer weltraumgestützter Industrien.«[379]

In der Tat arbeiten Wissenschaftler seit einigen Jahren bereits an dem »space-based solar power« (SSP)-Konzept der Gewinnung von Solarenergie aus dem Weltraum. Im Erdorbit würden riesige Solarkraftwerke entstehen, die ihre erzeugte Energie mit Mikrowellenstrahlung zur Erde senden. »Am Erdboden«, so Raumfahrt-Experte Reichl, »würde die vom Orbit abgestrahlte Energie mit Antennen aufgefangen. Eine Fläche von wenigen Quadratkilometern könnte mit enormen Energiemengen beliefert werden. Die gelieferte Energie ist in der Produktion vollständig CO_2-frei. Außer beim Bau der Raketen (die in Zukunft vielfach wiederverwendbar sein werden), der Fertigung der Solarzellenflächen und für die Produktion der Treibstoffe (flüssiger Sauerstoff und Methan, Wasserstoff oder Kerosin) wird kein Treibhausgas erzeugt. Die darauffolgende jahrzehntelange Energieproduktion läuft emissionsfrei.«[380]

Dies alles ist allerdings Zukunftsmusik, und wenn solche Konzepte entwickelt sind, werden vermutlich die Sonnenkollektoren nicht von der Erde in den Weltraum gebracht, sondern direkt dort produziert – wie im Kapitel zum Asteroid Mining erklärt.

Der Zusammenhang zwischen solchen Formen der Energiegewinnung und dem Space-Tourismus ist indes nur indirekt: »Die Verwirklichung einer solchen Energiegewinnung setzt erheblich niedrigere Startkosten voraus, die mutmaßlich nur durch den Aufbau einer bemannten Raumfahrtindustrie im Passagierbereich erreichbar wären. Der Aufbau eines orbitalen Tourismus könnte daher entscheidend sein, um eine solche Energiequelle wirtschaftlich zu erschließen.«[381]

Der Space-Tourismus ist derzeit, zumal er noch ganz in den Anfängen steckt, wenig reguliert. Die USA haben mit dem Commercial Space Launch Amendments Act von 2004 eine Übergangsperiode für die Regulierung der privaten Raumfahrt eingeführt, die als »Learning Period« bekannt ist. Diese Periode untersagte der Federal Aviation Administration (FAA) zunächst für acht Jahre, neue Sicherheitsvorschriften für Passagiere in kommerziellen Raumflügen zu erlassen – es sei denn, es kam zu einem schweren Unfall oder Beinahe-Vorfall.

Ziel war es, der aufstrebenden Industrie Raum für Erfahrungen und Innovationen zu ermöglichen, ohne frühzeitig durch regulatorische Auflagen gebremst zu werden. Ursprünglich sollte das Moratorium 2012 enden, wurde aber mehrfach verlängert, um den Entwicklungsprozess nicht zu gefährden. Der Commercial Space Launch Competitiveness Act von 2015 dehnte die Frist bis zum 30. September 2023 aus. Die FAA selbst plädierte in einem Bericht von 2021 dafür, die Periode beizubehalten, um weiterhin Daten zu sammeln und die Entwicklung der Industrie nicht zu gefährden.

Mit dem FAA Reauthorization Act von Mai 2024 wurde die Frist bis zum 1. Januar 2025 verlängert. Im Dezember 2024 verlängerte der Kongress das Moratorium im Rahmen des National Defense Authorization Act schließlich bis zum 1. Januar 2028. Während dieser Learning Period darf die FAA weiterhin bestehende Vorschriften zu Starts und Wiedereintritt durchsetzen, jedoch keine neuen Passagiersicherheitsregeln erlassen. Passagiere müssen stattdessen, wie bereits erwähnt, eine »written informed consent« unterzeichnen, in der sie sich der Risiken bewusst zeigen. Kritiker bemängeln, dass dadurch Sicherheitslücken entstehen könnten. Die mehrmaligen Verlängerungen spiegeln den politischen Willen wider, die kommerzielle Raumfahrt als strategisch wichtigen Wachstumssektor zu unterstützen.

Am besten wäre es, diese Ausnahmeregelung dauerhaft zu machen – man sieht ja, dass es sich über zwei Jahrzehnte sehr gut leben ließ ohne die sonst in allen Lebensbereichen üblichen staatlichen Überregulierungen. Ich fürchte allerdings, dass sich das ändern wird, sobald es mal zu einem größeren Unfall kommt, bei dem Menschen sterben. Dann würden die Forderungen nach massiver Regulierung sehr laut – und der Gesetzgeber würde dem nachkommen, auch wenn das an der Unfallwahrscheinlichkeit vermutlich kaum etwas ändern würde.

In der Anfangsphase sind häufigere Unfälle kaum zu vermeiden. Vor rund hundert Jahren war auch das Fliegen ein Abenteuer mit hohem Risiko, da Flugzeuge technisch unausgereift waren, Materialermüdung kaum verstanden wurde und Navigationshilfen rudimentär waren. Frühere Unfälle führten jedoch nicht in erster Linie zu staatlicher Überregulierung, sondern zu einem starken Innovationsdruck innerhalb der Branche. Hersteller verbesserten Triebwerke, Steuermechanismen und Flugzeugstrukturen, weil die Nachfrage nur bestand, wenn Passagiere Vertrauen in die Sicherheit hatten. Die Fluggesellschaften hatten somit ein ureigenes Interesse, Unfälle zu vermeiden, da jeder Zwischenfall ihrem Image und damit der

Wirtschaftlichkeit unmittelbar schadete. Dieses Eigeninteresse führte zu Investitionen in Pilotenschulung, Wartungsverfahren und Wettervorhersagesysteme, lange bevor viele dieser Maßnahmen gesetzlich vorgeschrieben wurden. Technischer Fortschritt wie das Radar, das GPS und moderne Avionik reduzierte menschliche Fehler und Gefahren wegen schlechter Sicht oder Navigation drastisch. Verbesserte Werkstoffe und redundante Systeme minimierten die Folgen technischer Defekte. Die systematische Auswertung von Zwischenfällen durch die Unternehmen selbst führte zu ständiger Prozessoptimierung. Das Ergebnis ist, dass die Unfallrate kontinuierlich sank, ohne dass ein stetiges Anziehen der Regulierung die treibende Kraft war.

Hier einige Zahlen: Das Jahr 1929 wurde aufgrund der Häufigkeit von Flugzeugunfällen als das Jahr des »Great Crash« bezeichnet, wobei offiziell 24 tödliche Unfälle gemeldet wurden. In den Jahren 1928 und 1929 lag die allgemeine Unfallrate bei etwa 1 auf jede geflogene Million Meilen (1,6 Millionen Kilometer). In der heutigen Luftfahrtindustrie entspräche diese Unfallrate etwa 7000 tödlichen Unfällen pro Jahr.[382] Für die heutige Luftfahrt nennt der IATA Sicherheitsbericht (5-Jahres-Durchschnitt 2020–2024) einen Unfall alle 810000 Flüge.[383]

Wie bedeutsam ist der Space-Tourismus in der Zukunft? Generell ist der Tourismus heute eine der wichtigsten Wirtschaftsbranchen der Welt. In den USA hängen zwischen etwa zehn und 18 Millionen Arbeitsplätze vom Tourismus ab (je nachdem, welche Definition verwendet wird), während in der EU rund elf Millionen direkt in tourismusnahen Branchen beschäftigt sind und insgesamt knapp 25 Millionen Jobs im Tourismussektor gesichert werden. Dem Space-Tourismus ging und geht es so wie den meisten neuen Entwicklungen, z. B. dem

Internet: Die kurzfristigen Möglichkeiten werden oft von Enthusiasten erheblich überschätzt und die langfristigen Perspektiven von Skeptikern dramatisch unterschätzt. 1908 erklärte der Harvard-Astronom William Pickering: »Man darf bezweifeln, dass Flugzeuge je den Atlantik überfliegen werden, und trotz des Erfolges der Wrights sind sie für den Krieg kaum von Bedeutung.« Die Vorstellung, in einer Generation werde es möglich sein, in einem Tag nach London zu fliegen, sei »offenkundig unmöglich«.[384]

Im Jahr 1915 riet ein Professor am Massachusetts Institute of Technology einem besonders von Flugzeugtechnik begeisterten Studenten, bei Maschinenbau zu bleiben, da »dieses Flugzeuggeschäft niemals viel einbringen wird«.[385] Der Student hieß Donald Douglas, sechs Jahre später gründete er die Douglas Aircraft Company. Unter seiner Leitung entwickelte das Unternehmen weltberühmte Flugzeuge wie die DC-3, die den zivilen Luftverkehr revolutionierte, sowie zahlreiche Militärmaschinen im Zweiten Weltkrieg. 1967 ging Douglas Aircraft in der Fusion mit McDonnell zur McDonnell Douglas Corporation auf, die später von Boeing übernommen wurde.

Wer weiß, welcher Professor heute seinen Studenten erklärt, Space-Tourismus zum Mond werde es niemals geben. Kurze suborbitale Flüge sind für manche Menschen eine Attraktion, aber für die meisten unerschwinglich, unattraktiv und auch zu riskant. Doch das heißt nicht, dass Konzepte wie Space-Hotels – im Weltraum oder auf dem Mond – nicht eine große Zukunft haben werden. Wenn Sie heute jung sind, werden Sie dies vermutlich noch erleben, aber für Ihre Kinder wird ein Kurztrip zum Mond vielleicht so selbstverständlich sein wie für Sie heute eine Reise nach Asien.

8. Space Economy heute

Als Wernher von Braun direkt nach der Mondlandung gefragt wurde, was denn die Prioritäten für die Raumfahrt in den nächsten Jahren sein sollten, antwortete er: »Jetzt müssen wir zeigen, dass die Raumfahrt für die Menschen auf der Erde nützlich, ja sogar gewinnbringend ist. Unsere Weltraumprojekte sollten jetzt anfangen, sich bezahlt zu machen.«[386]

Asteroid Mining und Space-Tourismus, die Themen der beiden vorangegangenen Kapitel, sind Zukunftsprojekte, die keine Auswirkungen auf das Leben der heutigen Menschen haben und mit denen kein (Asteroid Mining) oder kaum (Space-Tourismus) Geld verdient wird. Aber in anderen großen Bereichen bestimmt Space schon heute unser Leben – und dort wird auch schon eine Menge Geld verdient.

Die OECD hat die »Space Economy« definiert als »die gesamte Bandbreite der Aktivitäten und der Nutzung von Weltraumressourcen, die im Zuge der Erforschung, Untersuchung, Erschließung, Bewirtschaftung und Nutzung des Weltraums Wert und Vorteile für die Menschheit schaffen«.[387]

2022 arbeiteten nach unterschiedlichen Schätzungen weltweit etwa 400 000 Menschen in der Weltraumindustrie.[388] Nach diesen Schätzungen wurde das Volumen der Space Economy 2021 auf 370 bis 470 Milliarden Dollar geschätzt, wobei ein Großteil auf Satelliten-Navigation und -Kommunikation entfiel. Aber bereits im Jahr 2030, so eine Schätzung der Bank of America, wird sie ein Volumen von 1,4 Billionen Dollar erreichen.[389] Eine Studie des Word Economic Forum (WEF) zusammen mit McKinsey schätzt, dass die Space Economy von 630 Milliarden Dollar (2023) auf 1,8 Billionen Dollar im Jahr 2035 wachsen wird.[390] Es wird ein Wachstum von durchschnittlich neun Prozent im Jahr erwartet, was deutlich über dem prognostizierten Wachstum der Weltwirtschaft liegt. »Dieses Wachstum wird überwiegend durch Technologien getragen, die auf dem Weltraum basieren und/oder durch diesen unterstützt werden – etwa in den Bereichen Kommunikation, Positionierung, Navigation und Zeitmessung sowie der Erdbeobachtung.«[391] Das WEF betont die Auswirkungen auf viele Unternehmen dieser Erde – Auswirkungen, die den meisten Menschen gar nicht bewusst sind: »Ganze Märkte würden ohne diese Raumfahrttechnologien gar nicht existieren; sie gelten als die ›Reichweite‹ der Weltraumwirtschaft. Ohne die Kombination aus Satellitensignalen und Chips in Ihrem Smartphone hätte Uber beispielsweise niemals eine derart globale Verbreitung erreicht – mit seiner einzigartigen Fähigkeit, Fahrer und Fahrgäste zu verbinden und in jeder Stadt Wegbeschreibungen bereitzustellen. Die Reichweite der globalen Weltraumwirtschaft zeigt sich in allen Branchen und belief sich im Jahr 2023 auf 300 Milliarden US-Dollar.«[392] Als Treiber dieser Entwicklung nennt das WEF die zunehmende Reduktion der Startkosten sowie die massive Verbilligung von Satelliten.[393]

Zwei Beispiele, die das WEF nennt:

Satellitengestützte Systeme wie GNSS (Global Navigation Satellite Systems) liefern hochpräzise Positions-, Navigations- und Zeitdaten, die für die Steuerung, Orientierung und Sicherheit autonomer Fahrzeuge unverzichtbar sind. Der Bericht nennt diese Funktionen einen entscheidenden Bestandteil der sogenannten »space-enabled« Infrastruktur, ohne die autonome Mobilität nicht in großem Maßstab funktionieren könnte.[394]

Für das Internet der Dinge stellt Satellitenkommunikation sicher, dass auch abgelegene oder schlecht erschlossene Regionen erreicht werden und am weltweiten Datenaustausch teilnehmen können. Damit ermöglichen Raumfahrttechnologien die Überwachung, Steuerung und Datenerfassung durch vernetzte Sensoren in Bereichen wie Landwirtschaft, Logistik, Infrastruktur oder Umweltmonitoring. Die Kombination aus Erdbeobachtungsdaten, GNSS und Satellitenkommunikation wird im Bericht als Schlüssel für skalierbare Internet-of-Things-Anwendungen beschrieben.[395]

Doch dies ist erst der Anfang. Die Astrophysikerin Simonetta Di Pippo, vormals Human Spaceflight Director bei der Europäischen Raumfahrtagentur ESA, verdeutlicht die Bedeutung der Weltraumindustrie: »Von der Landwirtschaft bis zum Gesundheitswesen, von der Bildung bis zum Katastrophenmanagement, von intelligenten Städten bis zum wachsenden Bedarf an Wasser und Nahrungsmitteln für eine weltweit wachsende Bevölkerung, von der Erschließung alternativer Energiequellen bis zur Überwachung der Meere – wir entwickeln uns zunehmend zu einer Weltraumgesellschaft. Der Weltraum ist daher heute die neue Grenze und das Rückgrat der Wirtschaft von morgen.«[396]

Was früher Science-Fiction war, ist heute teilweise schon Wirklichkeit. Der britische Physiker und Science Fiction-Autor Arthur C. Clarke schrieb 1977: »Der Einfluss von Satelliten auf die gesamte Menschheit wird mindestens genauso groß sein wie die Einführung des Telefons in den sogenannten entwickelten Gesellschaften.«[397]

Satelliten Mega-Konstellationen wie Starlink, OneWeb, Kuiper and Sat Net werden dafür sorgen, dass das Drittel der Weltbevölkerung, das heute noch keinen Zugang zum Internet hat, bald mit dem Internet verbunden wird – mit erheblichen wirtschaftlichen Auswirkungen. Zwar spielen auch militärische Nutzungen eine Rolle, aber private Nutzungen dominieren bereits heute, wie Di Pippo schreibt: »Wenn wir den Raumfahrtmarkt aus Kundensicht analysieren, sind 82 Prozent kommerziell, neun Prozent staatlich oder zivil und neun Prozent verteidigungsbezogen.«[398] In den letzten Jahren hat sich der Begriff »New Space« etabliert. Er geht von der Dominanz privater Akteure aus, während »Old Space« für hauptsächlich staatlich finanzierte Aktivitäten steht.[399]

Wenigen ist bewusst, wie stark schon heute unser Leben von der Präsenz im Weltraum abhängig ist. Ein Gedankenexperiment verdeutlicht das: Fielen alle Satelliten aus, gäbe es keine Navigation per Smartphone oder im Auto mehr, Wetter-Apps blieben leer, Flughäfen gerieten ins Chaos, da GPS-basierte Zeit- und Ortsdaten fehlten. Ampelanlagen verlören ihre Synchronisation, Lieferketten brächen zusammen, weil Lagerlogistik und Routenplanung satellitengestützt sind. Selbst Finanztransaktionen würden ins Stocken geraten, denn präzise Zeitsignale über Satelliten sind nötig, um Buchungen zu synchronisieren. Der New Yorker Börsenhandel etwa stützt sich auf Zeitmarken im Milliardstelsekundenbereich, verteilt über GPS – ohne diese Signale würden automatisierte Handelssysteme versagen. Auch das Stromnetz vieler Regionen hängt von exakt getakteter GPS-Steuerung ab: Ein Ausfall führt zu Frequenzabweichungen und Instabilität. Ebenso ist die Telekommunikation betroffen, denn Mobilfunkmasten werden über Satellit zeitlich koordiniert – fällt dieses System aus, bricht der Netzdienst binnen Minuten zusammen.

Satelliten spielen auch in der modernen Landwirtschaft eine zentrale Rolle: Autonome Landmaschinen benötigen präzise Positionsdaten, und in Dürrezeiten ermöglicht GPS-gestützte Präzisionslandwirtschaft eine effiziente Wasserverteilung. Satellitengestützte Kommunikation wiederum ist für viele Menschen die einzige Verbindung zur Außenwelt – etwa in abgelegenen Regionen von Alaska, wo über Satelliteninternet Zugang zu Bildung, Telemedizin und digitaler Infrastruktur möglich ist. Auch der öffentliche Nahverkehr ist vielfach von Satelliten abhängig: Busse und Bahnen senden Positionsdaten an Apps, auf deren Echtzeitinformationen sich Pendler verlassen. Ein Ausfall würde das gesamte System der Fahrgastinformation lahmlegen. Gleiches gilt für Paket- und Lieferdienste: Unternehmen wie DHL oder UPS nutzen Satellitennavigation zur Routenoptimierung – fällt sie aus, steigen Verspätungen und Fehlzustellungen.

Viele dieser Prozesse lassen sich heute nicht mehr manuell ersetzen, weil sie auf maschineller Präzision beruhen. Ein Ausfall der Satelliteninfrastruktur würde somit eine Vielzahl von Systemen lahmlegen – von Bankautomaten bis zur Steuerung von Stromlasten in Umspannwerken.

Die Bedeutung von Satelliten reicht jedoch weit über Navigationsdienste hinaus. Kommunikationssatelliten sind essenziell für Mobilfunknetze, Fernsehen und schnelles Breitbandinternet, insbesondere in Regionen ohne terrestrische Infrastruktur. Ohne Satelliten gäbe es kein weltumspannendes Netz für Internet, Telefonie und Medienübertragung.

Die Wettervorhersage ist ohne Satelliten kaum denkbar. Erdbeobachtungssatelliten liefern kontinuierlich Daten über Wolkenbildung, Temperaturverläufe und Luftfeuchtigkeit – entscheidend für präzise Wetterprognosen, Katastrophenschutz und Frühwarnsysteme, etwa bei Hurrikans, Dürren oder Überschwemmungen. So ermöglichen bei Hurrikans geostationäre Satelliten frühzeitige Warnungen, die gezielte Evakuierungen und schnellere Rettungseinsätze zulassen – und damit nachweislich Leben retten.

Von den heute fast 12 000 aktiven Satelliten gehört die Mehrheit privaten, profitorientierten Unternehmen – allein fast 8000 gehören zum Starlink-System von SpaceX.[400] Inzwischen hat Starlink mehr als sechs Millionen Kunden in 140 Ländern. Starlink will demnächst sogar GPS Konkurrenz machen und Dienste für Positionsbestimmung, Navigation und Zeitgebung anbieten.[401]

In ländlichen oder entlegenen Gebieten (z. B. in Indonesien, Teilen Afrikas, Südamerikas oder Ozeaniens) ist Starlink oft die einzige Breitbandoption. Ein Ausfall würde dort Bildung, Telemedizin und E-Commerce unterbrechen. In der Ukraine hat Starlink seit 2022 kritische Kommunikationsinfrastruktur für Zivilisten und Militär bereitgestellt, was für die Verteidigung von zentraler Bedeutung war, da die Russen gezielt terrestrische Kommunikationsnetze zerstörten und elektronische Störungen einsetzten, um die ukrainische Koordination und Aufklärung zu behindern.

Auch bei Katastrophen – etwa während der australischen Waldbrände 2019/20 oder beim Hurrikan Melissa in Jamaika und auf den Bahamas im Oktober 2025 – sicherte Starlink die Kommunikation für Rettungsteams, wenn terrestrische Netze versagten. Es ist üblich geworden, dass Musk den Starlink-Dienst im Fall von Naturkatastrophen für bedrohte Regionen zur Verfügung stellt.

Ein Beispiel für eine alltagsnahe Technologie aus der Raumfahrt ist eine neue Form der hochpräzisen GPS-Navigation. Entwickelt wurde sie von der US-Firma Locus Lock, einem Start-up, das mit modernen Satellitenunternehmen wie Xona Space Systems kooperiert.[402] Ihre Technologie erlaubt es, Positionsdaten bis auf wenige

Zentimeter genau zu bestimmen – auch dort, wo klassische GPS-Systeme versagen.

Im Alltag zeigt sich der Nutzen bei autonomen Fahrzeugen, Lieferrobotern oder Drohnen. In engen Straßen mit hohen Gebäuden – sogenannten »urban canyons« – ist das GPS-Signal häufig unzuverlässig, da es reflektiert oder blockiert wird. Die Technik von Locus Lock kombiniert Satellitendaten mit anderen Sensoren, etwa zur Bewegungserkennung, und kann so auch dann noch präzise navigieren, wenn klassische Empfänger ausfallen. Möglich wird das durch ausgeklügelte Software, die auf preisgünstigen, sogenannten software-definierten Empfängern läuft – also keine teure Spezialhardware mehr erfordert, wie sie bislang im Militär oder in der Luftfahrt verwendet wurde.

Für Landwirte etwa bedeutet das: Traktoren können ohne Fahrer zentimetergenau Felder bestellen, Dünger ausbringen oder pflanzen – was Ressourcen spart und die Effizienz steigert. In der Bauwirtschaft lassen sich Maschinen präzise steuern, um Ausschachtungen oder Fundamente exakt zu platzieren. Und Rettungsdienste oder Feuerwehr profitieren, weil sie auch bei gestörtem Satellitenempfang – etwa nach einem Stromausfall oder in einem Tunnel – verlässlich ihren Standort bestimmen können.

Locus Lock ist nur eine von vielen privaten Raumfahrtfirmen, die heute manchmal unter dem Begriff »New Space« zusammengefasst werden. Oft entstehen neue Unternehmen dadurch, dass Menschen mit tollen Ideen in etablierten Institutionen nicht ernst genommen werden und keine Chance haben, diese Ideen dort umzusetzen.

Ein Beispiel ist das 2010 von drei ehemaligen NASA-Wissenschaftlern gegründete Unternehmen Planet Labs (zunächst bekannt als Cosmogia). Chris Boshuizen, Will

Marshall und Robbie Schingler hatten am renommierten Ames Research Center der NASA im Silicon Valley gearbeitet. Der damalige Direktor der Ingenieurabteilung, Pete Klupar, hielt manchmal am Ende von Meetings sein Smartphone hoch und forderte seine Kollegen auf, darüber nachzudenken, was das für die Raumfahrt bedeuten könnte. Er hatte erkannt, dass die Revolution in der Konsumgüterindustrie – speziell bei Smartphones – Möglichkeiten eröffnete, von denen traditionelle Raumfahrtunternehmen nichts ahnten.

Traditionelle Raumfahrtunternehmen und auch viele Projekte der NASA setzten auf teure Spezialanfertigungen, doch Marshall und seine Kollegen hatten eine andere Vision: Sie wollten kostengünstige Minisatelliten bauen, inspiriert von der Effizienz und Leistungsfähigkeit moderner Smartphones wie dem Nexus One. Während ihrer Zeit am Ames Research Center experimentierten sie mit diesen Konzepten, mussten jedoch erkennen, dass die bürokratischen Strukturen der NASA ihre Ideen stark ausbremsen würden. Deshalb beschlossen sie, ihre Ansätze außerhalb der Raumfahrtbehörde weiterzuentwickeln. So entstand 2010 Planet Labs.

Wie viele Start-ups begann auch dieses Unternehmen in einer Garage in Kalifornien. Heute beschäftigt es knapp 1000 Mitarbeiter und hat heute (18. Januar 2026) eine Marktkapitalisierung von neun Milliarden Dollar.[403] Das Beispiel widerlegt die Ansicht der Ökonomin Mariana Mazzucato, alle wichtigen Innovationen entstünden letztlich durch staatliche Forschungseinrichtungen und würden später von geschäftstüchtigen Unternehmern genutzt (oder gestohlen).[404] In diesem Fall war es gerade umgekehrt: Die Innovationen hatten in der Privatwirtschaft stattgefunden, aber ihre Bedeutung für die Raumfahrt war von der NASA, einer staatlichen Organisation, nicht erkannt worden. Die Mitarbeiter hätten den Transfer von Entwicklungen in anderen Branchen zur Raumfahrtindustrie im Rahmen der bürokratischen NASA-Strukturen nicht umsetzen können. So entstand ein neues, innovatives Unternehmen.

Planet Labs ist ein Beispiel dafür, wie der Trend zur Miniaturisierung auch das Satellitengeschäft verändert hat. Früher waren Satelliten groß und teuer – teilweise so groß wie ein Lkw, und sie kosteten gerne mal eine Milliarde Dollar. Die Gründer von Planet Labs hatten die Idee, statt weniger sehr großer Satelliten eine Vielzahl kleiner Satelliten in den Weltraum zu schicken. In der Konsumgüterelektronik machte die Miniaturisierung schnelle Fortschritte – Mobiltelefone mit Kameras wurden immer kleiner und gleichzeitig besser.

Die ersten Satelliten – das Unternehmen nannte sie Doves (Tauben) – waren 10 mal 10 mal 30 Zentimeter groß, und statt einer Milliarde Dollar kostete die Herstellung eines solchen Satelliten weniger als eine Million Dollar.[405] Heute lässt sich ein Dove-Satellit für deutlich unter 100 000 Dollar produzieren.

Die Satelliten sind auch nicht mehr für die Ewigkeit geschaffen. Das würde ebenso wenig Sinn ergeben, wie ein Smartphone zu bauen, das zehn oder 20 Jahre halten soll. Nach wenigen Jahren sind die neu am Markt verfügbaren Kameras und andere Komponenten ohnehin wieder viel besser, sodass man die alten Satelliten idealerweise durch neue ersetzt. Die voraussichtliche Lebens- bzw. Einsatzdauer der Satelliten beträgt daher nur etwa drei bis fünf Jahre.

Um jeden Tag jeden Punkt der Erde zu fotografieren, und zwar so, dass Änderungen sichtbar werden, sind etwas mehr als 100 Dove-Satelliten nötig. Planet betreibt hingegen etwa 200 Dove-Satelliten, um außerdem eventuelle Ausfälle zu kompensieren sowie Satellitentests im All durchführen zu können. Seit seiner Gründung 2010 hat das Unternehmen etwa 650 Satelliten ins All gebracht. Allein im November 2025 wurden bei einem Raketenstart einer Falcon-9-Rakete (Transporter-15 Mission) von SpaceX 36 Doves plus zwei hochauflösende Pelican-Aufklärungssatelliten ins All befördert.[406]

Die kleinen Dove-Satelliten, die etwa die Größe eines Schuhkartons haben, erfassen täglich nahezu die gesamte Landfläche sowie umfangreiche Meeresgebiete der Erde. Diese sogenannten CubeSats sind für eine Erdbeobachtung mit hoher Beobachtungsfrequenz ausgelegt und liefern Bilder mit einer Auflösung von 3,7 Metern pro Pixel[407], die in verschiedenen Bereichen wie Umweltüberwachung und Landwirtschaft verwendet werden.[408]

Eine KI-basierte Software lässt erkennen, ob sich auf den Bildern etwas gegenüber dem Vortag verändert hat. Und wenn es Veränderungen gibt, über die der Kunde Genaueres erfahren will, ist es möglich, von jedem Fleck der Erde sogar noch detailliertere Aufnahmen zu kaufen: 2017 erwarb Planet Labs ein weiteres Unternehmen, Terra Bella von Google, das über 15 sehr viel größere sogenannte SkySat-Satelliten verfügt, sodass bei Bedarf Fotos mit einer Auflösung von 50 cm pro Pixel geliefert werden können.[409] Weltweit betreibt Planet über 50 Bodenstationen zur Übertragung der Daten.

Planet Labs ist besonders fortschrittlich, was die Automatisierung des Mission Control Centers anlangt. Während die NASA und die ESA ihre Satelliten mit großen Teams von mehreren Hundert Mitarbeitern steuern, hat Planet Labs fast die gesamte Steuerung und Koordination der insgesamt 200 Satelliten automatisiert. Selbst dann, wenn ein Satellit Störungen hat oder ausfällt, erfolgt in der Regel erst einmal ein automatischer Neustart und viele Fehler werden so ohne externe Eingriffe behoben. Dadurch braucht es weltweit nur ein Team von ca. 30 Mitarbeitern für Fälle, die bislang nicht automatisiert gelöst werden können.

Die Satelliten befinden sich in einer sonnensynchronen Umlaufbahn, d.h. sie überqueren jeden Punkt der Erdoberfläche jeden Tag (und jede Nacht) zur gleichen Ortszeit. Diese Umlaufbahn ermöglicht konsistente Beobachtungen, wobei der Winkel zwischen Sonne und Erdoberfläche von Tag zu Tag relativ konstant bleibt.

Insgesamt machen die Doves täglich mehrere Millionen Fotos, die das Unternehmen dann Regierungen, Medien und Unternehmen als Subscription-Service anbietet. Häufig nutzen auch Journalisten die Fotos zur Recherche, wie man beispielhaft an einem BBC-Bericht vom Juli 2024 sieht, der vor einer sich anbahnenden humanitären Krise im Norden Äthiopiens warnte. BBC hatte Satellitenbilder analysiert, die zeigten, dass die Stauseen und die von ihnen bewässerten Felder ausgetrocknet waren.[410]

Ein anderes Beispiel: Im Dezember 2022 berichtete die *Washington Post*, dass illegale Goldgräber die Spitze eines heiligen Berges in einem geschützten Nationalpark in Venezuela abschürften. Die sozialistische Regierung von Maduro bestritt dies zwar – vermutlich waren die Politiker von den Goldschürfern bestochen –, aber die von der *Washington Post* veröffentlichten Fotoaufnahmen der Planet-Labs-Satelliten lieferten den Beweis.[411]

Auch in der Wirtschaft besteht großer Bedarf an den Bildern. So kann man zum Beispiel feststellen, wie viele Autos zu bestimmten Uhrzeiten bei großen Einzelhändlern parken, um Rückschlüsse auf die Zahl der Kunden und den Umsatz zu ziehen.

Planet ist nicht das einzige Unternehmen, das in diesem Segment tätig ist. In der Raumfahrtindustrie spricht man von Erdbeobachtung oder Fernerkundung. In kaum einem Bereich gibt es so viele Start-ups, was daran liegt, dass man auf diesem Gebiet schon heute Geld verdienen kann und nicht erst in einer entfernten Zukunft wie etwa mit Asteroid Mining.

Ein Problem ist jedoch, dass die EU Leistungen kostenlos anbietet oder vermehrt anbieten will, für die Kunden von Planet Labs bezahlen. In den USA geht die Tendenz seit Jahren dahin, dass sich die NASA aus Bereichen zurückzieht, die ebenso gut Private anbieten können. Anders ist es in der EU. Ein Beispiel ist das Copernicus-Programm der Europäischen Kommission. Copernicus, zuvor Global Monitoring for Environment and Security genannt, ist ein im Jahr 1998 gemeinsam von der Europäischen Kommission und der ESA gegründetes Erdbeobachtungsprogramm.

Die Satellitenfamilie Sentinel-2 besteht aus einer Konstellation von mittlerweile drei Satelliten – Sentinel-2A, Sentinel-2B und Sentinel-2C –, die jeweils Bilder mit einer Auflösung von etwa zehn Metern pro Pixel der Erdoberfläche liefern. Sentinel-2 überwacht regelmäßig die Landoberflächen der Erde, einschließlich Vegetation, Wasserflächen und Küstengebiete, und liefert Daten zur Überwachung des Klimawandels und der Umwelt.

Alle drei Satelliten sind mit einem Multispektralinstrument (MSI) ausgestattet, das Bilder in 13 Spektralbändern aufnehmen kann, die sich vom sichtbaren Bereich über das nahe bis ins kurzwellige Infrarot erstrecken. Die räumliche Auflösung beträgt je nach Band zehn, 20 oder 60 Meter. Die drei Satelliten sind so positioniert, dass sie alle drei Tage die Erdoberfläche scannen und regelmäßig aktualisierte Daten liefern können.

Die nächste Stufe ist das Sentinel-2-Next-Generation-Programm, eine geplante Weiterentwicklung der aktuellen Sentinel-2-Satelliten. Ziel dieser neuen Generation ist es, die bestehenden Fähigkeiten zu verbessern, insbesondere durch eine höhere räumliche Auflösung von etwa fünf Metern und eine erhöhte Wiederholrate von täglichen Bildaufnahmen. Das würde eine ernsthafte Konkurrenz zu Planet Labs darstellen, denn die Sentinel-2-Daten sind öffentlich und kostenlos verfügbar, während Planet Labs die Daten kommerziell anbietet.

Hier zeigt sich, wie schädlich es ist, wenn der Staat mit Steuergeld in Milliardenhöhe Dinge macht, die ebenso gut oder besser Private zu einem Bruchteil der Kosten erledigen können. Er bietet Leistungen vermeintlich »kostenlos« an, für die der Steuerzahler bezahlt, und tritt damit in einen unfairen Wettbewerb mit privaten Unternehmen – so wie das seinerzeit beim Space Shuttle war, das die Entwicklung einer privaten Launch-Industrie massiv behindert hat.

Trotzdem ist der Trend zu privaten Unternehmen ungebrochen. Robert Roettgen, Gründer der Investmentfirma E2MC, verdeutlicht, dass die Space-Industrie aus viel mehr Kategorien besteht, als die meisten Menschen wissen.[412] Neben Unternehmen, die Raketen oder Satelliten bauen, und dem Segment »Remote Sensing« gibt es Firmen, die sich auf wissenschaftliche Experimente oder gar Produktion im Weltall spezialisieren, weil dort durch die Schwerelosigkeit und das Vakuum Bedingungen herrschen, die auf der Erde nicht oder allenfalls mit großem Aufwand nachempfunden werden können.

Die gesunkenen Startkosten führen dazu, dass Geschäftsmodelle in der Raumfahrtindustrie möglich werden, die sich bisher nicht gerechnet hatten. Dies wird wieder zu einer gesteigerten Nachfrage auch nach Transportmöglichkeiten führen, was die Kosten weiter senken wird – so ergibt sich eine positive Spirale, die zu immer weiter sinkenden Kosten und einer expandierenden Space-Industrie führen wird.

Ein Beispiel: SpaceX befördert im Rahmen sogenannter Rideshare- und Bandwagon-Missionen eine Menge Satelliten ins All, manche davon werden jedoch auf anderen Bahnen ausgesetzt als dort, wo sie wirklich gebraucht werden. Mit solchen Rideshare-Programmen können kleinere Anbieter ihre Satelliten zusammen mit anderen ins All bringen, haben aber wenige Möglichkeiten, zu bestimmen, wo sie genau ausgesetzt werden. Dies haben Unternehmen erkannt, die sogenannte Mikrolauncher herstellen, also kleinere Raketen, die Satelliten genau zu dem Zeitpunkt und dort absetzen, wo der Kunde es will.

Es gibt jedoch auch ganz neue Geschäftsmodelle, sogenannte Space Tugs nach dem Vorbild von Schleppern, die Lastkähne auf Flüssen ziehen. Man nennt sie Orbital Transfer Vehicles. Sie bringen die Satelliten in den Zielorbit. Es gibt andere Firmen, die so etwas wie Tankstellen im All bauen wollen, um beispielsweise Satelliten, die keinen Treibstoff mehr haben, neu aufzutanken.

Das Schöne am Kapitalismus ist, dass er, anders als die staatliche Raumfahrt, die meist nur wenige, große und sehr teure Projekte auswählt und finanziert, Tausende Firmen und Ideen hervorbringt. Viele bleiben auf der Strecke, aber manche, so wie etwa SpaceX, revolutionieren die Industrie in einem Maße, wie es staatliche Unternehmen nicht gekonnt hätten. Wo ein Problem ist, finden sich kreative Unternehmen, die dafür Lösungen und Geschäftsmodelle entwickeln, so etwa für die Entsorgung von Weltraummüll (Space Debris), der zunehmend zum Problem wird. Unternehmer sind einfach besser darin, innovative Problemlösungen zu entwickeln als der Staat. Das heißt nicht, dass die staatliche Raumfahrt bzw. Behörden wie die NASA überflüssig werden.

Wichtig sind sie nach wie vor für Grundlagenforschung und auch als Auftraggeber oder Abnehmer für private Firmen.

In diesem Buch haben wir als Beispiel die Entwicklung von SpaceX genommen, weil dieses Unternehmen eine Sonderstellung einnimmt und anderen weit voraus ist. Aber es ist bei Weitem nicht das einzige.

Rocket Lab wurde 2006 vom neuseeländischen Ingenieur Peter Beck gegründet. Das Unternehmen hatte zunächst seinen Sitz in Neuseeland, verlegte aber später seinen Hauptsitz nach Kalifornien, wo es heute als börsennotierte Firma geführt wird. Ziel von Rocket Lab war es von Anfang an, den Zugang zum Weltraum durch kleinere, kosteneffiziente Trägerraketen zu erleichtern.

Die erste erfolgreiche suborbitale Rakete war Ātea-1, gestartet 2009. Die erste orbitalfähige Rakete, Electron, hatte im Januar 2018 ihre Premiere. Electron ist bis heute das zentrale Trägersystem von Rocket Lab. Dabei handelt es sich um eine zweistufige Rakete für Kleinsatelliten mit einer Nutzlastkapazität von rund 300 Kilogramm in niedrige Erdumlaufbahnen. Die Triebwerke namens Rutherford bestehen aus 3D-gedruckten Komponenten und werden elektrisch angetrieben, was in der Branche bis dahin einzigartig war.

Neben der Electron ist aktuell die suborbitale Variante HASTE (Hypersonic Accelerator Suborbital Test Electron) im Einsatz, die als Träger für militärische Versuchsflugkörper verwendet wird. Die mittelschwere Trägerrakete Neutron ist in Entwicklung. Der Erstflug soll Mitte 2026 erfolgen. Im Jahr 2024 absolvierte Rocket Lab insgesamt 14 orbitale Starts mit der Electron-Rakete, davon 13 von Neuseeland aus (Launch Complex 1 auf der Māhia-Halbinsel) und einer vom Launch Complex 2 in Virginia, USA. Dazu kamen zwei Starts für das HASTE-Programm für nicht genannte Regierungs- und Verteidigungsorganisationen. Am 21. Dezember 2025 meldete Rocket Lab bereits den 21. Raketenstart in diesem Jahr und war damit – wenn auch mit sehr großem Abstand – Nummer 2 hinter SpaceX bei den Raketenstarts.

Rocket Lab ist heute noch nicht profitabel, aber peilt dies für die nächsten Jahre an – und wächst sehr stark. Peter Beck, der Gründer des Unternehmens, ist ebenfalls ein gutes Gegenbeispiel zu der These der Ökonomin Mariana Mazzucato, nach der letztlich alle Innovationen auf den Staat zurückgehen. Beck betrieb Raumfahrttechnik zunächst als Hobby nach Feierabend, und es gelang ihm, diverse Risikokapitalgeber zu überzeugen, sein Freizeitvergnügen zu finanzieren.[413]

»Am liebsten«, so berichtet Ashlee Vance, »hätte er den ganzen Tag nichts anderes gemacht, als Raketen zu bauen, aber zu seinem Leidwesen war er immer noch gezwungen, nebenher Geld zu verdienen, indem er Carbonfaser-Tests auf Yachten durchführte oder in irgendeinem Betrieb ein Getriebe umrüstete. Die Arbeit an seinem Raketenprogramm wäre vermutlich immer wieder ins Stocken geraten, hätte Beck nicht viel Zeit auf Schrottplätzen verbracht, um nach billigen Rohrverbindungen oder Metallstücken zu suchen.«[414]

Beck hatte kaum Geld und musste irgendwann eine zweite Hypothek auf sein Haus aufnehmen: »Ich habe unsere Familie in eine ziemlich ernste finanzielle Lage gebracht. Wenn das schiefgegangen wäre, dann richtig. Meine Frau war eine fantastische Ingenieurin, verzichtete aber darauf, arbeiten zu gehen, und kümmerte sich stattdessen um die Kinder. Sie hat eine Menge aufgegeben und viel in Kauf genommen, damit ich meinen Traum verwirklichen konnte. Aber so ist das halt: Entweder man glaubt an etwas oder eben nicht.«[415]

Schließlich gelang es ihm – gegen den Widerstand seines Geschäftspartners, der das Unternehmen deshalb verließ –, einige kleinere Aufträge des Militärs an Land zu ziehen.[416] Innerhalb nur eines Jahres entwickelte er ein tragbares, raketengestütztes Mini-Drohnen-System zur Echtzeit-Luftbild-Aufklärung in Krisensituationen. »So schnell und kostengünstig hat vermutlich seit den 1960er-Jahren kein Rüstungsbetrieb ein Produkt zur Marktreife gebracht«, sagt Vance.[417]

Wie auch bei SpaceX ist die Arbeitsmoral bei Rocket Lab eine ganz andere als bei tradierten Unternehmen oder gar beim Staat. Ein Mitarbeiter berichtet: »Peter trug dir etwas auf, er bat dich einfach, dir etwas anzusehen oder irgendein Teil zu besorgen. Da ich von einem staatlichen Unternehmen kam, nahm ich mir vor, es in den nächsten zwei oder drei Tagen zu erledigen. Eine dieser Aufgaben bestand darin, jemanden zu finden, der Fallschirme nähen konnte – möglichst in der Nähe. Nach ein paar Stunden erkundigte sich Peter, wie es lief, und ich war noch kein Stück weitergekommen. Es war noch kein halber Tag vergangen, da stellte sich heraus, dass Peter zum Telefon gegriffen und die Sache selbst in die Hand genommen hatte. Er brauchte 30 Minuten. Er hat nichts gesagt oder mich zurechtgewiesen. Aber wenn er etwas erledigen wollte, dann tat er das auch. Und er verschlang die wirklich ganz harten und schwierigen Raketenfachbücher. Es stand immer ein Stapel im Regal. Wenn er mal nicht weiterkam, steckte er gleich wieder die Nase in die Bücher.«[418]

Während die ersten drei Starts von SpaceX fehlschlugen, wie wir in Kapitel 4 gesehen haben, waren die ersten drei Starts von Rocket Lab nahezu perfekt verlaufen.[419] »Kein neues Raketenprogramm hatte jemals so begonnen«, so Vance. »Er hatte die beste Kleinrakete aller Zeiten für 100 Millionen Dollar gebaut und war dabei fast pünktlich fertig geworden.«[420]

Rocket Lab verlegte seinen operativen Hauptsitz in die USA, weil dort bessere Bedingungen für den Zugang zu Kapital, insbesondere zu Risikokapitalgebern, bestehen. Die US-Raumfahrtindustrie bietet zudem direkten Zugang zu den wichtigsten institutionellen Kunden wie der NASA und dem Verteidigungsministerium.

Um an solche Aufträge zu kommen, müssen Unternehmen in den USA registriert und ansässig sein. Hinzu kommt, dass die industrielle Infrastruktur und die Zahl spezialisierter Fachkräfte in den USA dem neuseeländischen Markt überlegen sind. Auch für die spätere Börsennotierung an der Nasdaq war die Verlagerung notwendig. In offiziellen Dokumenten, etwa in der SEC-Filing zur Börsenzulassung, macht Rocket Lab klar, dass der Schritt in die USA erfolgte, um langfristig wettbewerbsfähig zu bleiben und sich gegenüber anderen US-Unternehmen wie SpaceX behaupten zu können.

Trotzdem führt Rocket Lab viele Starts von Neuseeland aus durch, weil die geografische Lage der Māhia-Halbinsel sehr günstige Bedingungen bietet. Von dort aus lassen sich insbesondere sonnensynchrone und andere polare Umlaufbahnen effizient erreichen, ohne dass über dicht besiedelte Gebiete geflogen werden muss. Gleichzeitig sind der Luftraum und der Seeraum rund um Neuseeland vergleichsweise wenig frequentiert, was die Planung und Durchführung von Raketenstarts erheblich erleichtert. Zwar besitzt Rocket Lab inzwischen auch eine Startanlage in den USA (Launch Complex 2 in Virginia), doch für viele kommerzielle Satellitenmissionen bleibt der neuseeländische Standort aufgrund seiner Flexibilität und Effizienz die bevorzugte Wahl.

Wer jemals in den USA gearbeitet hat, weiß, wie einen die Behörden dort mit allen möglichen Vorschriften entnerven können. Vance berichtet, Rocket Lab habe in den USA etwa 4300 behördliche Auflagen erfüllen müssen, damit die US-Behörden grünes Licht für einen Flug gaben, während in Neuseeland lediglich etwa 40 ähnliche Bestimmungen zu erfüllen waren.[421]

Was die Kosten anlangt, können Unternehmen wie Rocket Lab nicht mit SpaceX mithalten. Aber sie suchen sich eine Nische, die Experten für profitabel halten. Für den Weltraumexperten Eugen Reichl ist es darum falsch, allein auf die Startkosten zu schauen: »Ich schaue mit Bewunderung auf die superpräzisen Bahneinschüsse für kleine Spezialnutzlasten bei Rocket Lab. Aber beim Kampf um die niedrigsten Transportpreise in den Orbit kann die Electron von Rocket Lab nicht mithalten. Trotzdem stehen die Kunden bei Peter Becks Raumtransportfirma Schlange, weil es eben noch viele andere Faktoren gibt, die in Rechnung gezogen werden müssen. Zuverlässigkeit beispielsweise, oder den Vorzug, auch mit einer Kleinnutzlast als Premium-Kunde behandelt zu werden, oder die Erfüllung spezieller Bahnanforderungen und so weiter.«[422]

Das börsennotierte Unternehmen Rocket Lab verzeichnete 2024 einen Anstieg des Aktienkurses um 360 Prozent, angetrieben durch solide Finanzkennzahlen, eine wachsende Vertragspipeline und die bevorstehende Einführung der teilweise wiederverwendbaren Neutron-Rakete. Vom Januar 2025 bis Mitte Januar 2026 hat sich der Kurs mehr als verdreifacht und die Marktkapitalisierung stieg auf fast 48 Milliarden US-Dollar.

Peter Beck interessiert sich auch für den Mars. Sein Unternehmen hat einen Vorschlag zu einer Mars Sample Return Mission unterbreitet. Dabei sollen 30 Proben, die der NASA-Mars-Rover Perseverance bislang gesammelt hat, abgeholt und zur Erde gebracht werden. Die Kosten, die Rocket Lab dafür veranschlagt hat, betragen gerade einmal ein Drittel der Kosten, die die NASA geplant hatte. Ein anderes Projekt ist eine Mikro-Venussonde, die nach organischen Verbindungen in den Wolken der Venus suchen soll – es wäre die erste private Mission zu einem anderen Planeten.

Neben SpaceX haben es andere Unternehmen schwer, aber man sieht am Beispiel von Rocket Lab, dass es Platz für Spezialanbieter gibt, wenn diese eine Nische bedienen, die SpaceX nicht besetzt.

Der Markt für Raumfahrt wächst– und die meisten Investitionen werden nach wie vor in den Bereichen Satelliten und Launches getätigt. Laut den Analysten von Space Capital wurden von 2009 bis zum zweiten Quartal 2025 insgesamt 358 Milliarden privates Kapital in diesem Bereich investiert, wovon 307 Milliarden auf Satelliten, 40 Milliarden auf Launches und zehn Milliarden auf Emerging Industries entfielen.[423] Chad Anderson, Gründer von Space Capital, betont, dass Emerging Industries – darunter versteht er Stations, Lunar, Logistics und Industrials, zwar in den Medien viel Aufmerksamkeit bekommen, aber der Beitrag zu den Gesamtinvestments bislang überschaubar war.[424] Dies werde sich jedoch, insbesondere durch die stark gesunkenen Startkosten, in Zukunft ändern.[425]

Der Erfolg von SpaceX, insbesondere auf dem Gebiet wiederverwendbarer Raketen, aber auch mit seinem Unternehmen Starlink, hat viele Unternehmer weltweit motiviert. Es sieht alles danach aus, als ob wir bei SpaceX einen Bannister-Effekt sehen können: Als Roger Bannister am 6. Mai 1954 in Oxford die Meile (ca. 1609 Meter) erstmals unter vier Minuten lief (3:59,4 Minuten), wurde dies weltweit als sporthistorischer Durchbruch gefeiert. Doch was danach geschah, ist fast noch bemerkenswerter. In den Jahren unmittelbar nach Bannisters Rekord wurde die sogenannte Vier-Minuten-Barriere von zahlreichen weiteren Läufern durchbrochen. Bereits nur 46 Tage später lief der Australier John Landy in Finnland eine Meile in 3:57,9 Minuten – also deutlich schneller. In den folgenden Jahren fiel die Zeit kontinuierlich weiter.

Diese Entwicklung wird in der Forschung häufig als Beispiel für die Bedeutung psychologischer Barrieren herangezogen. Die lange als »unmöglich« betrachtete Grenze von vier Minuten hatte offenkundig vor allem eine mentale Komponente. Sobald Bannister zeigte, dass es möglich war, verloren andere Spitzenläufer den Respekt vor dieser Grenze – und ihre Leistungen verbesserten sich sprunghaft.

Etwas, das bislang als unmöglich galt, ist es nicht mehr, wenn jemand bewiesen hat, dass es geht. Und so motiviert der Bannister-Effekt zahllose andere.

Der Nutzen der Weltraumforschung geht übrigens weit über die Bereiche hinaus, die ich in diesem Kapitel dargestellt habe. Der Wissenschaftsphilosoph Gonzalo Munévar hat eine umfassende »Philosophy of Space Exploration« unter dem Titel »The Dimming of Starlight« vorgelegt. Sein Argument: Erst die Kenntnis anderer Planeten helfe uns, unseren eigenen zu verstehen (so wie man ein Land nicht verstehen kann, ohne es mit anderen zu vergleichen). »Die globalen Bedingungen unseres Planeten lassen sich nicht willkürlich verändern. Doch wir können andere Welten untersuchen, in denen solche Schwankungen von selbst vorkommen, und erkennen, wie sie mit anderen Faktoren korrelieren.«[426]

Ein Beispiel, welchen praktischen Nutzen vergleichende Planetenforschung hat: Nachdem NASA-Forscher in der Atmosphäre der Venus Fluor- und Chlorverbindungen nachgewiesen hatten, analysierten sie die chemischen Eigenschaften dieser Moleküle und ermittelten die Reaktionsgeschwindigkeitskonstanten. Sherwood Rowland und Mario Molina verwendeten diese Konstanten später, um nachzuweisen, dass Fluorchlorkohlenwasserstoffe (FCKW) unter starker ultravioletter Strahlung Ozon abbauen.[427]

Das Verständnis anderer Welten kann das Verständnis unseres eigenen Planeten voranbringen. Nur die Weltraumforschung erlaubt es uns, zu verstehen, wie sich das Sonnensystem und die Erde entwickelten, und eröffnet »Möglichkeiten, unsere Vorstellungen von der Erde zu überprüfen – das Sonnensystem dient als natürliches Labor«.[428]

Munévar zeigt, dass Forschung oft nicht planbar ist, sondern zu unerwarteten Entdeckungen und Anwendungen führt. Ein Beispiel sind die Astrophysiker Anil Pradhan und Sultana Nahar von der Ohio State University, die die Zusammensetzung von Sternen untersuchten, indem sie den Strahlungsfluss analysierten. Diese Arbeit führte direkt zu bahnbrechenden Erkenntnissen für die Krebsbehandlung.[429] Damit wird deutlich, wie Grundlagenforschung in einem völlig anderen Feld überraschend medizinische Durchbrüche ermöglichen kann. Solche Querverbindungen lassen sich oft erst im Nachhinein erkennen und entziehen sich jeder gezielten Planung.

Beispiele, wie Dinge, die für den Weltraum entwickelt wurden, Eingang in unser tägliches Leben gefunden haben, könnten ein Buch füllen. Materialien wie hitzebeständige Keramiken oder leichte Verbundstoffe aus Raumfahrtprogrammen finden sich in Sportgeräten, Autos und Flugzeugen wieder. Medizinische Bildgebung und Diagnosetechniken profitieren von Sensortechnologien, die ursprünglich für Weltraummissionen entwickelt wurden. Auch kabellose Werkzeuge und Wasserfiltersysteme stammen aus Entwicklungen, die für den Einsatz im Weltraum optimiert wurden.

Man bezeichnet dies als Spillover-Effekt, also die Übertragung von Technologien, Verfahren oder Materialien, die ursprünglich für Raumfahrtanwendungen entwickelt wurden, auf andere Branchen und Alltagsprodukte, etwa bei Medizin, Kommunikation oder Werkstoffen. Viele Beispiele für Spillover-Effekte kommen aus der klassischen Raumfahrtindustrie mit staatlichen Akteuren. Lars Hornuf und Daniel Vrankar von der Universität Dresden haben jedoch 35 696 raumfahrtbezogene Patentanmeldungen und erteilte Patente aus den letzten zehn Jahren ausgewertet und kamen zu dem Ergebnis, dass New-Space-Geschäftsmodelle ein höheres Potenzial für solche Effekte haben und mehr davon in andere Branchen hineintragen als große Luft- und Raumfahrtkonzerne.[430]

Als einen der Gründe nennen die Autoren »die gestiegene Bereitschaft neuer Raumfahrtunternehmen, handelsübliche Standardkomponenten in ihre Systeme zu integrieren, die erheblich günstiger sind als sogenannte spezifizierte Komponenten. Dieses Verhalten erhöht das Spillover-Potenzial, da Weltrauminnovationen weniger komplex und kostspielig werden und sich dadurch leichter in terrestrischen Anwendungen umsetzen lassen.«[431]

In eine ähnliche Richtung weist eine Ende Dezember 2022 veröffentlichte Untersuchung zum Thema »Aerospace technologies and civil spillovers« von Gianluca Librera. Interessant ist die Studie, weil vor allem Startups sowie kleine und mittlere Space-Unternehmen untersucht wurden. Staatliche Raumfahrtorganisationen sowie die großen Unternehmen der Luft- und Raumfahrtindustrie wurden nicht berücksichtigt.[432]

Grundlage der Analyse war ein Datensatz mit Patenten. Dabei wurde untersucht, wie oft und von wem diese Patente zitiert werden. Das erlaubt Rückschlüsse darauf, wie sich Technologien zwischen Unternehmen verbreiten (technologische Spillovers). Ergänzend wurden europäische Start-ups und kleine bis mittlere Unternehmen anhand von Dealroom-Daten identifiziert, um deren Patentaktivitäten einzubeziehen. Mithilfe statistischer Auswertungen konnte gezeigt werden, dass Wissenstransfers aus der Luft- und Raumfahrt häufiger in andere Industrien hinein erfolgen als innerhalb der Branche selbst. »Der Anteil der Patente, die ausschließlich von nicht als ›space‹ eingestuften Patenten zitiert werden (18,43 %), ist fast siebenmal so groß wie der Anteil der Patente, die nur von anderen ›space‹-Patenten zitiert werden (2,67 %).«[433]

Dies deutet darauf hin, dass luft- und raumfahrttechnische Entwicklungen, gerade im Bereich New Space, eine hohe Anpassungsfähigkeit besitzen und in vielfältigen zivilen Anwendungen genutzt werden. Da die privaten New-Space-Firmen im Vergleich zu den traditionellen staatlichen Raumfahrtbehörden und den mit ihnen kooperierenden Großfirmen immer mehr an Bedeutung gewinnen, sind in Zukunft sogar noch größere Spillover-Effekte zu erwarten als in der Vergangenheit.

In Diskussionen wurde mir manchmal entgegengehalten, die Welt habe auch vor der Erfindung von Satelliten und all den anderen Dingen, die ich in diesem Kapitel beschrieben habe, ganz gut funktioniert. Mit gleicher Berechtigung könnte man sagen, auch vor der Erfindung von elektrischem Licht und der Buchdruckkunst hätten Menschen im Kerzenschein Bücher lesen können (die von Hand abgeschrieben wurden), und vor der Erfindung von Telefon und E-Mails habe man auch Briefe schreiben können. Alle diese Einwände stimmen, und dennoch bin ich froh, dass ich bei elektrischem Licht Bücher lesen oder telefonieren kann.

9. Chinas private Raumfahrt

2003 gelang China mit Shenzhou 5 erstmals ein bemannter Raumflug. Es ist damit das dritte Land nach den USA und der UdSSR, das aus eigener Kraft Menschen ins All brachte. Zehn Jahre später, 2013, landete die Sonde Chang'e 3 mit dem Rover Yutu auf dem Mond. 2019 folgte mit Chang'e 4 die erste Landung auf der Mondrückseite – ein bisher einzigartiges Unterfangen, da von der Rückseite des Mondes kein direkter Funkkontakt zur Erde möglich ist. Dafür setzte China einen Relaissatelliten im Mondorbit ein, der die Kommunikation ermöglichte. Die Mission untersuchte das geologische Umfeld des Südpol-Aitken-Beckens und führte biologische Experimente durch, darunter die Keimung von Baumwollsamen.[434] 2020 brachte Chang'e 5 Mondgestein zurück zur Erde und Chang'e 6 folgte im Juni 2024 mit knapp zwei Kilogramm Mondmaterial.[435]

Die nächsten Pläne der Chinesen sind noch ambitionierter. Mit Tianwen-3 plant das Land, erstmals in der Geschichte Proben vom Mars zu nehmen und zur Erde zurückzubringen. Die Landeeinheit wird einen Bohrer mitführen, der direkt vom Landeort Proben aus einer Tiefe von etwa drei Metern entnimmt. Ein Helikopter, der ebenfalls zum Mars gebracht wird, erkundet interessante geologische Formationen, die dann vom Rover »beprobt« werden. Wenn alles klappt, beginnt die Mission 2028, und 2031 kommen erstmals Gesteinsproben zur Erde. Die USA planen Ähnliches schon lange, aber im Moment sieht es danach aus, dass China die Nase vorne haben wird.[436]

2021 begann China mit dem Bau der Raumstation Tiangong, in der sich seit Juni 2022 regelmäßig chinesische Astronauten an Bord befinden. China führt etwa alle sechs Monate bemannte Missionen zur Station durch, um die Besatzung zu wechseln und wissenschaftliche Experimente fortzusetzen. Die Raumstation ist ebenso wie die ISS dauerhaft bemannt, allerdings mit einer kleineren Crew von in der Regel drei Personen.

Das chinesische Taikonauten-Corps ist mit 48 Mitgliedern ungefähr so groß wie das Astronautencorps der USA.[437]

Auch wenn man die Zahl der Raketenstarts nimmt, ist China nach den USA heute Raumfahrtnation Nummer 2. Gleichwohl gibt es erhebliche Probleme – so ist Chinas Starlink-Alternative, das Projekt »Qianfan« (»Tausend Segel«), das bis 2030 15 000 Satelliten umfassen soll, weit hinter dem Plan, was unter anderem mit zu geringen Raketenressourcen zusammenhängt.[438] Obgleich der Schwerpunkt Chinas bei der staatlichen Raumfahrt liegt, entwickelt sich seit Mitte bis Ende der 2010er-Jahre eine beachtliche private Raumfahrt, die Thema dieses Kapitels ist.

Bevor ich auf die chinesische Raumfahrt eingehe, einige Anmerkungen zum chinesischen Wirtschaftssystem, das im Westen oft falsch verstanden wird. China wird als »kommunistisches Land« bezeichnet, in dem der Staat die gesamte Wirtschaft plane. Das ist genauso falsch wie die Sicht der USA als rein kapitalistisches Land. Ja, in der Mao-Zeit gab es kein Privateigentum, und die sozialistischen Experimente haben das Land ruiniert. Beispielhaft dafür ist Maos sogenannter »Großer Sprung nach vorne«, bei dem zwischen 1958 und 1962 etwa 45 Millionen Chinesen umkamen.[439] Noch 1981, wenige Jahre nach Maos Tod, lebten 88 Prozent der Chinesen in extremer Armut.[440]

In den 1980er- und 1990er-Jahren reformierte Deng Xiaoping die chinesische Wirtschaft und erlaubte Privateigentum. Der 14. Parteitag der Kommunistischen Partei Chinas im Oktober 1992 nannte dann auch offiziell die Marktwirtschaft als Ziel der Reformen. Zwar wurde die Planwirtschaft nicht abgeschafft, aber der Anteil der Preise für Rohstoffe, Transportdienstleistungen und Kapitalgüter, die staatlich festgelegt waren, sank drastisch. Zudem begann eine Reform der Staatsbetriebe. Privatpersonen und ausländische Investoren durften von nun an in den Kreis der Gesellschafter aufgenommen werden. Der Prozess der Privatisierung gewann bald an Fahrt, manche Unternehmen wurden an die Börse gebracht.

Der Ökonom Zhang Weiying von der Peking Universität, der sicherlich der klügste Analytiker der chinesischen Wirtschaft ist und persönlich einiges zu ihrer Entwicklung beigetragen hat, wendet sich gegen die Vorstellung, dass Chinas außergewöhnlicher Erfolg ein Ergebnis der großen Rolle des Staates sei. Diese Fehldeutung ist im Westen verbreitet, aber es gibt sie auch zunehmend in China, wo manche Politiker und Wissenschaftler der Meinung sind, die Erklärung für den Erfolg des Landes liege in einem besonderen chinesischen Modell. Zhang widerspricht: »Die Verfechter der Theorie des ›China model‹ liegen falsch, denn sie verwechseln ›trotz‹ mit ›wegen‹. China ist nicht *wegen*, sondern *trotz* der unbegrenzten Staatsmacht und des großen ineffizienten staatlichen Sektors schnell gewachsen.«[441]

Tatsächlich seien Marktwirtschaft und Privatisierung die treibenden Kräfte für Chinas enormes Wirtschaftswachstum. Zhang hat die Daten unterschiedlicher Regionen im Reich der Mitte analysiert. Er kam zu dem Resultat: »Je mehr marktorientierte Reformen eine Provinz durchgeführt hatte, desto höher war das von ihr erzielte Wirtschaftswachstum. Und wer bei den Marktreformen hinterherhinkte, der hinkte auch beim Wirtschaftswachstum hinterher.«[442] Roger Hu und Carol Liao von der Boston Consulting Group berichteten auf einer Tagung des World Economic Forum: »Chinas Privatunternehmen tragen 60 Prozent zum Bruttoinlandsprodukt (BIP) des Landes bei, 70 Prozent zur technologischen Innovation, 80 Prozent zu den Arbeitsplätzen in den Städten und 90 Prozent zur Gesamtzahl der Unternehmen. Die meisten davon sind Familienunternehmen, deren Zahl so schnell gewachsen ist, dass sie mittlerweile 67 Prozent der an den Börsen von Schanghai und Shenzhen notierten Unternehmen ausmachen.«[443]

Ob diese eher symbolischen Zahlen, die seit vielen Jahren immer wieder genannt werden, heute noch stimmen, ist schwer zu sagen. Denn seit etwa einem Jahrzehnt, seit Xi Jinping in China herrscht, hat sich die Richtung der Entwicklung im Allgemeinen verschoben, und die Rolle des Staates wird wieder stärker – zweifellos der Hauptgrund dafür, dass die wirtschaftliche Dynamik abgenommen hat. Dies gilt indes nicht, wie wir sehen werden, für den Bereich der Raumfahrtindustrie, wo staatliche Unternehmen zwar dominieren, aber gerade in der Regierungszeit von Xi Jinping immer mehr private Unternehmen dazu kamen.

Die Nummer 1 in Chinas Raumfahrt ist das Staatsunternehmen China Aerospace Science and Technology Corporation (CASC). Es beschäftigt sich »mit praktisch jedem staatlich initiierten Raumfahrtprogramm, von der Entwicklung von Trägerraketen, über die Entwicklung und den Bau von Kommunikationssatelliten, über das bemannte Raumfahrtprogramm, bis hin zu Mond- und Planetenprogrammen«.[444] Ihre wichtigsten Tochtergesellschaften sind die China Aerospace Science and Industry Corporation (CASIC), die sich vor allem mit militärischen Projekten befasst, die China Academy of Launch Vehicle

Technology (CALT), die Trägerraketen entwickelt, die China Academy of Space Technology (CAST) und die Shanghai Academy of Spaceflight Technology (SAST).[445]

Mitte der 2000er-Jahre, kurz nach dem Amtsantritt von Xi Jinping, begann eine Reihe von Reformen, dargelegt in einem als »Dokument 60« bezeichneten Strategiepapier. Private Investoren konnten nun auch in diesem Bereich investieren, und es entstanden kommerzielle Raumfahrtunternehmen. Brian Harvey schreibt in seinem Werk »China in Space«: »Die Entstehung neuer kommerzieller Startdienstleister war weitgehend eine Reaktion auf den Erfolg von SpaceX. Anfangs nicht ernst genommen, gewann SpaceX Mitte der 2010er-Jahre an Glaubwürdigkeit, woraufhin die chinesische Regierung eine ›Wenn du sie nicht besiegen kannst, mach mit‹-Strategie verfolgte und die Gründung privater Raketenunternehmen genehmigte.«[446]

Der Einfluss von SpaceX auf die chinesische Raumfahrtindustrie darf nicht unterschätzt werden. »Das amerikanische Unternehmen SpaceX wurde sogar von Li Yanhong, einem Delegierten des Nationalen Volkskongresses, gelobt. Elon Musk reiste nach Peking, um seine Tesla-Autos zu bewerben, doch die größte Aufmerksamkeit erregte ein Film über die Falcon-Rakete.«[447]

Blaine Curcio, einer der weltweit führenden Experten für die chinesische Raumfahrtindustrie, berichtet: »Bis 2014 waren die chinesischen Raumfahrtaktivitäten zu 100 Prozent staatlich. Aber auch danach war eine Zeit lang unklar, ob es überhaupt Aufträge für diese kommerziellen Unternehmen geben würde. Es war nicht klar, ob sie Zugang zu Startplätzen erhalten würden – es war nicht klar, was ihnen überhaupt erlaubt werden würde.«[448]

Der Staat wollte zwar von der unternehmerischen Innovationskraft profitieren, die man in der privaten Raumfahrt der USA beobachtet hatte, war jedoch noch nicht bereit, diesen neuen Unternehmen – von denen viele zunächst lediglich Ausgründungen der oben erwähnten großen Staatsfirmen waren – die Kontrolle abzugeben. »Die meisten der früh gegründeten privaten Raumfahrtfirmen hatten noch enge Verbindungen zum Staat«, erklärt Curcio. »Oft waren es Ingenieure von CASC, die sich zusammentaten, um an Projekten wie wiederverwendbaren Trägerraketen zu arbeiten. Sie hätten das auch innerhalb von CASC machen können – aber weil CASC sehr träge ist, entschieden sie sich, stattdessen ein eigenes Unternehmen zu gründen.«[449]

Ab 2015 wurden immer mehr Unternehmer und Ingenieure in diesem neuen Markt aktiv, angezogen von den Geschäftsmöglichkeiten und der größeren technologischen Autonomie im Vergleich zu den staatlichen Unternehmen. 2022 gab es bereits 430 private Raumfahrtunternehmen,[450] 2024 wurde der Wert der 100 wertvollsten Space-Unternehmen in China auf ca. 733 Milliarden Yuan geschätzt, was etwa 100 Milliarden Dollar entspricht.[451]

Die Grenzen zwischen privaten und staatlichen Unternehmen verlaufen jedoch fließend, wie Brian Harvey schreibt: »Während die Unterscheidung zwischen öffentlichen und privaten Unternehmen in anderen Ländern meist deutlich und strikt ist, ist sie in China oft unscharf – manche Unternehmen sind eine Mischung aus staatlichen, privaten und kommunalen Anteilen.«[452] Oft sind der Staat oder Provinzen in China maßgeblich an privaten Unternehmen beteiligt, und bis heute müssen sie ihre Triebwerke praktisch immer von staatlichen Rüstungskonzernen kaufen.[453]

Der chinesische Staat unterstützt private Raumfahrtunternehmen mit Subventionen, Steuervorteilen, Zugang zu

Startplätzen usw. Doch die enge Beziehung zum Staat birgt auch Nachteile und Risiken, wie Gareth Morgan Thomas in seinem Buch »The Chinese Space Dynasty« schreibt: »Zwischen dem Staat und privaten Unternehmen im chinesischen Raumfahrtbereich besteht ein komplexes, teils spannungsgeladenes Verhältnis. Der Staat fördert diese Firmen zwar erheblich, engt sie jedoch zugleich durch strikte Regulierungen ein, was Innovation und operative Flexibilität behindern kann. Diese staatliche Abhängigkeit macht die Unternehmen anfällig gegenüber Veränderungen in der politischen Agenda.«[454] Ähnliches könnte man allerdings von amerikanischen privaten Raumfahrtunternehmen sagen.

Doch das Wachstum der privaten Raumfahrtunternehmen in China ist bemerkenswert. »Analysten führen die Ursachen für dieses rasche Wachstum auf zwei Hauptfaktoren zurück. Erstens hatten die großen staatlichen Luft- und Raumfahrtunternehmen Schwierigkeiten, der steigenden Marktnachfrage nach kosteneffizienten kommerziellen Raumfahrtlösungen wie kleineren Satelliten und wiederverwendbaren Raketen gerecht zu werden. Die bürokratische Trägheit und die risikoscheue Arbeitskultur älterer, konservativer Entwicklungsteams in den Staatsunternehmen konnten mit den nationalen Zielvorgaben und dem Marktbedarf an schnellerer Innovation und besseren Raumfahrtsystemen nicht Schritt halten.

Zweitens diente der Aufstieg von Elon Musks SpaceX – mit seinen wiederverwendbaren Falcon-9-Raketen und der Starlink-Megakonstellation – zugleich als Inspiration und Warnung. China erkannte, dass eine schnelle, risikofreudige Innovationskultur im privaten Sektor notwendig war, um im für zivile wie militärische Interessen strategisch wichtigen Weltraumbereich wettbewerbsfähig zu bleiben.«[455]

Der letzte Punkt ist von großer Bedeutung. Bekanntlich folgen die Chinesen der Lehre des Philosophen Konfuzius, der einmal sagte: »Durch drei Wege kann man Weisheit erlangen: durch Nachdenken – das ist der edelste; durch Nachahmung – das ist der leichteste; durch Erfahrung – das ist der bitterste.« Während man im Westen gerne »originell« sein will, war es stets eine Stärke der Chinesen, vom Ausland zu lernen. Und natürlich ist ihnen der Erfolg privater Unternehmen wie SpaceX nicht verborgen geblieben.

»In den letzten vier oder fünf Jahren hat sich ein stärkerer Trend hin zu mehr Offenheit gegenüber kommerziellen Unternehmen entwickelt, die in China größere Projekte umsetzen«, sagte 2024 Blaine Curcio, Berater für Raumfahrt und Satellitenkommunikation beim Beratungsunternehmen Novaspace und einer der weltweit führenden Experten für Chinas kommerziellen Raumfahrtsektor. »Ich denke, vieles davon wird durch die rasanten Fortschritte von SpaceX und Starlink angetrieben. Sie sehen, wie Starlink jede Woche in ein neues Land mit einem neuen Produkt eintritt. Bald wird es keine Länder mehr geben, die noch übrig sind.«[456] China, so fügt Curcio hinzu, habe die strategische Bedeutung von Starlink besonders deutlich im Russland-Ukraine-Konflikt gesehen und wolle deshalb über eine ähnliche Fähigkeit verfügen. Gleichzeitig sei der chinesischen Regierung die Begrenztheit ihrer staatlichen Unternehmen bewusst, die bislang für die Umsetzung des nationalen Raumfahrtprogramms verantwortlich gewesen seien. »Sie sehen, dass die staatlichen Unternehmen Innovation nur auf ihre eigene, staatstypisch langsame Art erzeugen, und deshalb wächst das Interesse daran, dass kommerzielle Unternehmen eine wichtige Rolle im Raumfahrtsektor spielen könnten – genau wie im Westen«, sagte Curcio.[457]

Chinas Bestreben, mit den USA gleichzuziehen, sei ein starker Antrieb für die zunehmende Bereitschaft des Landes, sich für einen kommerziellen Ansatz zu öffnen, so Robert Lincoln Hines, Assistenzprofessor an der Sam Nunn School of International Affairs am Georgia Institute of Technology, dessen Forschung sich auf Chinas Sicherheits- und Außenpolitik konzentriert: »Der Staat will sicherstellen, dass er seine Wettbewerbsfähigkeit mit den Vereinigten Staaten und dem internationalen Markt im Weltraum aufrechterhält, und glaubt, dass privates Kapital innerhalb der Raumfahrtindustrie Innovationen fördern könnte, um international wettbewerbsfähiger zu sein.«[458]

Die Faszination von SpaceX und insbesondere dem Starship, aber auch dem Starlink-Satellitensystem ist in China enorm. »Jeder Start des Starship, jeder Start von Starlink und ehrlich gesagt jedes Wort, das Elon sagt, wird mit Interesse verfolgt«, erklärte Blaine Curcio im März 2025 gegenüber dem Branchendienst SpaceNews. »Wenn man alle großen Meilensteine, die SpaceX erreicht hat, und das, was China tut, nebeneinander stellt, gibt es eine gewisse Verzögerung, aber es ist ein klares Nachahmen erkennbar.«[459]

Kann China den Erfolg von Unternehmen wie SpaceX wirklich kopieren? Zunächst: Die chinesische Führung würde nie jemanden dulden, der so mächtig ist und eigenständig handelt wie Elon Musk. Ein Beispiel dafür ist Jack Ma, Gründer von Alibaba und Ant Group. Jack Ma galt lange als Symbol für Chinas wirtschaftlichen Aufstieg und den Erfolg des privaten Unternehmertums. Als einer der reichsten Männer Chinas mit einem geschätzten Vermögen von über 50 Milliarden Dollar wurde er international bewundert. Im Oktober 2020 kritisierte Ma öffentlich Chinas Finanzregulierung als innovationsfeindlich, was als Affront gegen die staatlichen Behörden gewertet wurde. Kurz darauf stoppte die Regierung den geplanten Börsengang der Ant Group, der mit über 30 Milliarden Dollar der größte der Geschichte gewesen wäre. Anschließend verschwand Ma für mehrere Monate aus der Öffentlichkeit, was international Spekulationen über sein Schicksal auslöste. Die chinesische Regierung startete zugleich eine umfassende Regulierungskampagne gegen große Technologiekonzerne, insbesondere gegen Alibaba. Das Unternehmen wurde zu einer Rekordstrafe von 2,8 Milliarden Dollar verurteilt und zur Umstrukturierung gezwungen. Ma wurde faktisch entmachtet, verlor Einfluss auf die Leitung seiner Firmen und gab zahlreiche Kontrollrechte ab. Das war auch eine Warnung an andere private Unternehmer in China – ein Elon Musk ist dort also undenkbar.

Tereza Pultarova zitiert den Raumfahrtexperten Hines, der meint, trotz der Rivalität mit SpaceX seien viele in China nicht davon überzeugt, dass die kommerzielle Raumfahrt in ihrem Land wirklich Fuß fassen werde. Ambitionierte Projekte wie die Entwicklung riesiger wiederverwendbarer Raketen, die mit dem Starship von SpaceX konkurrieren könnten, fänden möglicherweise keine Investoren, die bereit seien, das hohe Risiko zu akzeptieren, das Milliardäre wie Musk oder Bezos eingehen.[460]

»Die wirklich bedeutenden Raumfahrtunternehmen in den USA sind zum Teil deshalb so erfolgreich, weil Menschen wie Elon Musk bereit sind, drei oder fünf Milliarden Dollar auf einer Startrampe explodieren zu sehen«, so Hines. »Das ist eine Risikobereitschaft, die sehr ungewöhnlich ist, und die Frage ist, ob private Unternehmer in China bereit sind, ihr Kapital in gleichem Maße aufs Spiel zu setzen.«[461] Welches sind die bekanntesten unter den Hunderten chinesischen privaten Raumfahrtunternehmen? Chinas Space-Industrie, so Curcio, »verfügt über eine beeindruckende Breite und eine sehr starke Basis. Dies steht im Gegensatz zur heutigen US-Raumfahrtindustrie, in der die überwiegende Mehrheit der Raketen und Satelliten von einem einzigen Mega-Unternehmen mit einem beeindruckenden Grad an vertikaler Integration stammt.«[462]

Curcio verdeutlicht die unterschiedliche Struktur der amerikanischen und der chinesischen Raumfahrtindustrie: »Ich sage immer, wenn wir das beeindruckendste kommerzielle Raumfahrtunternehmen im Westen mit dem beeindruckendsten in China vergleichen, liegt der Westen weit vorne. Und wenn wir die Nummer 2 in beiden Ländern vergleichen, ist es wahrscheinlich dasselbe. Aber wenn wir die Nummer 5 im Westen mit der Nummer 5 in China vergleichen, wird es knapper. Und die Nummer 10 in China liegt unbestreitbar vorne. Und die Nummer 20 wahrscheinlich auch. Und die Nummer 30 ... Sie verstehen, worauf ich hinauswill. Das Gleiche gilt für Satelliten, Laserkommunikationsterminals, Triebwerke und den Rest der Lieferkette.«[463]

Und es kommen laufend neue Unternehmen dazu. Kürzlich schätzte der Vertreter eines staatlichen chinesischen Raumfahrtunternehmens auf einer Konferenz, dass es inzwischen allein im Launch-Sektor mindestens 35 Start-ups gebe.[464]

Daher sollen hier beispielhaft nur einige der bekannteren Namen genannt werden:

Das 2015 gegründete Unternehmen *LandSpace* war eines der ersten chinesischen privaten Raumfahrtunternehmen. Besonders bekannt ist die Rakete »Zhuque-2«, die 2023 als erste mit Methan angetriebene Rakete erfolgreich in den Orbit gestartet wurde – weltweit ein Novum. Die US-Unternehmen SpaceX mit Starship und Relativity

Space mit Terran 1 hatten zwar im gleichen Jahr ebenfalls Startversuche mit Methan-Raketen, aber beide scheiterten. Das Starship von SpaceX explodierte nach dem Start, und Terran 1 erreichte den Orbit nicht. Methan ist ein effizienter, kostengünstiger und zukunftsorientierter Treibstoff, besonders für wiederverwendbare Raketen und interplanetare Missionen. Wie wir gesehen haben, verwendet auch das Starship Methan, u.a. deshalb, weil es auf dem Mars hergestellt werden kann.

i-Space, gegründet 2016, war das erste chinesische Privatunternehmen, das 2019 eine Rakete (»Hyperbola-1«) in eine Umlaufbahn brachte. Das Unternehmen arbeitet an weiterentwickelten Raketen wie »Hyperbola-2« mit wiederverwendbarer Technologie.

Galactic Energy wurde 2018 gegründet und hat mit der »Ceres-1«-Rakete (Stand Januar 2026) 23 Starts absolviert, davon 21 erfolgreich.[465] Das Unternehmen plant mittelfristig auch Flüssigtreibstoffraketen wie »Pallas-1«, die wiederverwendbar sein sollen. Zudem will es sich langfristig im Bereich Asteroid Mining engagieren.

CAS Space wird häufig als »kommerzielles Unternehmen« gewertet, obwohl es mit der Chinesischen Akademie der Wissenschaften verbunden ist. Es entwickelt unter anderem die »Kinetica«-Raketenfamilie und plant suborbitale wie auch orbitale Missionen. Ab 2027 will es Touristenflüge anbieten.

Deep Blue Aerospace wurde 2016 gegründet und arbeitet an der Entwicklung einer wiederverwendbaren Orbitalrakte, Nebula-1. Zudem will das Unternehmen mit Weltraumtourismus Geld verdienen und ebenfalls ab 2027 suborbitale Passagierflüge anbieten. Die ersten beiden Tickets wurden schon publikumswirksam bei einem Live-Streaming-Event im Oktober 2024 verkauft. Auch hier sieht man, dass die Chinesen gerne von amerikanischen Unternehmen lernen, denn die Rakete wird dem New-Shepard-System von Jeff Bezos' Unternehmen Blue Origin ähneln. Die Kapsel stimmt größenmäßig ziemlich genau mit dem New Shepard überein und sieht auch so ähnlich aus. Blue Origin wie Deep Blue Aerospace setzen auf dasselbe Suborbital-Tourismuskonzept: wiederverwendbare Rakete mit oben aufgesetzter Kabine für wenige Minuten Schwerelosigkeit und Rückkehr per Fallschirm/Retro-Schubsystem.[466]

China kommt auch beim Thema der Wiederverwendbarkeit weiter. Das private Unternehmen Sepoch führte am 30. Mai 2025 erfolgreich einen Testflug von Chinas erstem wiederverwendbarem Raketenstart mit Flüssigsauerstoff-Methan-Antrieb und anschließender Bergung auf See durch. Der Test fand am Oriental Aerospace Port in Haiyang in der ostchinesischen Provinz Shandong statt. In den sozialen Medien gab das Unternehmen an, dass der Test mehrere Raketentechnologien integrierte, darunter Flüssigsauerstoff-Methan-Antrieb. Die Konstruktion aus rostfreiem Stahl ermöglicht eine weiche Landung auf See. Laut dem Unternehmen verliefen alle Phasen reibungslos, und die Rakete wurde nach dem Aufsetzen erfolgreich geborgen.[467]

Was die Finanzierung der Unternehmen anlangt, so erfolgt diese teils mit privatem Kapital, teils vom Staat oder von einzelnen Provinzen und Städten, die Investitionen oft an die Bedingung knüpfen, dass die Unternehmen in ihrer Stadt oder Provinz Fabriken errichten oder andere Infrastruktur.[468]

Möglicherweise hat das dazu beigetragen, dass es inzwischen viele zersplitterte Produktionsstätten gibt, verteilt über China. Curcio schätzt, dass sich von 2015 bis 2025 deren Zahl von etwa zehn auf vielleicht 100 verzehnfacht hat.[469]

Hier sieht man den unguten Einfluss der Politik, den man auch in den USA beobachten kann, wo Aufträge oft nach dem Kriterium vergeben werden, wie viele Arbeitsplätze in einem Bundesstaat geschaffen werden. Unternehmen werden in Bundesstaaten durch üppige Anschubfinanzierungen und Steuererleichterungen gelockt und bedanken sich beim Gouverneur, Senator oder Kongressabgeordneten, die den Weg dazu ebneten, mit bedeutenden Wahlkampfspenden. Auf China bezogen warnt Curcio vor einer zu großen regionalen Zersplitterung der Raumfahrtindustrie: »Sollten Städte wie Chishou, Deyang, Tai'an oder Shaoxing versuchen, sich als Hotspots für kommerzielle Raketenstarts zu profilieren? Eher nicht. Und haben die lokalen Industrieentwicklungsfonds wirklich das Know-how, um die Geschäftsmodelle solcher Firmen fundiert zu bewerten? Auch das ist fraglich.«[470]

In China gehören die Raketen- und Satellitenproduktion sowie satellitengestützte Kommunikationsdienste zu den größten Bereichen der Raumfahrttechnologie. Diese Sektoren werden stark vom Staat gefördert – zwischen 40 und 50 Prozent der Finanzierung stammen aus öffentlichen Mitteln. Auch im Bereich Operations & Services dominiert mit 50 bis 70 Prozent staatliches Kapital. Ein Grund dafür könnte sein, dass diese Geschäftsmodelle vergleichsweise geringe Margen bieten und daher für private Investoren weniger attraktiv sind. Zukunftstechnologien befinden sich ebenfalls überwiegend in staatlicher Hand, da sie eng mit öffentlichen Forschungseinrichtungen verbunden sind. Gleichzeitig investieren private Geldgeber zunehmend in Segmente wie Remote Sensing, Navigationsdienste und die Herstellung von Komponenten für Raketen und Satelliten.[471]

Von außen ist der tatsächliche Stand der privaten Raumfahrt in China schwer einzuschätzen. Tatsache ist, dass der Staat stärker dominiert als heute in den USA. Ob sich eine Entwicklung in China vollziehen wird, die ähnlich ist wie in den USA in den vergangenen 20 Jahren, hängt davon ab, ob eher ideologische oder pragmatische Ansätze dominieren werden. Für eine Stärkung des privaten Sektors spricht, dass die Chinesen mit dem Erfolg von SpaceX und anderen Unternehmen in den USA vor Augen geführt bekommen haben, dass private Unternehmen oft sehr viel effizienter und innovativer sind als große Staatsunternehmen. Dagegen spricht, dass China garantiert nicht dulden wird, dass sich extrem erfolgreiche Unternehmer wie ein Elon Musk profilieren. Bemerkenswert ist dennoch, dass entgegen der Tendenz, für die Xi Jinping generell steht – nämlich eine stärkere Rolle des Staates –, unter seiner Ägide die private Raumfahrtindustrie überhaupt erst entstanden ist und sich weiter entwickelt.

Greg Autry und Peter Navarro beschreiben in ihrem Buch »Red Moon Rising. How America will Beat China on the Final Frontier«: »Ein staatlich kontrolliertes Raumfahrtprogramm wird uns im Wettstreit mit China nicht den Sieg bringen – wir werden China nicht im Sozialismus übertrumpfen. In der ersten Phase des Wettlaufs ins All konnten wir gegen die Sowjetunion gewinnen, weil wir die industrielle Supermacht waren und mehr investieren konnten als alle anderen. Heute, im neuen Raumfahrtzeitalter, brauchen wir vor allem Innovation, Kapital und den Schutz unseres geistigen Eigentums, um das Wachstum unseres privatwirtschaftlichen Sektors zu sichern.«[472] Und: »Der Schlüssel zum Sieg im zweiten Raumfahrtwettlauf liegt in der Privatwirtschaft. Mit großangelegten Regierungsprogrammen werden wir China nicht überholen – die kommerzielle Raumfahrt ist unsere stärkste Trumpfkarte.«[473]

Das ist zweifelsohne richtig. Im Kern geht es darum, welches Land der privaten Raumfahrt mehr Freiheit gibt. Im Moment sind das die USA, aber China hat das registriert und setzt deshalb schon seit mehr als einem Jahrzehnt nicht mehr ausschließlich auf staatliche Raumfahrt. Und man sollte die Chinesen nicht unterschätzen: Auch wenn sie im Moment noch mehr abschauen von SpaceX, Blue Origin und anderen US-Unternehmen – das muss nicht so bleiben. In der Vergangenheit haben die Chinesen bewiesen, etwa in der Automobilindustrie, dass sie zuerst westliche Produkte kopieren und dann selbst Innovationen durchführen und westliche Firmen überholen.

Ein Beispiel: Geely wurde 1986 als Hersteller von Kühlschrankteilen gegründet und stieg 1997 in die Automobilindustrie ein – damit war es Chinas erstes privat finanziertes Automobilunternehmen. Li Shufu, ein privater Unternehmer, ist der Vorsitzende und Mehrheitsaktionär. Ende Oktober 2020 war Geely die erste chinesische Automarke, die weltweit mehr als zehn Millionen Fahrzeuge verkauft hat. Bis 2024 hat Geely insgesamt mehr als 17 Millionen Fahrzeuge abgesetzt und ist seit fünf Jahren in Folge Verkaufsführer unter den chinesischen Automarken.[474]

Parallel zur Auto-Strategie investiert Geely in die Raumfahrt. Bereits 2018 gründete die Gruppe die Tochterfirma Geespace, um eine Low-Earth-Orbit-Satellitenkonstellation aufzubauen. Inzwischen (Stand Ende November 2025) befinden sich 64 Satelliten im Orbit.[475] Für Phase zwei ist ein Ausbau auf insgesamt 240 Satelliten geplant, die nicht nur hochpräzise Positionsdaten, sondern auch Erdbeobachtung mit einer Auflösung von ein bis fünf Metern liefern sollen. Ziel ist es, Fahrzeuge – insbesondere autonom fahrende Modelle – über Navigation,

Echtzeit-Konnektivität und KI-basierte Fernerkundung zu vernetzen und die autonome Mobilität entscheidend voranzubringen. Terminals und Chips für die Satellitenkommunikation werden bereits in Serie gefertigt und in Fahrzeugen verschiedener Geely-Marken integriert. Gleichzeitig baut Geespace seine internationalen Aktivitäten aus und hat Partnerschaften mit Netzbetreibern in mehr als 20 Ländern geschlossen, darunter ein Joint Venture mit der malaysischen Altel Group, um Südostasien zu erschließen. Damit gehört Geely zu den wenigen Automobilherstellern weltweit, die eine eigene Satelliteninfrastruktur entwickeln und sich damit in gewisser Weise auch in Konkurrenz zu Raumfahrtunternehmen wie SpaceX positionieren.

Der Westen darf auf keinen Fall die chinesische Raumfahrt unterschätzen. Die verbreitete Vorstellung, eine »kommunistische Planwirtschaft« in China trete gegen eine »kapitalistische Wirtschaft« in den USA an, ist nicht nur stark vereinfacht, sie ist auch falsch.

10. Ohne Privateigentum wird es nicht gehen

Ich möchte Sie auf ein Gedankenexperiment mitnehmen: Sie gründen eine Firma für Asteroid Mining. Es ist am Anfang schwer. Sie wissen, dass Gewinne ungewiss sind und wenn, dann frühestens in fünf Jahren kommen werden, vielleicht auch erst in zehn. Es dauert lange, bis Sie Investoren finden, die Ihnen vertrauen, weil zuvor schon mehrere Firmen mit fast gleichlautenden Konzepten insolvent gegangen sind. Zudem ist den meisten der Investitionszeitraum, bis ihr Geld wieder zurückkommt, viel zu lang. Doch Sie bleiben hartnäckig und können einige Geldgeber überzeugen.

Sie engagieren Astronomen, die auf die Suche gehen nach Asteroiden mit wertvollen Metallen wie Platin. Sie senden eine unbemannte Sonde zu einigen erdnahen Asteroiden, um zuerst einmal Proben zu entnehmen. Die ersten Objekte stellen sich als wenig lohnend heraus. Die Kosten sind zu hoch im Vergleich zu dem möglichen Gewinn.

Doch dann kommt der Durchbruch: Sie finden einen geeigneten Asteroiden, und es gelingt Ihnen in der Tat, wertvolle Metalle der Platin-Gruppe zur Erde zu bringen. Aber dann klagt eine Gruppe von Ländern, die 1979 den sogenannten »Mondvertrag« unterzeichnet haben, das »Agreement Governing the Activities of States in the Moon and other Celestial Bodies«, das 1984 in Kraft trat. Der Vertrag bezieht sich nicht nur auf den Mond, sondern auf alle Himmelskörper und somit auch auf Asteroiden.

Einige Länder fordern nun, dass Sie einen großen Teil Ihres Gewinns abgeben sollen an Menschen, die noch nie etwas mit Asteroid Mining zu tun hatten und von denen viele nicht einmal genau sagen könnten, was ein Asteroid ist. Geschweige denn, dass sie Raketen in den Orbit gebracht hätten. Sie berufen sich aber auf Artikel IV, Absatz 1 sowie Artikel XI, Absatz 1 und 3 des Vertrags, in denen es heißt:

»Die Erforschung und Nutzung des Mondes soll Aufgabe der gesamten Menschheit sein und zum Nutzen und im Interesse aller Länder, unabhängig von ihrem wirtschaftlichen und wissenschaftlichen Entwicklungsstand, erfolgen. Dabei sind die Interessen künftiger Generationen sowie die Notwendigkeit der Förderung eines höheren Lebensstandards und besserer wirtschaftlicher und sozialer Bedingungen im Einklang mit der Charta der Vereinten Nationen gebührend zu berücksichtigen.«[476] So weit Artikel IV.

In Artikel XI heißt es: »Der Mond und seine natürlichen Ressourcen sind das gemeinsame Erbe der Menschheit ... Weder die Oberfläche noch der Untergrund des Mondes, noch irgendein Teil davon oder die darin vorhandenen natürlichen Ressourcen dürfen Eigentum eines Staates, einer internationalen zwischenstaatlichen oder nichtstaatlichen Organisation, einer nationalen Organisation oder einer nichtstaatlichen Einrichtung oder einer natürlichen Person werden.«

Der Mondvertrag, inzwischen von 22 Ländern unterzeichnet und von 18 ratifiziert, wurde in Anlehnung an das Gesetz über den Meeresboden konzipiert, und ein Delegierter aus Sri Lanka erklärte damals in einfachen Worten, wie das gedacht sei: »Wenn Sie die Klümpchen auf dem Meeresgrund berühren, berühren Sie mein Eigentum. Wenn Sie sie wegnehmen, nehmen Sie mir mein Eigentum weg.«[477]

Die Kläger fordern nun ihren »gerechten Anteil« an dem Gewinn, den Sie erzielt haben, denn das Platin gehöre nicht Ihnen, sondern der gesamten Menschheit – und insbesondere auch den Entwicklungsländern, die oft noch keine Raumfahrt betreiben. Würden die Kläger recht bekommen, könnten weder Sie noch ein anderes Unternehmen künftig Investoren gewinnen. Das Thema Asteroid Mining wäre nach diesem ersten Versuch Geschichte.

Hier halten wir erst einmal inne – ich werde später ausführlicher auf den Mondvertrag, seine Geschichte und Relevanz eingehen. Nur so viel jetzt schon: Der Investor kann beruhigt sein, denn die Klage auf Basis eines Vertrags, den nur wenige Länder unterzeichnet haben, ist nicht erfolgversprechend.

Zunächst aber ein zweites Gedankenexperiment: Wir sind im Jahr 2075. Es ist gelungen, erste Siedlungen auf dem Mars zu etablieren, mit einigen Tausend Menschen und einem Vielfachen an Robotern. Die Menschen bauen unterirdische Häuser und Kuppelsiedlungen, ein Krankenhaus und andere Einrichtungen. Aber es gibt ein Problem: Sie müssen lernen, dass es auf dem Mars – anders als da, wo sie herkommen – kein Privateigentum an Grund und Boden gibt. Sie versuchen zwar Privatbesitz zu begründen und sogar ein digitales Grundbuch einzurichten, doch Juristen pfeifen sie zurück. Diesmal beziehen sie sich nicht auf den Mondvertrag von 1984, sondern auf den Weltraumvertrag (Outer Space Treaty) von 1967. Hier heißt es in Artikel II: »Der Weltraum einschließlich des Mondes und anderer Himmelskörper unterliegt keiner nationalen Aneignung durch Beanspruchung der Hoheitsgewalt, durch Benutzung oder Okkupation oder durch andere Mittel.«[478] Und in Artikel I des Vertrags heißt es, die Nutzung des Weltraums »wird zum Vorteil und im Interesse aller Länder ohne Ansehen ihres wirtschaftlichen und wissenschaftlichen Entwicklungsstandes durchgeführt und ist Sache der gesamten Menschheit«.[479]

Das Argument, das beim Mondvertrag galt, nur wenige Länder hätten den Vertrag unterzeichnet, kann hier nicht vorgetragen werden, denn der Weltraumvertrag wurde von 139 Staaten unterzeichnet und von 117 ratifiziert,[480] darunter alle wichtigen Raumfahrtnationen wie die USA, China und Russland.

Die Kläger stellen sich auf den Standpunkt, der Vertrag verbiete in Artikel II nicht nur die Aneignung von Himmelskörpern durch Nationen, sondern auch jede Form des Privateigentums. Und Artikel I sei so auszulegen, dass die Erträge aus der Rohstoffgewinnung gleichmäßig unter den Nationen aufzuteilen seien – eine Interpretation, die mitunter vertreten wurde.[481]

Ob sie mit dieser Auslegung recht haben, werde ich später prüfen. Nehmen wir einen Moment lang an, sie hätten recht mit dieser Auslegung. Es gibt kein Eigentum, weder staatliches Eigentum an Grund und Boden (den sie gegebenenfalls pachten könnten) noch Privateigentum, da jede Form der Aneignung durch Staaten oder Privatpersonen verboten sei. Könnte eine solche Gesellschaft existieren oder gar wirtschaftlich erfolgreich sein? Natürlich nicht.

In den meisten erfolgreichen Ländern gibt es Privateigentum an Grund und Boden. Und dort, wo es das nicht gibt, können Sie immerhin vom Staat für 50 bis 99 Jahre Nutzungsrechte erwerben, die auch weiterverkauft werden können – das gilt etwa in Vietnam und China oder (hinsichtlich der 99 Jahre) in Singapur. Nur in Nordkorea ist nicht einmal das möglich. Die Eigentumsverhältnisse auf dem Mars wären also am ehesten mit denen in Nordkorea zu vergleichen, einem Land, in dem große Armut herrscht und in dem bei jeder schlechten Ernte

Menschen hungern.[482] Glauben Sie, eine Siedlung auf dem Mars könnte erfolgreich sein, wenn sie wirtschaftlich Nordkorea ähnelt?

Was soll Menschen und Unternehmen motivieren, Grundstücke auf dem Mars zu entwickeln und sich dort anzusiedeln, wenn sie kein Privateigentum erwerben können oder aber die Erträge aus der Bewirtschaftung zumindest teilweise abgeben müssten? Eine Gesellschaft auf dem Mars, der so schwierige Umweltbedingungen hat wie nirgendwo auf der Erde (selbst die Antarktis ist viel menschenfreundlicher, weil es dort Sauerstoff, normale Schwerkraft und Druckverhältnisse gibt), könnte nur mit einem maximal effizienten Wirtschaftssystem funktionieren (mindestens so marktwirtschaftlich wie Singapur), aber nicht mit einem maximal ineffizienten Wirtschaftssystem.

Viel spricht dafür, dass der Mars schon deshalb in einem ähnlichen Zustand bleiben würde wie die Antarktis. Der Antarktisvertrag, der 1959 unterzeichnet wurde und 1961 in Kraft trat, enthält Bestimmungen, die sowohl die Förderung von Rohstoffen als auch den Erwerb bzw. Besitz von Grundstücken rund um den Südpol stark einschränken bzw. untersagen. Artikel IV des Vertrags friert alle bestehenden territorialen Ansprüche ein und verbietet neue Ansprüche oder die Erweiterung bestehender Rechte, solange der Vertrag in Kraft ist. Es wird also kein Souveränitätsanspruch anerkannt, und kein Staat darf die Antarktis als eigenes Territorium reklamieren oder dort Hoheitsrechte ausüben.

Besonders deutlich wird das Verbot der Rohstoffförderung im sogenannten »Umweltschutzprotokoll zum Antarktisvertrag« (auch »Protokoll von Madrid« genannt), das 1991 verabschiedet und 1998 rechtskräftig wurde. Artikel 7 des Protokolls besagt: »Jegliche Tätigkeit im

Zusammenhang mit mineralischen Ressourcen, mit Ausnahme wissenschaftlicher Untersuchungen, ist verboten.« Das bedeutet, dass der kommerzielle Abbau von Bodenschätzen – seien es Metalle, fossile Energieträger oder andere Rohstoffe – in der gesamten Antarktis grundsätzlich untersagt ist. Dieses Verbot wurde zunächst für 50 Jahre festgeschrieben, also bis 2048. Danach kann es überprüft werden, wobei Änderungen nur durch Konsens aller Vertragsparteien möglich sind.

Doch nun mehr zur Geschichte des Weltraum- und des Mondvertrags und zur Diskussion über deren Auslegung. Ende der 50er-Jahre begann das Weltraumrennen zwischen Washington und Moskau, bei dem zuerst die Sowjetunion vorne lag. Damals war nicht klar, wer es gewinnen würde. Die beiden Supermächte wollten ein Wettraum-Wettrüsten – zumal mit atomaren Waffen – vermeiden. Im Dezember 1963 beschlossen die Vereinten Nationen eine erste wichtige Resolution, die später in den Weltraumvertrag eingehen sollte. Die Resolution verlangte: Der Weltraum, einschließlich des Mondes und anderer Himmelskörper, dürfe ausschließlich zu friedlichen Zwecken genutzt werden. Militärische Aktivitäten, insbesondere die Stationierung von Massenvernichtungswaffen im All, wurden damit ausgeschlossen. Die Nutzung des Weltraums sollte allen Staaten zugutekommen, unabhängig von ihrem wirtschaftlichen oder technologischen Entwicklungsstand.

Die Resolution legte fest, dass kein Staat Hoheitsrechte über Himmelskörper beanspruchen dürfe – eine Aneignung durch Souveränität, Nutzung oder Besetzung wurde ausdrücklich ausgeschlossen. Sie forderte darüber hinaus internationale Zusammenarbeit bei der Erforschung und Nutzung des Weltraums. Staaten wurden verpflichtet, für sämtliche Aktivitäten ihrer staatlichen wie nichtstaatlichen Akteure im All Verantwortung zu übernehmen. Die Resolution bildete die Grundlage für den Weltraumvertrag von 1967, der diese Prinzipien erstmals völkerrechtlich verbindlich festschrieb.

Zur Einordnung muss man verstehen, dass damals der Weltraum nicht unter dem Aspekt der wirtschaftlichen Nutzung und Gewinnung von Rohstoffen oder Energie gesehen wurde, sondern als »zerbrechliches Juwel, das man beobachten und studieren sollte«.[483] Dies spiegelte sich auch in dem Weltraumvertrag von 1967 wider, offiziell »Vertrag über die Grundsätze zur Regelung der Tätigkeiten von Staaten bei der Erforschung und Nutzung des Weltraums einschließlich des Mondes und anderer Himmelskörper«. Er legt das zentrale völkerrechtliche Rahmenwerk für alle Aktivitäten im Weltraum fest.

Bereits Artikel I bekräftigt die Freiheit der Erforschung und Nutzung des Weltraums durch alle Staaten, jedoch betont Artikel IV die besonderen Beschränkungen im militärischen Bereich. Er verbietet ausdrücklich die Stationierung von Kernwaffen und anderen Massenvernichtungswaffen im Orbit der Erde, auf dem Mond oder anderen Himmelskörpern. Auch der militärische Ausbau von Basen, Einrichtungen oder Befestigungen auf Himmelskörpern sowie das Testen jeglicher Art von Waffen dort sind untersagt. Der Vertrag verbietet jedoch nicht jede Form militärischer Nutzung des Weltraums, sondern lässt eine gewisse Grauzone offen, insbesondere hinsichtlich der Platzierung konventioneller Waffen in der Erdumlaufbahn oder des Einsatzes militärischer Satelliten zu Kommunikations- oder Aufklärungszwecken, was in der Praxis zahlreiche Staaten nutzen.

Neben diesen sicherheitspolitisch relevanten Regelungen enthält der Vertrag grundlegende Prinzipien zur internationalen Verantwortung: So legt Artikel VI fest, dass Staaten für alle nationalen Aktivitäten im Weltraum verantwortlich sind, gleich ob diese durch Regierungsstellen oder nichtstaatliche Akteure erfolgen. Artikel VII wiederum normiert die Haftung eines Staates für Schäden, die durch seine Weltraumobjekte entstehen, unabhängig davon, ob der Schaden im Weltraum oder auf der Erde verursacht wurde.

Entscheidend für die Frage, ob Privateigentum erlaubt ist oder nicht, ist der oben bereits zitierte Artikel II. Um dessen Auslegung führen Juristen zahlreiche Kontroversen. Es gibt viele verschiedene Auslegungen, die sich zunächst darauf beziehen, ob das »Aneignungsverbot« nur für die im Vertrag ausdrücklich genannten *Staaten* gelte oder auch für *Privatpersonen* bzw. *Unternehmen*, die in dem Artikel nicht genannt werden.

Glenn H. Reynolds und Robert P. Merges vertreten in »Outer Space. Problems of Law and Policy« die Meinung: »Da Staaten daran gehindert sind, Souveränitätsrechte und ausschließliche Eigentumsrechte im Weltraum für sich zu beanspruchen, wird argumentiert werden, dass es ihnen auch untersagt ist, quasi-souveräne und ausschließliche Eigentumsrechte an solchen Gebieten und Ressourcen an natürliche und juristische Personen zu übertragen, die ihrer nationalen Gerichtsbarkeit unterliegen und durch internationale Übereinkünfte geschaffen wurden.«[484]

Die Vertreter dieser Meinung, dass auch die Aneignung durch Privatpersonen verboten sei, argumentieren,[485] ein Eigentumserwerb durch Private würde die in Artikel I garantierten Freiheiten des Zugangs, der Erforschung und der Nutzung für alle Staaten beeinträchtigen. Würde es privates Eigentum geben, so etwa der Weltraumrechtler Marcus Schladebach, wären diese Freiheiten limitiert und der Rechtsstatus des Weltraums als hoheitsfreier Gemeinschaftsraum gefährdet. Wenn schon eine nationale Aneignung ausgeschlossen sei, dann müsse erst recht eine private verboten sein. Den Staaten solle es zudem verwehrt sein, sich in private Rechtsformen zu begeben und dadurch das Verbot nationaler Aneignung zu umgehen. Zudem zeige Artikel VI des Weltraumvertrags, dass er auch für nichtstaatliche Unternehmen gelte, für die der Staat verantwortlich bleibe. Dieses Konzept, dass der Staat seine jeweiligen privaten Raumfahrtunternehmen stets »mitdenke« und »mitregle«, müsse auch für Artikel II bestimmend sein.[486]

Andere Wissenschaftler vertreten genau die Gegenposition: Die nationale Souveränität ende, wo der Weltraum beginne, somit sei die nationale Aneignung des Mondes, anderer Planeten und Asteroiden verboten – nicht aber privates Eigentum an den Himmelskörpern.[487] Diese Juristen beziehen sich auf den Rechtsgrundsatz *expressio unius est exclusio alterius*, also: Wer das eine ausdrücklich nennt, schließt damit andere, nicht genannte Dinge aus. Wird in einem Gesetz oder Vertrag beispielsweise eine bestimmte Möglichkeit aufgeführt, lässt das den Schluss zu, dass andere vergleichbare Möglichkeiten von dem Gesetz oder Vertrag unberührt bleiben. Der Grundsatz dient der Auslegung von Rechtsnormen und unterstützt die Annahme, dass das, was nicht erwähnt wird, auch nicht gewollt ist.[488]

Andere Juristen sind hingegen der Auffassung, es sei zwar Privatpersonen oder Unternehmen nicht verboten, Privatbesitz zu beanspruchen, aber es sei ein Straftatbestand für eine Nation, einen solchen Anspruch öffentlich anzuerkennen. Diese Deutung verwechselt jedoch die Begriffe »recognize« und »confer«, wie die Juristen Alan Wasser und Douglas Jobes ausführen: ›To recognize‹ bedeutet, die Existenz, Gültigkeit oder Rechtmäßigkeit anzuerkennen (anerkennen, akzeptieren, stillschweigend hinnehmen oder sich nicht widersetzen). Im Gegensatz dazu bedeutet ›to confer‹, etwas zu ›grant‹ (verleihen, gewähren oder zusprechen) – etwa einen Titel, Grad, Vorteil oder ein Recht. »Wenn eine Nation das Recht beansprucht, Titel an Mondland zu übertragen, zu vergeben und zu gewähren, könnte sie damit gegen das Verbot der nationalen Aneignung verstoßen. Wenn jedoch eine Siedlung gegründet wird und die Siedler das private Eigentum an dem Land um ihre Siedlung beanspruchen und ein Dutzend Nationen der Erde den Anspruch der Siedler anerkennen, ist es nicht vernünftig zu sagen, dass alle Dutzend Nationen versuchen, sich das Land anzueignen und damit gegen den Weltraumvertrag zu verstoßen.«[489]

Andere Juristen argumentieren mit verschiedenen Bestimmungen des Weltraumvertrags, in denen zum Beispiel Staaten dafür haftbar gemacht werden, wenn eine Rakete eines Privatunternehmens ihres Landes in einem anderen Land abstürzt. Zudem seien die Staaten verpflichtet, die Tätigkeit von privaten Unternehmen, die in ihrem Territorium ansässig seien, zu genehmigen und zu überwachen. Daraus folgern sie, dass, auch wenn es nicht ausdrücklich gesagt wird, der Weltraumvertrag die private Aneignung verbiete.

Dagegen wenden Wasser und Jobes zu Recht ein: »Der Vertrag enthält jedoch eindeutig keine Formulierungen, die ausdrücklich besagen, dass Staaten ihren Bürgern nichts erlauben dürfen, was sie selbst nicht tun dürfen – entgegen der Annahme mancher Autoren. Der Vertrag besagt nicht, dass das, was Staaten verboten ist, daher auch privaten Akteuren verboten wäre, noch dass das, was dem Regulierer untersagt ist, notwendigerweise auch dem Regulierten verboten wäre. Ein Baseballtrainer erteilt seinen Spielern ›Genehmigung und fortlaufende Anleitung‹. Bedeutet die Tatsache, dass der Trainer nicht aufs Spielfeld laufen darf, um einen Flugball zu fangen, etwa, dass die von ihm instruierten Spieler das ebenfalls nicht dürfen?«[490]

Die Formulierung in Artikel I des Weltraumvertrags sagt, dass der Weltraum »Besitz/Erbe der gesamten Menschheit« sei und die Himmelskörper »frei für die Erforschung und Nutzung durch alle Staaten ohne jegliche Diskriminierung auf der Grundlage der Gleichheit« seien sowie »freier Zugang zu allen Bereichen der Himmelskörper« bestehen solle.[491] Damit werde der Weltraum, so wird kritisiert, zu einem »öffentlichen Gut, dessen Eigentümer alle und niemand sind«.[492]

Der Jurist Schladebach dagegen meint, dass der Abbau von Bodenschätzen auf dem Mond oder anderen Himmelskörpern durch Artikel II des Weltraumvertrags verboten sei, und zwar auch für private Unternehmen. Seine Begründung kann indes nicht überzeugen. Unter anderem argumentiert er: »Wie man in den Mitte der 1960er-Jahre ausgearbeiteten Weltraumvertrag den Abbau von Mondressourcen hineinlesen will, ohne damals wissen zu können, ob jemals Menschen auf dem Mond landen können, erscheint nicht nachvollziehbar.«[493] Ebenso gut könnte man sagen: »Wie man in den Mitte der 1960er-Jahre ausgearbeiteten Weltraumvertrag das Verbot des Abbaus von Mondressourcen hineinlesen will, ohne damals wissen zu können, ob jemals Menschen auf dem Mond landen können, erscheint nicht nachvollziehbar.« Ja, vermutlich hat sich damals erst recht niemand vorstellen können, dass private Unternehmen Missionen zum Mond oder zu Asteroiden finanzieren, um dort Bergbau zu betreiben. Warum sollte man etwas verbieten, an das man gar nicht denkt?

Relativ unumstritten ist eigentlich nur, dass der Vertrag in vieler Hinsicht unklar ist, besonders wenn es um die Frage des Privateigentums und privater Unternehmen geht. Der Jurist Ezra Reinstein vertrat in einem Fachaufsatz die Meinung zur Interpretation des Weltraumvertrags: »Wir haben die Wahl, den Weltraumvertrag entweder als ausdrücklich privatwirtschaftsfeindlich oder lediglich als vage zu interpretieren.«[494]

Der Grund für diese Unklarheit: Damals standen für die USA und die UdSSR andere Fragen im Vordergrund, insbesondere, ein Wettrüsten im All und die Stationierung von Massenvernichtungswaffen dort zu verhindern. Private Raumfahrtunternehmen oder gar Konzepte, wonach private Unternehmen Asteroid Mining betreiben könnten, lagen 1967 in weiter Zukunft. Die Frage von privatem Eigentum war daher aus der Sicht der USA und der Sowjetunion eine Nebenfrage, die nicht im Mittelpunkt stand. Die Sowjetunion wollte allerdings in den Vertragsverhandlungen private Unternehmen im Weltraum am liebsten verbieten, was die USA ablehnten.[495] Also tat man das, was nationale Regierungen bei gemeinsamen internationalen Erklärungen oder Verträgen manchmal tun: Man einigte sich auf vage Formulierungen oder sparte die strittigen Themen aus, was heute zu den Schwierigkeiten bei der Auslegung führt.

Viele Jahre später verspürten einige Länder das Bedürfnis, die damals unklar gebliebenen Themen eindeutiger zu regeln. Wir haben gesehen, dass – anders als in Artikel II des Weltraumvertrags – in Artikel XI, Abs. 3 des Mondvertrags privates Eigentum im Weltraum explizit verboten wird. Dies wird als weiteres Indiz dafür gewertet, dass Artikel II des Weltraumvertrags zwar die Aneignung durch Nationen, aber nicht durch Privatpersonen verbiete: »Dass die Urheber des Mondvertrags eigens ein neues Verbot privaten Eigentums aufnahmen, deutet darauf hin, dass sie der Meinung waren, der zuvor bestehende Weltraumvertrag habe ein solches Verbot noch nicht bewirkt.«[496]

Der Mondvertrag, der nicht nur ausdrücklich Privateigentum verbietet, sondern nach manchen Auslegungen sogar eine egalitäre Verteilung der Gewinne fordert, die private Nutzer erzielen, atmet den Geist des Sozialismus. »Der Mondvertrag«, so der Weltraumexperte Rand Simberg, »war im Grunde genommen ein Instrument der Umverteilung: Er nahm jenen, die bereit waren, Risiken einzugehen und Kapital in die Erschließung neuer Ressourcen zu investieren, und gab es jenen, die dazu nicht bereit waren.«[497]

Die meisten Länder lehnten es, wenn auch aus unterschiedlichen Gründen, ab, ihn zu unterzeichnen. Wäre das, was im Mondvertrag präzise geregelt ist, genau das, was der Weltraumvertrag gemeint hat, also nur eine Konkretisierung des Weltraumvertrags – warum haben dann von den 139 Staaten, die den Weltraumvertrag unterzeichnet haben, 121 für den Mondvertrag ihre Unterschrift verweigert? Eigenartigerweise wird diese Frage selten gestellt.

Was tun, wenn ein Vertrag, in diesem Fall der Weltraumvertrag, so unterschiedlich ausgelegt wird? Zunächst: Man könnte ihn neu verhandeln. So forderte beispielsweise der Jurist Ezra Reinstein 1999 in einer juristischen Fachzeitschrift: »Nötig ist eine Überarbeitung des Weltraumvertrags, die die Eigentumsrechte im All sowohl definiert als auch ausweitet.«[498]

Zunächst müsse darin klargestellt werden, dass die Formulierung »›for the benefit … of all countries‹ als moralischer Appell zu verstehen ist – und nicht als Hintertür, durch die die Vereinten Nationen Privatpersonen enteignen könnten«.[499] Das Recht zur Nutzung des Eigentums dürfe nur beschränkt werden durch Umweltgesetze oder die nationalen Gesetze in dem Land des Projektentwicklers. Zudem sei es wichtig, in einem solchen Amendment das »right to exclude« festzuschreiben.[500]

Dieses »Ausschlussrecht« ist ein grundlegendes Konzept im Eigentumsrecht. Es gilt als eines der wichtigsten Zwangsmittel im Rechtsbündel des Eigentums. Dieses Recht ermöglicht es Eigentümern, den Zugang zu ihrem Grundstück, ihren Gebäuden oder anderen Besitztümern zu kontrollieren und mindestens rechtliche Schritte gegen unbefugte Personen einzuleiten.

Dass Reinstein all diese Klarstellungen durch ein Amendment für wichtig hielt, belegt einmal mehr, wie vage und wenig rechtssicher der Weltraumvertrag ist. Vielleicht wäre eine Gelegenheit zu einer Modifikation oder Neuverhandlung Ende der 1980er- oder Anfang der 1990er-Jahre gewesen, als der Sozialismus fast weltweit zusammengebrochen war und sogar Länder wie China und Russland das Privateigentum einführten.

Damals herrschte weltweit die Überzeugung, dass eine auf Privateigentum und freiem Unternehmertum basierende Gesellschaft allen sozialistischen Ideen weit überlegen war. Falls es diese Gelegenheit gab, wurde sie versäumt.

Dass jedoch heute ein Konsens über einen neuen Vertrag zu erzielen wäre, ist unwahrscheinlich. Das China Xi Jinpings ist nicht mehr das China Deng Xiaopings, und das Russland Putins ist nicht mehr das Russland Gorbatschows.

2020 machte der Chef der russischen Raumfahrtbehörde klar: »Unter keinen Umständen werden wir Bestrebungen zur Privatisierung des Mondes hinnehmen. Das ist rechtswidrig und steht im Widerspruch zum internationalen Recht.«[501] Andererseits könnte sich vielleicht eine Chance dadurch ergeben, dass die heutige Situation in einer Hinsicht der Zeit Mitte der 1960er-Jahre ähnelt, als die UdSSR und die USA den Weltraumvertrag aushandelten: Damals war noch nicht klar, wer von beiden das Weltraumrennen gewinnen würde. Wenn ich nicht weiß, ob ich Gewinner oder Verlierer sein werde, bin ich offener für faire Regelungen. Derzeit ist es nicht klar, ob die USA oder China den Wettlauf zum Mars gewinnen werden. Zwar liegen die USA durch SpaceX vorn, aber man sollte die Chinesen nicht unterschätzen, wie ich in Kapitel 9 gezeigt habe. Und auch wenn Xi Jinping nicht Deng Xiaoping ist, so stehen die Chinesen nicht generell gegen das Privateigentum.

Die USA sollten zumindest versuchen, das vielleicht nur schmale Zeitfenster zu nutzen, mit den Chinesen in Gespräche über eine Änderung des Weltraumvertrags zu kommen, die Privateigentum erlauben und die Unklarheiten des Artikels II beseitigen würde. Ob das von Erfolg gekrönt wäre, ist fraglich, aber es wäre einen Versuch wert. Aber dies ist nur eine Möglichkeit, vermutlich nicht die wahrscheinliche.

Die USA sind in den vergangenen Jahren einen anderen Weg gegangen, der jedenfalls in die richtige Richtung weist: Wird ein Vertrag von den diversen Ländern sehr unterschiedlich ausgelegt, dann wird es immer mehr zur Sache des nationalen Gesetzgebers, den Vertrag zu interpretieren. Und dies ist in den vergangenen Jahren geschehen, vor allem in den USA.

Dort hatten sich die damaligen republikanischen Senatoren Ted Cruz und Marco Rubio für einen »Commercial Space Launch Competitiveness Act« eingesetzt, den US-Präsident Barack Obama 2015 unterschrieb. Dieser gab allen US-Bürgern und Unternehmen das Recht,

»[jede] Asteroidenressource oder Weltraumressource zu besitzen, zu transportieren, zu nutzen und zu verkaufen, sofern sie gemäß geltendem Recht, einschließlich der internationalen Verpflichtungen der Vereinigten Staaten, gewonnen wurde«.[502]

Das Unternehmen Planetary Ressources hatte sich sehr für diese Klarstellung eingesetzt, die zeigte, wie die USA den Weltraumvertrag auslegen.[503] Ähnliche Gesetze wurden daraufhin auch in Luxemburg, den Arabischen Emiraten (UAE) sowie in Japan beschlossen. Gegen eine solche Interpretation des Vertrags wandten sich indes Russland, China und viele Entwicklungsländer.[504]

Noch einen Schritt weiter als Obama ging Donald Trump, der im April 2020 eine »Executive Order on Encouraging International Support for the Recovery and Use of Space Resources« unterschrieb. Hier wurde ausdrücklich die These verworfen, der Weltraum sei »global commons«. Der Mondvertrag, den die USA ohnehin nie unterzeichnet hatten, wurde ausdrücklich verworfen.[505]

Nur einen Monat später verkündete die NASA die Prinzipien des »Artemis Accords«, offiziell »Principles for cooperation in the civil exploration and use of the Moon, Mars, Comets and Asteroids for peaceful purposes«. Ein zentrales Element der Accords ist die Einführung sogenannter Sicherheitszonen (»safety zones«) – geografisch begrenzter Bereiche rund um eine Station oder Aktivität auf dem Mond oder einem anderen Himmelskörper. Diese Zonen sollen nicht dem Gebietsvorbehalt widersprechen, sondern der praktischen Umsetzung des Gebots friedlicher Nutzung dienen und potenzielle Konflikte durch zu nahe benachbarte Aktivitäten vermeiden. In Sektion 10 des Accords heißt es ausdrücklich:

»Die Unterzeichner bekräftigen, dass der Abbau von Weltraumressourcen nicht per se eine nationale Aneignung im Sinne von Artikel II des Weltraumvertrags darstellt und dass Verträge und andere Rechtsinstrumente im Zusammenhang mit Weltraumressourcen mit diesem Vertrag in Einklang stehen sollten.«[506]

Ursprünglich wurde die Vereinbarung von acht Staaten unterzeichnet – von den USA, Australien, Kanada, Italien, Japan, Luxemburg, den Vereinigten Arabischen Emiraten und dem Vereinigten Königreich. Der Kreis erweiterte sich auf 28 Staaten, und erst dann schloss sich auch Deutschland widerwillig und nach längerem Zögern im September 2023 der Vereinbarung an. Brancheninsider sprechen von einer »europäischen Zurückhaltung« oder gar »Widerstand« gegen das Abkommen.[507] Mittlerweile haben 60 Staaten die Vereinbarung unterzeichnet. Russland und China hingegen lehnen die Accords ab und kritisieren die Interpretation des Weltraumvertrags. So befürchtet China, dass die USA mit den Artemis Accords Souveränitätsansprüche über die auf dem Mond befindlichen Ressourcen verfolgten.[508]

Die Artemis Accords waren zwar ein Fortschritt, aber die Formulierung, dass Space Mining »not inherently« (nicht von Natur aus) eine Verletzung des Artikels II bedeute, der »national appropriation« (nationalstaatliche Aneignung) verbietet, machte die Sache wieder unklar, wie die Weltraum-Juristen Michael Byers und Aaron Boley in ihrem Werk »Who Owns Outer Space?« anmerken: »Gilt Space Mining manchmal als ›national appropriation‹ und manchmal nicht? War es ursprünglich keine ›national appropriation‹, kann aber als solche erscheinen, wenn sich Interessen und Interpretationen wandeln? Kann ein Ausdruck wie ›national appropriation‹, der kein ›ordinary meaning‹ hat, weil er außerhalb des Weltraumvertrags nicht verwendet wird, überhaupt eine Bedeutung haben?«[509]

Die in den Artemis Accords genannten »safety zones« könnten ein pragmatischer und indirekter Weg sein, faktisch Privateigentum zu begründen. Dass Gebiete, in denen zum Beispiel Rohstoffe abgebaut werden, in geeigneter Form gesichert und nach außen abgegrenzt werden müssen, ist logisch. Aber ein solcher Abbau kann Jahrzehnte dauern, und die Unterscheidung zwischen vorübergehender Nutzung und faktischer Besetzung des Terrains ist fließend.[510]

Jedenfalls rührte sich Widerspruch dagegen, und im August 2020 schrieben 140 Experten einen »International Open Letter on Space Mining« an den Präsidenten der Generalversammlung der Vereinten Nationen, damals Volkan Bozkır aus der Türkei. Sie forderten darin, so rasch wie möglich ein multilaterales Abkommen über »space resource exploration« auszuhandeln. Dies führte zur Bildung einer »Working Group on Space Resources« im Mai 2021, die aus Vertretern von Österreich, Belgien, der Tschechischen Republik, Finnlands, Deutschlands, Griechenlands, der Slowakei und Spaniens bestand. Sie betonten, wie wichtig es sei, dass die Nutzung von Ressourcen »zum Nutzen und im Interesse sämtlicher Länder [erfolgt], unabhängig von ihrem Stand der wirtschaftlichen oder wissenschaftlichen Entwicklung«.[511]

Hier waren wieder Österreich und Belgien dabei, die seinerzeit schon den Mondvertrag unterzeichnet hatten – und wieder der Gedanke, dass »alle Länder« profitieren sollten, auch jene, die weder irgendeine Expertise im Space Mining haben noch allgemein in der Raumfahrt.

Für einen Marktwirtschaftler ist ohnehin klar, dass vom Space Mining automatisch die ganze Menschheit profitieren wird, aber das ist offenbar nicht gemeint, sondern vielmehr versteckt sich dahinter der immer wieder ventilierte typisch sozialistische Gedanke, Unternehmen oder Länder, die weiter fortgeschritten sind und entsprechende Aktivitäten entfalten, stünden in der Pflicht, die Früchte ihrer Anstrengungen mit anderen zu teilen.

Was muss das Ziel sein? Ohne volles Privateigentum wird es keine Kolonisierung des Mars geben, und auch die wirtschaftliche Nutzung der Asteroiden und des Mondes wird schwierig. Wem sollten zuerst die Grundstücke auf dem Mars oder dem Mond gehören? Es gab verschiedentlich Leute, wie etwa den Amerikaner Dennis Hope, die ein Geschäft daraus machten, Grundstücke auf dem Mond zu verkaufen, ohne klarmachen zu können, warum sie sich dazu berechtigt sahen.[512]

Hope berief sich darauf, der Weltraumvertrag verbiete es nur Nationen, aber nicht Privatpersonen, Himmelskörper zu erwerben. Was ihn indes autorisiert haben soll, alle Himmelskörper des Sonnensystems zu seinem Eigentum zu erklären, konnte er nicht begründen.

Eine Spanierin fing sogar an, Anteile der Sonne zu verkaufen, weil Hope großzügigerweise keinen Anspruch auf sie angemeldet hatte, sondern sich mit all den anderen Himmelskörpern des Sonnensystems zufriedengab. Die lokale spanische Behörde für Grundstücksregistrierungen händigte ihr sogar ein Zertifikat über ihre Eigentümerstellung aus.[513] Das ist natürlich absurd. Ebenso gut könnte jemand morgen erklären, ihm gehöre das gesamte Weltall, und beginnen, jede Menge Planeten zu verkaufen, vielleicht gar »im Dutzend billiger«.

Der Experte für Weltraumrecht, Virgiliu Pop, hat ein ganzes Buch mit dem schönen Titel »Unreal Estate« geschrieben, in dem er zeigt, dass es von den 1890er-Jahren bis heute immer wieder Personen gab, die behaupteten, den Mond oder andere Himmelskörper zu besitzen, und jede Menge Käufer für Grundstücke fanden.[514] Es sollte klar sein: »Ansprüche auf Weltraumgrundstücke ohne tatsächliche Inbesitznahme begründen kein Eigentum. Etwas zu beanspruchen heißt nicht, es auch zu besitzen.«[515]

Aber offenbar ist das Verlangen, Anspruch auf Eigentum im Weltall zu erlangen, bei manchen so groß, dass der Verstand ausgeschaltet wird. Andererseits ist es ja auch eine gute Nachricht, dass das Interesse an den Grundstücken so groß ist. Sechs Millionen Kunden sollen bereits bei Hope gekauft haben, u. a. Tom Cruise, Nicole Kidman und John Travolta. Sogar von zwei ehemaligen Präsidenten der Vereinigten Staaten behauptet Hope, dass sie Zertifikate über den Besitz von Grundstücken auf dem Mond erworben hätten, ohne allerdings ihre Namen zu nennen.[516]

Diese Transaktionen lassen immerhin hoffen, dass es ausreichend Interesse gibt, wenn einmal echte Grundstücke auf dem Mond oder dem Mars zum Verkauf stehen werden. Sie werden jedoch mit Sicherheit wesentlich teurer sein als bei Hope. Er selbst ist im Übrigen dank seiner Zertifikate mehrfacher Millionär geworden.

Wer also sollte ein Recht haben, Eigentum im Weltall zu erlangen? Meine Antwort: Diejenigen, die die finanziellen Mittel haben, dorthin zu gelangen und das Land zu erschließen und zu nutzen.

Ein Beispiel: Wenn es SpaceX gelingt, zum Mars zu kommen, und es dort beginnt, dauerhafte Siedlungen zu errichten, dann sollte das Eigentum an Grund und Boden zuerst an SpaceX gehen. Natürlich nicht vom gesamten Planeten, sondern von einer überschaubaren Fläche, beispielsweise in der Größe von Singapur. Die Fläche des Mars ist 200 000-mal so groß wie die von Singapur, sodass SpaceX zunächst nur 0,0005 Prozent des Mars gehören würde. Das reicht aus, um viele Siedlungen zu entwickeln, aber auch nicht so viele, dass andere keine Chance mehr hätten.

SpaceX könnte die Flüge und die Entwicklungskosten refinanzieren, wenn es die Fläche in Form von Real Estate Investment Trusts (REIT) an die Börse bringen würde. Der Preis würde sich am Markt bilden. Die meisten Menschen würden Anteile nicht deshalb kaufen, um dort selbst zu wohnen, sondern in der Hoffnung auf Wertsteigerungen. Als Anreiz für Menschen, um dort zu siedeln und den Mars zu entwickeln, könnten sie zur »Begrüßung«, sobald sie den Mars erreichen, oder wenn sie eine bestimmte Mindestzeit dort verbringen, Aktien zum Vorzugspreis erhalten.

Wenn die Chinesen den Mars erreichen, könnten sie nach der oben skizzierten Idee dort ebenfalls Land beanspruchen, und dies bliebe wohl im Eigentum des chinesischen Staates. Aber sie würden vermutlich Erbbaurechte zur Nutzung über 50 bis 70 Jahre verkaufen, wie das in China üblich ist. Allerdings ist Vorsicht geboten: Wenn die Chinesen zuerst auf dem Mars sind, kann niemand ausschließen, dass sie den ganzen Planeten als zu China gehörig erklären. Das wäre zwar eine klare Verletzung von Artikel II des Weltraumvertrags, aber dieser ist laut Artikel XVI mit einer Frist von einem Jahr kündbar. Und was wollten die Amerikaner dann tun? Krieg? Sanktionen? Es wäre aus diesem Grund besser, einen neuen Weltraumvertrag auszuhandeln, bevor klar ist, wer das Rennen zum Mars gewinnt. Und natürlich würde ein Wettrennen auf dem Mars um die besten Orte stattfinden, also z.B. dort, wo man Wasser erwartet, wo es Lavahöhlen gibt, die sich für die Besiedlung eignen usw. Ähnlich könnte es auf dem Mond sein.

Was die Asteroiden anlangt, so sollte – jedenfalls bei kleineren Himmelskörpern – derjenige Eigentümer eines ganzen Asteroiden werden können, der in der Lage ist, dort Bergbau zu betreiben und z.B. Wasser, Platin und andere Ressourcen zu erschließen. Das Beste wäre wahrscheinlich, den ganzen Asteroiden als REIT an die Börse zu bringen, damit könnte der Abbau finanziert werden und die Aktionäre würden später Erträge aus dem Rohstoffabbau erhalten – in Form von Dividenden und Wertsteigerungen. Schon bevor auch nur ein Dollar dort verdient würde und ein Dollar Dividende ausgezahlt werden kann, würde sich ein Handel mit den Anteilen entwickeln.

Dies ist nur ein Gedankenexperiment, das zeigt, in welche Richtung es gehen müsste. Ob das realistisch ist oder sich ganz andere Konzepte durchsetzen, weiß heute niemand. Eines jedoch ist vollkommen sicher: Solange für den Investor keine rechtliche Sicherheit besteht, wird er nicht investieren. »Wenn es unser Ziel ist, die Reichtümer des Weltraums zu nutzen, brauchen wir ein Eigentumsrecht im All, das Anreize schafft und für rechtliche Klarheit sorgt. Die Entwicklung des Weltraums ist extrem riskant und mit enorm hohen Kosten verbunden. Wer würde den Aufwand einer Weltraumkolonie betreiben, wenn nicht klar ist, ob das überhaupt legal ist? Projekte wie Energiegewinnung, Rohstoffabbau und Kolonisierung passieren nicht von selbst. Wenn das Weltraumrecht solche Nutzungen ausschließt oder deren Zulässigkeit offenlässt, wird es kaum zur Entwicklung der notwendigen Technologien kommen.«[517]

Um zum Ausgangspunkt dieses Kapitels zurückzukehren: Wer wird in Asteroid Mining investieren, wenn er die Erträge daraus, wie es sich einige vorstellen, mit anderen teilen soll, die selbst kein Risiko eingegangen sind, sondern nur als Trittbrettfahrer profitieren wollen?

Die bereits im Kapitel 5 zitierten Bestseller-Autoren Kelly und Zach Weinersmith nennen in ihrem Buch »A City on Mars« (deutscher Titel: »Unsere Zukunft steht in den Sternen«) den Mondvertrag als Modell: »Der Mondvertrag hätte das Sonnensystem als eine besonders gemeinschaftliche Form des *res communis* eingerichtet, die im internationalen Recht als ›gemeinsames Erbe der Menschheit‹ bezeichnet wird … ein Gemeingut, das sich im kollektiven Besitz der gesamten Menschheit befindet. Wenn der Mond unter dieses Recht fallen würde und Sie das Wasser des Mondes nutzen wollten, müssten Sie die gesamte Menschheit auf irgendeine Weise entschädigen.«[518] Ihnen schwebt so etwas wie eine große internationale Planungsbehörde vor, die die Verteilung reguliert. Es solle »eine große Einrichtung geben, die von den Staaten, die dem Mondvertrag beigetreten sind, gegründet wird und alles überwacht, insbesondere um sicherzustellen, dass die Entwicklungsländer einen fairen Anteil erhalten«.[519]

Diese internationale Behörde sollte sowohl regeln, »wo sich Menschen niederlassen dürfen, als auch, was sie mit den lokalen Ressourcen tun dürfen, sobald sie dort sind. Es wäre nicht dynamisch, es wäre nicht wie in einem Science-Fiction-Roman, und offen gesagt wäre es sehr langsam und bürokratisch und langweilig.«[520]

In dieser Vision ist kein Platz für private Unternehmen, kein Platz für die Bildung von fairen Preisen am Markt, kein Platz für unternehmerische Kreativität. Es ist Weltraum-Sozialismus, der von vornherein zum Scheitern verurteilt ist. Auf der Erde hat nur der Kapitalismus funktioniert, aber für einige Jahrzehnte konnten sich sozialistische Systeme ohne Privateigentum halten, wenn auch zum Preis von Armut, Diktatur und Hunger. 80 Prozent der Menschen, die im 20. Jahrhundert bei Hungersnöten umkamen, starben in der sozialistischen Sowjetunion Stalins und in Maos China.[521] Im Weltraum, wo die Herausforderungen viel, viel gewaltiger sind und die

Lebensbedingungen unendlich schwerer, wäre Sozialismus dagegen von Anfang an zum Scheitern verurteilt.

Auch ein »demokratischer Sozialismus« auf dem Mars, für den Chris Hajduk in dem Buch »Terraforming Mars« plädiert, wird nicht funktionieren. Er schreibt: »Nach diesem Konzept werden sich die Kolonisten voraussichtlich ganz von selbst zu einer Gesellschaftsform entwickeln, die dem direktdemokratischen Sozialismus entspricht.«[522] Nein, demokratischer Sozialismus, sogar mit Privateigentum, hat noch niemals irgendwo auf der Welt funktioniert und wird erst recht nicht auf dem Mars funktionieren.

Die Frage, ob die Begründung von Privateigentum auf Himmelskörpern möglich sein wird und ob sich die Marsianer für eine kapitalistische oder sozialistische Ordnung entscheiden werden, ist gleichbedeutend mit der Frage, ob eine Besiedlung möglich ist oder nicht. Selbst wenn man es den Marsianern verbieten würde, dort Eigentum zu begründen und ein kapitalistisches System einzuführen, sie müssten es ohnehin eher früher als später tun, weil sie anders gar nicht dort existieren könnten. Ich bin sicher, die Marsianer würden sich nicht um einen dann vor über 100 Jahren geschlossenen Weltraumvertrag scheren und Privateigentum begründen. Und was wollen die Regierungen der Erde dann dagegen tun? Krieg gegen die Marsianer führen oder sie durch Sanktionen umbringen?

Nachwort

Die Mondlandung war möglich geworden durch eine einmalige nationale Kraftanstrengung, bei der Geld keine Rolle spielte. Die Amerikaner sahen sich dazu gezwungen, weil nach dem Sputnik-Ereignis 1957 der Eindruck entstanden war, die Sowjetunion sei in der wissenschaftlichen Entwicklung den Amerikanern voraus. 58 Prozent der Briten sahen damals die Sowjets als überlegen an, nur 20 Prozent hielten die Amerikaner für dominierend. In Frankreich war das Verhältnis 49 Prozent zugunsten der UdSSR und nur elf Prozent zugunsten der USA, in Italien betrug es 37 zu 23 Prozent. Nur in Westdeutschland hatten die USA in der Wahrnehmung einen kleinen Vorsprung von 36 Prozent, während 32 Prozent die Sowjets als überlegen ansahen.[523]

Die Wahrnehmung, die Sowjets lägen technisch oder gar wirtschaftlich vor den USA, war zwar objektiv falsch, aber die Kommunisten waren – wie so oft – in der Public Relation den Kapitalisten weit überlegen und verstanden die symbolische Bedeutung, den ersten Satelliten ins All zu schicken. Als die Sowjetunion am 12. April 1961 mit Juri Gagarin auch noch den ersten Menschen ins All sandte, zeigte sich, dass die sowjetische Propagandastrategie ein voller Erfolg war. Die amerikanischen Zeitungen schrieben: »Ein psychologischer Sieg ersten Ranges« – »Neuer Beweis für die sowjetische Überlegenheit« – »Kostet der Nation erheblich an Prestige« – »Trübt das politische und psychologische Ansehen des Landes im Ausland« – »Neutrale Nationen könnten zu der Überzeugung gelangen, dass die Zukunft russisch ist«.[524]

Am gleichen Tag musste sich Präsident John F. Kennedy auf einer Pressekonferenz 20 Fragen mit Bezug auf die Raumfahrt und die Sowjets stellen. Während Kennedy diese Fragen zunächst mit allgemeinen Antworten abwehren konnte, sah er sich schließlich einer besonders schwierigen Wortmeldung gegenüber, die die Schlagzeilen des folgenden Tages beherrschen sollte: »Herr Präsident, ein Kongressmitglied sagte heute, dass er es leid sei, die Vereinigten Staaten in der Raumfahrt hinter Russland zu sehen«[525], begann ein Reporter. »Wie stehen die Chancen, dass wir Russland einholen und vielleicht in diesem Bereich sogar übertreffen?«[526] Der auf der Pressekonferenz nicht namentlich vorgestellte Abgeordnete war James G. Fulton aus Dormont, Pennsylvania, einem Vorort von Pittsburgh. Er hatte in der Tat gesagt: »Ich bin es verdammt noch mal müde davon, immer nur Zweiter zu werden.«[527]

Als die NASA-Administratoren James Webb und Hugh Dryden am nächsten Tag vor dem Wissenschafts- und Astronautikausschuss des Repräsentantenhauses erschienen, sagte der einflussreiche Fulton zu Webb: »Sagen Sie mir, wie viel Geld Sie brauchen, und dieser Ausschuss wird Ihnen alles genehmigen, was Sie benötigen.«[528] Ein anderer Abgeordneter erklärte: »Ich möchte, dass unser Land bis auf Kriegsmodus mobilisiert wird, denn wir befinden uns im Krieg.«[529] Das war damals die Stimmung. Koste es, was es wolle. Jetzt wollte man zeigen, dass die USA doch besser waren.

Vier Monate später, im September 1961, hielt John F. Kennedy seine berühmte Mond-Rede. Zwei Monate danach erklärte er dem damaligen NASA-Chef James Webb in einem vertraulichen Gespräch: »Ich bin nicht so sehr am Weltraum interessiert.« Der Wettlauf zum Mond hatte seiner Ansicht nach den einzigen Zweck, »die [Sowjetunion] zu schlagen und zu zeigen, dass wir, obwohl wir ein paar Jahre nach ihnen angefangen haben, sie – bei Gott – überholt haben … Ich denke, das wäre eine verdammt großartige Sache für uns.«[530]

Sein Stellvertreter und späterer Nachfolger Lyndon B. Johnson brachte es so auf den Punkt: »Es lässt sich mit Gewissheit voraussagen: Wer den Weltraum nicht beherrscht, landet im wichtigsten Schauplatz unseres Kalten Krieges unweigerlich auf Rang zwei. Für die Weltöffentlichkeit ist klar: Erster im All zu sein heißt, unangefochten Erster zu sein – Punkt. Zweiter im All zu sein heißt, Zweiter in allem zu sein.«[531]

Das Apollo-Programm kostete in heutigen Dollar gerechnet über 300 Milliarden Dollar, in der Spitze arbeiteten 400 000 Menschen und 20 000 Firmen dafür. Alles war auf ein Ziel ausgerichtet – und dieses Ziel wurde erreicht. Aber, wie der ehemalige NASA-Chefökonom Alexander MacDonald betonte: »Das Apollo-Programm ist nicht als klassisches Musterbeispiel amerikanischer Raumfahrt zu verstehen, sondern vielmehr als Ausnahmeerscheinung. In einer historischen Langzeitbetrachtung bedeutete diese ›Apollo-Anomalie‹ zwar einen faszinierenden Paradigmenwechsel in der US-Raumfahrt, blieb jedoch am Ende nur eine kurze und flüchtige Episode.«[532]

Nun, das mit der Episode kann man natürlich nur stehen lassen, wenn man es auf den kurzen Zeitraum bezieht, in dem diese Leistung erbracht wurde, aber das Ereignis an sich, die Mondlandung, war vielleicht die größte Leistung der Menschheitsgeschichte. Das Problem: Nachdem der Zweck, die Überlegenheit gegenüber der Sowjetunion zu demonstrieren, erreicht war, ging man wieder zum politischen Tagesgeschäft über.

Wie ich gezeigt habe, war das darauffolgende Space-Shuttle-Programm ein totaler Reinfall. Keines der sich zum Teil widersprechenden Ziele der staatlichen Auftraggeber wurde erreicht, die Kosten explodierten und am Ende verschlang jeder einzelne Start über eine Milliarde Dollar. Wir haben gesehen, dass für die politischen Entscheidungsträger die Frage, wie viele Arbeitsplätze in Bezirken geschaffen wurden, die bei den nächsten Wahlen für sie wichtig sein würden, absolute Priorität hatte.

In einer später oft zitierten Rede im Jahre 1992 mit dem Titel »On Self-Licking Ice Cream Cones« (»Über sich selbst leckende Eiswaffeln«) rechnete S. Pete Worden, seinerzeit tätig bei der Strategic Defense Initiative Organization im Verteidigungsministerium und später Direktor von NASA Ames mit der Politik ab: »Da die NASA faktisch für den auf Günstlingswirtschaft setzenden Teil des Kongresses arbeitet, ist es nicht überraschend, dass ihre Programme so gestaltet sind, dass sie Arbeitsplätze in wichtigen Kongressdistrikten maximieren und dauerhaft sichern. Das Space-Shuttle-Space-Station-Programm ist ein empörendes Beispiel. Fast zwei Drittel des NASA-Budgets sind in diesem Selbstbedienungsprogramm gebunden. Das Shuttle ist eine unglaublich teure Methode, ins All zu gelangen – eine Milliarde Dollar pro Start. Die Raumstation ist ein albernes Design. Dennoch ist diese Station so konzipiert, dass sie nur mit dem Shuttle gebaut werden kann – und das Shuttle ist der einzige Weg, die Station zu errichten. Außerdem muss das Shuttle ›verbessert‹ werden, um die Station mit einem neuen Feststoffraketenmotor zu unterstützen, der – man ahnt es – im Wahlkreis des Vorsitzenden des Haushaltsausschusses des Repräsentantenhauses gebaut werden soll. Da in diesen Programmen Zehntausende von Arbeitsplätzen gebunden sind, ebenso wie der Großteil des NASA-Budgets, gibt es nicht nur kein Geld, um aus dieser endlosen Schleife auszubrechen – es gibt sogar politischen Druck, um sicherzustellen, dass wir nicht ausbrechen. Beweis dafür ist die Tatsache, dass sich im 14-Milliarden-Dollar-Budget der NASA nicht einmal 175 Millionen Dollar für die Entwicklung eines neuen, kosteneffektiven Startsystems finden ließen.«[533]

Auf das Projekt der Space Station Freedom, die so nie realisiert, sondern durch die Internationale Raumstation ISS ersetzt wurde, bin ich in diesem Buch nicht eingegangen, aber sie bestätigt in der Tat den Befund. Howard E. McCurdy hat in seiner Analyse »The Space Station Decision« die politischen Mechanismen in der Entscheidungsfindung herausgearbeitet. Unter dem von ihm beschriebenen Prinzip der »incremental politics« wurden Entscheidungen nicht aus einer kohärenten, langfristigen Strategie heraus getroffen, sondern in kleinen, politisch durchsetzbaren Schritten. Dieses Vorgehen war weniger auf Effizienz und Zielklarheit als auf kurzfristige Mehrheiten im Kongress ausgelegt.

Aus Sicht der Public-Choice-Theorie wird verständlich, warum dies geschah: Politische Akteure handeln nicht als neutrale Planer, die an inhaltlichen Zielen interessiert sind, sondern als Interessenträger, die auf Anreize reagieren. Für Abgeordnete bedeutet das vor allem die Sicherung der Wiederwahl durch sichtbare Erfolge im Wahlkreis, etwa in Form von Industrieaufträgen und neuen Arbeitsplätzen. Für Institutionen wie die NASA heißt es, Budgets zu stabilisieren oder auszubauen, Risiken zu vermeiden und politische Unterstützung zu sichern.

Die Space Station Freedom war von Beginn an ein Paradebeispiel für diese Logik. Die Vergabe von Aufträgen wurde so gestaltet, dass möglichst viele Bundesstaaten profitierten, was das Projekt politisch nahezu unangreifbar machte, zugleich aber die Kosten erhöhte und die technische Kohärenz untergrub. Die Station und das Space Shuttle stützten sich gegenseitig in ihrer Existenzbegründung, was einen selbsterhaltenden Kreislauf schuf, den Kritiker als Arbeitsbeschaffungsprogramm für die Raumfahrtindustrie bezeichneten. Wie beim Space Shuttle war der eigentliche Zweck der Raumstation völlig unklar. Eine Raumstation, die ja kein Ziel für sich sein kann, sondern nur ein Mittel, um bestimmte Ziele zu erreichen, war am Ende – wie im Fall des Space Shuttle – ein Kompromiss zwischen vielen Interessengruppen, denen man aus politischen Gründen gerecht werden musste.[534]

Mit der ISS entstand später eine direkte Nachfolgerin, die viele strukturelle Probleme der Freedom Station fortführte. Sie blieb ein international symbolträchtiges Projekt, dessen Kosten und organisatorische Komplexität aus dem Zusammenspiel kurzfristiger politischer Interessen erwuchsen. Die Raumstation war nicht das Ergebnis einer stringenten technischen Vision, sondern das Produkt eines politischen Marktplatzes, in dem Jobgarantien, Industrieförderung, Interessen von Lobbygruppen und außenpolitische Interessen der USA die entscheidende Rolle spielten. Der Ertrag für die Wissenschaft war, gemessen an den Kosten, schwer zu rechtfertigen. Das Geld wäre wohl in der Realisierung einer Marsmission oder in der Schaffung von Voraussetzungen für Asteroid Mining sinnvoller angelegt gewesen.

Eric Berger, einer der sachkundigsten Raumfahrt-Experten weltweit, beschreibt, wie die US-Raumfahrt zunehmend durch politische Sonderinteressen behindert wurde und sich die NASA in eine schwerfällige Bürokratie verwandelte: »In den Anfangsjahren war die Behörde voller Tatendrang und wurde vor allem von jungen Leuten um die 20 getragen; heute ist sie zu einer großen, in die Jahre gekommenen Bürokratie geworden. Die NASA unterhält landesweit zehn Forschungszentren, die alle um ihren Anteil am Etat kämpfen und jeweils ihre eigenen Kongressvertreter haben, die die Mittel einwerben. Zwar bekennt sich der Kongress offiziell zu den Forschungs- und Erkundungszielen der NASA, in der Praxis aber konzentriert er sich darauf, Mittel gezielt an wichtige Standorte und Auftragnehmer zu verteilen.«[535]

In diesem Buch habe ich viele Beispiele dafür angeführt, wie die Politik die Raumfahrt eher behinderte als förderte – die endlose Geschichte des Space Launch Systems SLS, das immer, immer teurer wird, ist ein weiteres Beispiel. Kritik an der NASA werden Sie freilich von Leuten wie Musk oder Bezos nur selten hören. Im Gegenteil. Beide loben sie immer wieder in höchsten Tönen.[536] Das ist verständlich, denn wer würde schon öffentlich einen wichtigen Auftraggeber kritisieren? Da kommt Schmeichelei besser an.

Doch es wäre in der Tat falsch, die NASA nur zu kritisieren. Erstens hat sie in der unbemannten Raumfahrt, in die sich die Politik weniger stark einmischt, Großartiges geleistet. Vor allem: Sie selbst hat ihre Grenzen irgendwann erkannt, spätestens dann, als sie nicht mehr in der Lage war, amerikanische Astronauten zur ISS zu bringen, sondern dies ab 2011 nur noch mit russischen Raketen tun konnte und dafür immer höhere Monopolpreise zahlen musste. Sie hat notgedrungen den Weg frei gemacht für private Unternehmer, die es besser können.

Anders als früher, hörte sie manchmal auf, den Firmen bis ins Detail vorzuschreiben, wie sie zu arbeiten hatten, sondern begann, Dienstleistungen zu Festpreisen einzukaufen, so etwa bei SpaceX. Und SpaceX fing an, wiederverwendbare Raketen zu bauen – worum die NASA sie nie gebeten hatte. Und noch 2007 konstatierten Wissenschaftler in einem Aufsatz über »Development and Transportation Costs auf Space Launch Systems«, dass die Transportkosten in den vergangenen vier Jahrzehnten nicht gesunken seien.[537] Sie schrieben, dass die NASA bei verschiedenen Versuchen, wiederverwendbare Raketen zu entwickeln, gescheitert sei, und fügten hinzu: »Die in den Vereinigten Staaten verfolgten privaten kommerziellen Initiativen zur Entwicklung kostengünstigerer kleiner Startfahrzeuge unter Verwendung konventioneller Technologien und einfacher Entwicklungsstrategien stellen keinen Ersatz dar, da der verhältnismäßig große Entwicklungsaufwand für ein größeres wiederverwendbares Trägersystem mit neuen Technologien und neuartigen Betriebsverfahren ausschließlich durch eine staatliche Raumfahrtagentur getragen werden kann.«[538] Diese Meinung war damals vorherrschend und sollte nur wenige Jahre danach widerlegt werden.

Die NASA selbst hat einen Vergleich angestellt, wie teuer es gewesen wäre, wenn sie eine Rakete wie die Falcon 9 mit ihren traditionellen Verträgen und Verfahrensweisen hergestellt hätte. »Die NASA stellte fest, dass die öffentlich finanzierten Versionen drei Mal so viel gekostet hätten« – selbst ohne Termin- und Kostenüberschreitungen.«[539] Vermutlich ist auch das sehr optimistisch gerechnet, denn niemand weiß, ob eine solche NASA-Entwicklung überhaupt zu einem Ergebnis gekommen wäre. Ohne private Unternehmen stünden die USA heute im internationalen Vergleich schlecht da und lägen deutlich hinter China.

Die private Raumfahrt könnte ein Musterbeispiel dafür sein, dass Großprojekte, die in der Vergangenheit vom Staat finanziert und realisiert wurden, besser von privaten Firmen geleistet werden.[540] »Der Raumfahrt gebührt aber die Ehre, die Überlegenheit des kapitalistischen Konzepts bei großindustriellen Projekten gegenüber einem politisch-proportionierten Ansatz zu demonstrieren«,[541] schreibt Andreas Dripke in seinem Buch »Kampf ums All«. Bedenkt man, wie ineffizient die Verteidigungsindustrie ist, wo teilweise immer noch mit den unsinnigen »Cost-Plus«-Verträgen gearbeitet wird, dann könnten die Verteidigungspolitiker bestimmt eine Menge von der modernen Raumfahrtindustrie mit ihrem großen privaten Anteil lernen.

Natürlich scheitern auch private Unternehmen. Das sieht man sowohl bei Raketenbauern als auch bei Unternehmen, die Konzepte wie Space-Tourismus oder Asteroid Mining verfolgen. Es gibt sogar mehr Unternehmen, die scheitern, als solche, die erfolgreich sind. Doch der Vorteil bei privaten Firmen ist, dass sie eben pleitegehen können, was bei staatlichen Unternehmen nicht der Fall ist. Und wenn private Unternehmen unsinnige Konzepte verfolgen, verschwinden sie irgendwann vom Markt und machen Platz für bessere, während staatliche Unternehmen und Projekte oftmals weiter finanziert werden, um das Scheitern zu verbergen oder weil Interessengruppen erfolgreich Lobbyarbeit betreiben.

So schreibt der Ökonom Zhang Weiying, ein dezidierter Kritiker der »Industriepolitik«: »Staatsbeamte und Experten sind meist nicht bereit, ihre eigenen Fehler einzugestehen, da Fehler ihre Unwissenheit offenbaren. Eine Möglichkeit, Fehler zu verbergen, besteht darin, gescheiterte Projekte noch stärker zu unterstützen. Das Ergebnis ist ein Fehler nach dem anderen! Im Gegensatz dazu sind Unternehmer im freien Markt nicht in der Lage, ihre Fehler zu verbergen.«[542]

Hinzu kommt, wie Alberto Mingardi in seiner Kritik an der Ökonomin Mariana Mazzucato hervorhebt: »Natürlich ist es möglich, dass private Investoren ihre Ressourcen fehlallokieren, aber private Fehlallokation hat für die Gesellschaft als Ganzes den offensichtlichen Vorteil, dass sie privat ist. Im krassen Gegensatz dazu werden staatliche Ressourcen aus jedermanns Tasche genommen.«[543]

Wie geht es weiter? Werden die USA, so wie damals beim Apollo-Programm, im Wettlauf mit den Chinesen zum Mars noch einmal alle Reserven mobilisieren? Es sieht nicht danach aus. Der NASA-Haushalt beträgt – berechnet als Anteil am Gesamthaushalt der USA – heute gerade einmal ein halbes Prozent und hat damit einen um 90 Prozent niedrigeren Anteil am Haushalt als auf dem Höhepunkt des Apollo-Programms. Damals kam er auf einen Anteil von 4,5 Prozent.

Die chinesische Herausforderung im All scheint auch Trump zu unterschätzen, denn er hat weitere drastische Kürzungen um 25 Prozent vorgeschlagen, »die bedeutendste Kürzung, die die NASA je erlebt hat«, wie der ehemalige NASA-Chefökonom Alexander MacDonald sagt, der heute für das Center for Strategic and International Studies tätig ist.[544] Die Kürzungen sollen das Mond- und das Mars-Programm zwar nicht betreffen, aber wenn man so weitermacht wie bisher, kann es gut sein, dass die Chinesen den Amerikanern zumindest bei der nächsten Mondlandung zuvorkommen werden.

Die Europäer kann man leider sowieso vergessen – sie haben im gesamten Jahr 2024 gerade einmal drei erfolgreiche Raketenstarts absolviert, gegenüber 138 von SpaceX und 68 der Chinesen. Die Ariane 6 startete am 9. Juli 2024 zu ihrem Jungfernflug, fast genau ein Jahr nach dem letzten Flug der Ariane 5. In dieser Zeit hatte Europa keinen eigenen funktionsfähigen Schwerlastträger, da Ariane 5 außer Dienst gestellt war und Flüge mit der kleineren Vega-C nach einem Fehlstart im Dezember 2022 ebenfalls ausgesetzt wurden. Dadurch war Europa rund ein Jahr lang auf ausländische Anbieter wie SpaceX angewiesen, bis die Ariane 6 die Lücke mit ihrem ersten Flug schloss.

Doch auch die Ariane 6 gehört zu den Raketen, die nicht wiederverwendbar sind. »Das veraltete Konzept der

Ariane 6, und übrigens auch die Lieferverzögerungen der Rakete«, so schreibt Andreas Dripke, »sind eine unmittelbare Folge des politischen Proporzes: Für den Bau mussten mehr als 600 Unternehmen aus 13 Ländern koordiniert werden. Voraussetzung für die deutsche Zustimmung zur Ariane 6 war beispielsweise, dass deren Feststoff-Booster nicht nur in Italien, sondern auch in Deutschland gefertigt werden. Doch die Deutschen bekamen das schwierige und angeblich deutlich günstigere Carbonfaser-Verfahren nicht in den Griff. Das Vorhaben wurde alsbald rückgängig gemacht – nicht ohne Deutschland andere Aufträge zuzuschustern.«[545] Auch im Jahr 2025 sah es nicht viel besser aus, denn es gab nur acht orbitale Starts von europäischen Ariane- oder Vega-Raketen, das waren nur etwa fünf Prozent der Launches, die allein SpaceX im gleichen Zeitraum durchführte.

So wie auch in anderen Bereichen, etwa bei der KI, ist die EU damit zufrieden, Weltmeister im Regulieren zu sein, und wird die nächsten Jahre vor allem damit verbringen, umfassende Vorschriften für einen Bereich zu entwickeln, wo sie im Vergleich zu China und den USA kaum eine Bedeutung hat.

Europa hat zwar kein eigenes System für Crew-Transporte, sondern kann nur Mitfluggelegenheiten z. B. bei SpaceX wahrnehmen, aber die ESA strengt sich immerhin an, ihr Astronautencorps »diverser« zu gestalten. Der *New York Times* war das sogar einen ganzen Artikel wert.[546] Dazu gehört, mehr Frauen für Raumfahrtkarrieren zu gewinnen und »strukturelle Hürden« in der Bewerbungs- und Auswahlphase abzubauen.

Mit dem »Parastronaut«-Programm öffnet die ESA erstmals Menschen mit Behinderungen, etwa Amputationen, den Zugang zu astronautischen Laufbahnen. Diese Entwicklung solle zeigen, dass Raumfahrt nicht länger nur einer kleinen, homogenen Elite vorbehalten sein soll, sondern zunehmend Diversität und Inklusion als zentrale Werte begreife. Stolz verkündete die ESA 2021, das EDGE »Assess Level« Zertifikat erhalten zu haben, das für Engagement und Fortschritt in Sachen Gender-Gleichstellung steht.[547] Aus dem Scheitern der bemannten Raumfahrt nach Apollo folgerte beispielsweise die Partei Die Linke in Deutschland natürlich nicht, dass privatwirtschaftliche Lösungen besser seien, sondern dass man die bemannte Raumfahrt ganz einstellen müsse.[548]

Hoffnung besteht allein in der privaten Raumfahrt. Elon Musk hat die Startkosten – verglichen mit dem Space Shuttle – um mehr als 90 Prozent reduziert, und mit dem Starship entwickelt er das großartigste Raumschiff der Geschichte. Woran die NASA sich jahrzehntelang die Zähne ausgebissen hat, eine wiederverwendbare Rakete zu konstruieren, hat er schon mit seiner Falcon 9 geschafft.

Musk hat durch seinen Erfolg viele andere ermutigt und als Katalysator gewirkt für die New-Space-Bewegung. Aber politische Risiken bleiben, wie Trumps Drohungen gegenüber Musk zeigen, ihm keine NASA-Aufträge mehr zu geben, nachdem es zwischen den beiden zum Zerwürfnis gekommen war. Das zeigt, dass sich Unternehmen wie SpaceX nicht dauerhaft auf die staatliche Raumfahrtbehörde verlassen können und sollten – und dass die Politik weiterhin das größte Risiko für die Raumfahrt bleibt.

In manchen Bereichen ist SpaceX heute ein Monopolist, was im ökonomischen Sinn keineswegs eine 100-prozentige Marktbeherrschung bedeutet, aber doch einen Mangel an Konkurrenz, sodass Preise diktiert werden können. Man sieht das deutlich bei den Startkosten, wo SpaceX wegen seiner Marktstellung ein Mehrfaches der

Selbstkosten verlangen kann und auch verlangt. Schon 2023 schrieb Jeff Foust in den *SpaceNews* einen Artikel »The Accidental Monopoly. How SpaceX became (just about) the only Game in Town«.[549]

Eine andere negative Auswirkung von Monopolstellungen, dass nämlich ein Unternehmen behäbig wird und weniger innovativ ist, trifft für SpaceX in keiner Weise zu. Musk ist unglaublich schnell – dazu muss ihn keine Konkurrenz antreiben, sondern er kämpft gegen die Zeit, weil er noch in seiner Lebensspanne mit der Besiedlung des Mars beginnen will.

Das SpaceX-Monopol ist positiv und negativ zugleich. Wenn es darum geht, völlig neue Produkte und Märkte zu entwickeln, was Musk getan hat, dann bedeutet dies ganz andere Risiken und Erfordernisse als das Agieren in etablierten Märkten. Dieses erhöhte Risiko gehen Unternehmer am ehesten dann ein, wenn die Aussicht auf – zumindest vorübergehende – Monopolgewinne deutlich oberhalb der normalen Gewinnspannen lockt.

»In einer dynamischeren, realen Wirtschaft, in der die Entwicklung oder der Fortschritt in gewisser Weise systematisch antizipiert werden soll, müssen daher überdurchschnittliche Gewinne erzielt werden, und dieses Rentabilitätsniveau muss über dem Niveau liegen, das in einem vollkommenen Wettbewerbsumfeld erreicht werden kann.«[550] Das schreiben die amerikanischen Ökonomen Richard B. McKenzie und Dwight R. Lee in ihrem Werk »In Defense of Monopoly« und beziehen sich dabei auf Joseph Schumpeter: »In Schumpeters Analyse verbirgt sich eine Theorie des *optimalen Monopols,* das für eine Maximierung des wirtschaftlichen Wachstums erforderlich ist.«[551]

Die beiden US-Ökonomen sehen Monopole nicht unkritisch und räumen ein, dass derartige Marktpositionen durchaus schädlich für das Wirtschaftswachstum sein können. Sie unterscheiden aber zwischen Monopolen für bereits bestehende Produkte, die sie negativ beurteilen, »weil das Monopol keine Rolle bei der Schaffung der Ware und der Entstehung des Nettowerts spielt«, und Monopolen für Produkte, die durch die betreffende Firma selbst erst hervorgebracht wurden und eine nützliche Funktion haben könnten.[552]

Die Aussicht auf Monopolgewinne ist ein Treiber der Innovation. Konkurrenz ist ein wesentlicher Faktor des ökonomischen Fortschritts, aber es ist eben nicht der vollkommene Wettbewerb oder vollkommene Markt – den es lediglich im ökonomischen Modell, nicht aber in der Wirklichkeit gibt –, sondern es ist die Konkurrenz, die immer wieder reduziert wird durch vorübergehende Monopoltendenzen. Die historischen Erfahrungen zeigen, dass alle Monopole früher oder später durch Innovation und Wettbewerb beseitigt werden, und so wird es auch bei SpaceX geschehen.

Nur das Staatsmonopol ist – leider – oft von Dauer. Peter Lothian Nelson und Walter E. Block, haben recht, wenn sie feststellen, wie bedeutend Marktwirtschaft und Konkurrenz für die Eroberung des Weltraums sind: »Wenn das freie Unternehmertum nicht die zentrale Rolle in der Weltraumforschung und der späteren Kolonisierung übernimmt, geht nicht nur die Chance verloren, zu zeigen, wie die Philosophie der Freiheit praktisch funktioniert – dieser gesamte Prozess wird auch weniger effizient verlaufen, als es andernfalls möglich wäre.«[553]

Ich stimme den Autoren ausdrücklich zu, wenn sie schreiben: »Das freie Unternehmertum – und nur dieses – ist die letzte Hoffnung für Raumfahrt, Kolonisierung und dafür, dass eine nennenswerte Zahl von Menschen unseren Heimatplaneten verlässt. Auf den Staat zu setzen, um dieses Ziel zu verfolgen, ist hingegen eine Falle und eine Selbsttäuschung.«[554]

Allerdings lehne ich, anders als Nelson und Block, staatlich finanzierte Weltraumforschung nicht prinzipiell ab, und zwar schon deshalb nicht, weil der wichtige militärische Bereich staatlich ist. Auch im Bereich der reinen Forschung, wo auf absehbare Zeit keine Gewinne zu erzielen sind, kann der Staat durchaus eine Rolle spielen – obwohl die Geschichte der Observatorien, die ich in Kapitel 3 erzählt habe, zeigt, dass auch solche Grundlagenforschung oftmals durchaus privat finanziert werden kann.

In den Vereinigten Staaten wird heute, außerhalb der Weltraumforschung, der überwiegende Teil der Forschung und Entwicklung von privaten Unternehmen getragen. Aktuell stammen etwa drei Viertel bis knapp vier Fünftel der gesamten Forschungs- und Entwicklungsfinanzierung aus dem privaten Sektor, während der Staat nur noch 25 bis 30 Prozent beisteuert. Das ist eine deutliche Verschiebung im Vergleich zu den 1960er-Jahren, als die US-Regierung rund zwei Drittel der F&E finanzierte und die Privatwirtschaft lediglich 30 Prozent. Sicherlich gibt es auch im Bereich der wissenschaftlichen Weltraumforschung viele Möglichkeiten, den privaten Sektor stärker zu nutzen und Projekte anders zu organisieren als bisher.[555]

Aber Space Mining oder die Besiedlung anderer Himmelskörper werden mit der staatlichen Raumfahrt und ohne Privateigentum schlichtweg unmöglich sein. Das Problem ist: Es fehlen starke ökonomische Anreize für private Unternehmen. Zwar haben die Amerikaner mit verschiedenen Gesetzen, Erlassen und den Artemis Accords das getan, was bei wohlwollender Interpretation im Rahmen des Weltraumvertrags getan werden konnte. Aber das wird nicht reichen. Es bedarf einer Rechtssicherheit für Firmen, die Bergbau auf dem Mond oder auf Asteroiden betreiben wollen und vor allem muss die Möglichkeit geschaffen werden, uneingeschränktes Privateigentum auch auf Himmelskörpern zu erwerben.

Ohne die Privatwirtschaft wird es keine Besiedlung des Mars geben, keinen Bergbau oder Tourismus auf dem Mond und kein Asteroid Mining. Investoren brauchen Rechtssicherheit und wirtschaftliche Anreize. Dass die Europäer oder die Chinesen hier vorangehen werden, halte ich für ausgeschlossen.

Es wird also von den Amerikanern abhängen, ob sie weitere Schritte tun, um den Erwerb von Grundstücken auf Himmelskörpern für Privatpersonen bzw. private Firmen zu ermöglichen. Wenn die USA das nicht tun, werden private Unternehmen versuchen müssen, vollendete Tatsachen zu schaffen. Die Basis des Kapitalismus ist das Privateigentum. Und die Basis des Weltraumkapitalismus bildet da keine Ausnahme, denn die ökonomischen Gesetze gelten nicht nur auf der Erde, sondern auch im All. Schwerelosigkeit hebt keine ökonomischen Gesetze auf.

Ohne den Homestead Act von 1862 wäre die Besiedlung des Westens der USA sehr viel langsamer erfolgt. Dieser Act stellte Menschen, die bereit waren, dem »Go West«-Appell zu folgen, Land nahezu kostenlos zur Verfügung. Erwachsene US-Bürger oder Einwanderer konnten 160 Acres Land beantragen, wenn sie es fünf Jahre lang bewohnten und bewirtschafteten. Das lockte viele aus den dicht besiedelten Oststaaten ebenso wie zahlreiche Einwanderer aus Europa in den Mittleren Westen. Dadurch entstanden Farmen, Siedlungen und Infrastruktur, insbesondere im Zusammenhang mit dem Bau der Eisenbahn. Zugleich veränderte sich die Landnutzung, große Präriеflächen wurden zu Acker- und Weideland.

Die Kehrseite war die Vertreibung und Entrechtung der indigenen Bevölkerung.

Auf den Himmelskörpern in unserem Sonnensystem gibt es aber keine entwickelten Lebensformen, auf die wir Rücksicht nehmen müssten, sondern allenfalls Mikroben. Auch wenn diese Mikroben, von denen man bis heute nicht weiß, ob es sie zum Beispiel auf dem Mars gibt, eine erstaunlich engagierte Lobby bei manchen »Space-Ethik-Wissenschaftlern« haben, empfehle ich, die Interessen der Menschheit über die der Mikroben zu stellen – auch wenn viele dieser Ethik-Spezialisten entschieden dagegen protestieren. Zwar können wir nicht einmal unser Haus putzen, ohne jede Menge Mikroben zu zerstören, trotzdem sollte uns die Rücksichtnahme auf sie von der Besiedlung anderer Himmelskörper abhalten, so argumentieren beispielsweise mehrere Autoren des Bandes »The Ethics of Space Exploration«.[556]

So neigen wir Menschen dazu, von einem Extrem ins andere zu verfallen, von der rücksichtslosen Vertreibung und Ermordung Indigener in der Vergangenheit bis zur liebevollen Rücksicht auf die Rechte von toten Felsen und vielleicht existierender Mikroben, wenn es um die Eroberung anderer Himmelskörper geht. Für Sie mag das verrückt klingen – und es ist auch verrückt. Aber als Historiker weiß ich, dass selbst die verrücktesten Ideen irgendwann Realität werden oder Fortschritt verhindern, wenn man ihnen nicht entgegentritt.

Ob Weltraumkapitalismus eine Zukunft haben wird oder nicht, entscheidet sich zunächst auf der Erde – im Kampf zwischen den Verfechtern von Freiheit, Eigentum und Fortschritt auf der einen Seite und den Verfechtern von Staatsgläubigkeit, egalitären Ideologien und Fortschrittsfeinden auf der anderen Seite.

Der Autor

Rainer Zitelmann ist Historiker und Soziologe mit einem Schwerpunkt auf Wirtschaft und Wirtschaftsgeschichte. Er wurde 1957 in Frankfurt am Main geboren. Er studierte von 1978 bis 1983 in Darmstadt Geschichte und Politikwissenschaft und schloss sein Studium »mit Auszeichnung« ab. 1986 promovierte er bei Prof. Dr. Dr. h. c. K. O. Frhr. von Aretin mit einer Arbeit über Hitlers sozial- und wirtschaftspolitische Vorstellungen. Die Studie, die mit summa cum laude bewertet wurde, fand weltweit Beachtung und Anerkennung (historiker-zitelmann.de) und wurde in zahlreiche Sprachen übersetzt.

Von 1987 bis 1992 arbeitete Zitelmann am Zentralinstitut für Sozialwissenschaftliche Forschung der Freien Universität Berlin. Danach war er Cheflektor des Ullstein-Propyläen-Verlages, damals die drittgrößte Buchverlagsgruppe Deutschlands, und leitete bis zum Jahr 2000 verschiedene Ressorts der Tageszeitung *Die Welt*. Im Jahr 2000 machte er sich selbstständig und gründete das Unternehmen Dr. ZitelmannPB. GmbH, das seitdem Marktführer für die Positionierungsberatung von Immobilienunternehmen in Deutschland ist. Im Jahr 2016 verkaufte er das Unternehmen.

2016 promovierte er ein zweites Mal – diesmal in Soziologie zum Dr. rer. pol. –, betreut von dem Reichtumsforscher Prof. Dr. Wolfgang Lauterbach an der Universität Potsdam. Diese zweite Dissertation erschien unter dem Titel »Psychologie der Superreichen« und wurde auch in den USA, China, Russland, Südkorea und Vietnam veröffentlicht.

Zitelmann hat bislang 31 Bücher geschrieben und herausgegeben, die in 35 Sprachen übersetzt wurden. Er ist ein gefragter Vortragsredner in Asien, den Vereinigten Staaten, Lateinamerika und Europa. In den vergangenen Jahren schrieb er Artikel oder gab Interviews in führenden Medien wie *Wall Street Journal, Newsweek, Forbes, Daily Telegraph, Times, Corriere della Sera, Frankfurter Allgemeine Zeitung, Der Spiegel, Neue Zürcher Zeitung* und zahlreichen Medien in Asien und Lateinamerika. Regelmäßig veröffentlicht er Fachbeiträge in »Economic Affairs«. Zudem hat er Filme über die wirtschaftliche Entwicklung in Deutschland, Polen und Vietnam co-produziert. Onlinekurse von Rainer Zitelmann finden Sie unter zitelmann-freiheit.de.

Anmerkungen

1 Wanjek, Spacefarers, S. 4.
2 Wanjek, Spacefarers, S. 222 f.
3 SpaceNews, Februar 2025, S. 4.
4 Simberg, Safe is Not an Option, S. XVII.
5 Si-Yoon Kang, Min-Seon Jo, Jeong-Yeol Choi, Soo Seok Yang, Cost Effectiveness of Reusable Launch Vehicles Depending on the Payload Capacity, in: Aerospace, April 2025, S. 14. https://www.mdpi.com/2226-4310/12/5/364
6 Zubrin, Case for Space, S. 22.
7 The Heritage Foundation, 2025 Index of Economic Freedom.
8 Zitelmann, Die fatalen Irrtümer von Robert Habecks Lieblingsökonomin, Focus.de, 30. Mai 2024. https://www.focus.de/politik/gastbeitrag-von-rainer-zitelmann-die-fatalen-irrtuemer-von-robert-habecks-lieblingsoekonomin_id_259988205.html
9 Mazzucato, Mission Economy, S. 59–104, hier S. 60.
10 Vgl. die Beiträge in Henrekson/Sandström/Stenkula, Moonshots, sowie die Kritik in McCloskey/Mingardi, The Myth.
11 Si-Yoon Kang u. a., Cost Effectiveness, S. 14.
12 So der Tenor von Mazzucato, Wie kommt Wert in die Welt?
13 Interview mit Reichl am 6. September 2025.
14 https://www.washingtonpost.com/technology/interactive/2025/elon-musk-business-government-contracts-funding/?utm_
15 Allensbacher Archiv IfD Umfragen, Nr. 032 und 2005.
16 New York Times, 9. Oktober 1903, S. 6, zitiert nach Hallion, Taking Flight, S. 152.
17 Hallion, Taking Flight, S. 152.
18 Nield, Interview in: Mangu-Ward, From Space Regulator to Astronaut, in: Reason, Vol 54, Nr. 7, S. 60.
19 Green, Space Ethics, S. 174.
20 Schwartz, The Value of Science, S. 181.
21 Schwartz, The Value of Science, S. 177.
22 Musk, zitiert nach Anderson, Space Economy, S. XV.
23 Di Pippo, Space Economy, S. 19.
24 NASA's Efforts to Maximize Research on the International Space Station, NASA Audit Report 8. Juli 2013, S. III chrome-extension://efaidnbmnnnibpcajpcglclefindmkaj/https://oig.nasa.gov/wp-content/uploads/2024/02/IG-13-019.pdf?utm
25 Smith, Marcia, NASA, ROSCOSMOS agree on one more Soyuz Seat, Space Policy Online, 12. Mai 2020. https://spacepolicyonline.com/news/nasa-roscosmos-agree-on-one-more-soyuz-seat/
26 Kluger, Russia, We Have a Problem, Time 12.6.2014. https://time.com/2863223/russia-we-have-a-problem/
27 Reichl, Menschen im Weltraum, S. 190.

28 Kluger, Space: Where America and Russia Are Stuck With Each Other, *Time* 25.3.2014. https://time.com/37671/space-cooperation-america-russia/
29 Kluger, Russia, We Have a Problem, *Time* 12.6.2014. https://time.com/2863223/russia-we-have-a-problem/
30 Kluger, Russia, We Have a Problem, *Time* 12.6.2014. https://time.com/2863223/russia-we-have-a-problem/
31 The Planetary Society, How much did the Apollo program cost? https://www.planetary.org/space-policy/cost-of-apollo?utm
32 Logsdon, S. 26.
33 Logsdon, S. 15.
34 Borman, zitiert nach Logsdon, S. 17f.
35 Dr. Wernher von Braun, Manned Mars Landing, Presentation to the Space Task Group, 4. August 1969. https://ntrs.nasa.gov/api/citations/20240011937/downloads/1969-08%20MSFC%20von%20Braun%20-%20Manned%20Mars%20Landing.pdf
36 https://cdnc.ucr.edu/?a=d&d=DS19690717.2.8&e=-------en--20--1--txt-txIN--------
37 Logsdon, S. 69.
38 *New York Times* 18. Juli 1969, zitiert nach Logsdon, S. 69.
39 Mike Mansfield, zitiert nach Logsdon, S. 68.
40 Logsdon, S. 92, 108.
41 Logsdon, S. 158f.
42 Nixon, zitiert nach Logsdon, S. 282.
43 Schmitt, zitiert nach Logsdon, S. 282.
44 Logsdon, S. 282.
45 Logsdon, S. 172.
46 Logsdon, S. 182.
47 Ehrlichman, zitiert nach Logsdon, S. 182.
48 Logsdon, S. 183.
49 Henrekson et al., Moonshots and the New Industrial Policy, in: Henrekson / Sandström / Stenkula, S. 238f.
50 Logsdon, S. 231.
51 Nixon, zitiert nach Logsdon, S. 233.
52 Logsdon, S. 233.
53 Logsdon, S. 275.
54 Logsdon, S. 145f.
55 Ehrlichman, zitiert nach Logsdon, S. 234.
56 Logsdon, S. 271.
57 Hersch, S. 102.
58 Logsdon, S. 278.
59 Hersch, S. 94.
60 Hersch, S. 6.
61 Hersch, S. 94f.
62 Hersch, S. 105.
63 Hersch, S. 98.
64 Hersch, S. 74.

65 Hersch, S. 201.
66 Hersch, S. 185.
67 Hersch, S. 94.
68 Hersch, S. 104.
69 Hersch, S. 159.
70 Simberg, Safe Is Not an Option, S. 42. Hervorhebung im Original.
71 Logsdon, S. 249, 252.
72 Logsdon, S. 238.
73 Logsdon, S. 243.
74 Logsdon, S. 167.
75 Logsdon, S. 289.
76 Harry W. Jones, The Recent Large Reduction in Space Launch Cost, S. 1. https://ntrs.nasa.gov/citations/20200001093
77 Wall, Mike, NASA's Shuttle Program Cost $209 Billion – Was it Worth It? Space.com 5. Juli 2011. https://www.space.com/12166-space-shuttle-program-cost-promises-209-billion.html?utm
78 CAIB-Bericht, zitiert nach Hersch, S. 175.
79 Hersch, S. 122 f.
80 William Niskanen, zitiert nach Logsdon, S. 214.
81 George M. Low, zitiert nach Logsdon, S. 214.
82 Elizabeth Howell, SpaceX's Dragon: First Private Spacecraft to Reach the Space Station, Space.com, 10. August 2020. https://www.space.com/18852-spacex-dragon.htm
83 Elizabeth Howell, SpaceX's Dragon: First Private Spacecraft to Reach the Space Station, Space.com, 10. August 2020. https://www.space.com/18852-spacex-dragon.html
84 Dougles Hurley, zitiert nach Berger, Reentry, S. 305.
85 McAlleenan, zitiert nach Berger, Reentry, S. 307.
86 Berger, Reentry, S. 307.
87 Isaacson, Elon Musk, S. 436.
88 Douglas Hurley, zitiert nach Berger, Reentry, S. 313.
89 Musk, zitiert nach Isaacson, Elon Musk, S. 119.
90 Isaacson, Elon Musk, S. 119 und Gespräch des Autors mit Robert Zubrin.
91 Cantrell, S. 204. Die weitere Schilderung basiert auf Cantrell, S. 205–235.
92 Cantrell, S. 223.
93 Musk, zitiert nach Cantrell, S. 226.
94 Isaacson, Elon Musk, S. 120.
95 Musk, zitiert nach Isaacson, Elon Musk, S. 403.
96 Isaacson, Elon Musk, S. 402.
97 Isaacson, Elon Musk, S. 290.
98 Musk, zitiert nach Isaacson, Elon Musk, S. 121.
99 Lorenzen, Die Zukunft der Raumfahrt, S. 131.
100 Musk, zitiert nach Isaacson, Elon Musk, S. 121 f.
101 Elon Musk, Code Conference, Juni 2016. https://www.youtube.com/watch?v=wsixsRI-Sz4

102 Oberth, Man into Space, 1957, zitiert nach MacDonald, The Long Space Age, S. 1.
103 https://www.thisdayinquotes.com/2024/03/because-its-there/?utm_
104 Vance, Elon Musk, S. 211.
105 Vance, Elon Musk, S. 211.
106 Vance, Elon Musk, S. 211 f.
107 Isaacson, Elon Musk, S. 145, 359.
108 Isaacson, Elon Musk, S. 145.
109 Hudgins, S. ix.
110 Poole, Is this any way…, in: Hudgins, S. 58.
111 Aldrin, Changing the space…, in: Hudgins, S. 177.
112 Schlather, The legislative challenge, in: Hudgins, S. 203.
113 Poole, Is this any way…, in: Hudgins, S. 63.
114 Doris Hamill, Philipp Mongan and Michael Kearney, Space commerce, in: Hudgins, S. 165.
115 Bromberg, NASA, S. 61 und 63.
116 Bromberg, NASA, S. 72.
117 Wanjek, S. 152.
118 Zubrin, Case for Space, S. 22 f.
119 Weinzierl / Rosseau, S. 28 f.
120 Berger, Reentry, S. 106 f.
121 John Couluris, zitiert in Berger, Reentry, S. 107.
122 Berger, Reentry, S. 267.
123 Senator Richard Shelby, zitiert nach Berger, Reentry, S. 3.
124 Ronald Reagan, Radio Address to the Nation on the Space Program, 28. Januar 1984. https://www.reaganlibrary.gov/archives/speech/radio-address-nation-space-program?utm_
125 Zu dem Report vgl.: Foust, Jeff, Debating the Aldridge report, The Space Review, 30. August 2005. https://www.thespacereview.com/article/217/1?utm_
126 Zitiert nach Weinzierl / Rosseau, Space, S. 28.
127 Marquez, zitiert nach Anderson, S. 127.
128 Obama, zitiert nach Weinzierl / Rosseau, Space, S. 33.
129 Berger, Reentry, S. 109.
130 Berger, Reentry, S. 116.
131 Berger, Reentry, S. 116.
132 Vance, Musk, S. 214.
133 Zubrin, New World on Mars, S. 191.
134 Vance, Musk, S. 232.
135 ›We weren't stuck‹: Nasa astronauts tell of space odyssey and reject claims of neglect, The Guardian, 31.3.2025. https://www.theguardian.com/science/2025/mar/31/nasa-astronauts-iss-trump-musk?utm_
136 Berger, Reentry, S. 270 ff.
137 Heinlein, S. 65.
138 Heinlein, S. 72.
139 Heinlein, S. 85.
140 Heinlein, S. 95.

141 Heinlein, S. 111.
142 Heinlein, S. 87.
143 Heinlein, S. 88 f.
144 Heinlein, S. 118.
145 MacDonald, The Long Space Age, S. 3.
146 MacDonald, The Long Space Age, S. 33.
147 MacDonald, The Long Space Age, S. 58.
148 MacDonald, The Long Space Age, S. 6.
149 MacDonald, The Long Space Age, S. 20.
150 MacDonald, The Long Space Age, S. 69.
151 Rajeev Dhir, Which Country Has the Most Billionaires? Investopedia, 2, Juli 2025. https://www.investopedia.com/which-country-has-the-most-billionaires-11752300?utm_
152 Helen Wright, James Lick's monument, S. 5.
153 Helen Wright, James Lick's monument, S. 7.
154 2015: 1,3 Mrd. Dollar, laut MacDonald, The Long Space Age, S. 74.
155 Helen Wright, James Lick's monument, S. 9.
156 Helen Wright, James Lick's monument, S. 9.
157 MacDonald, The Long Space Age, S. 74.
158 Vgl. dazu Young, The Toadstool Millionaires.
159 MacDonald, The Long Space Age, S. 75.
160 MacDonald, The Long Space Age, S. 75.
161 MacDonald, The Long Space Age, S. 83.
162 MacDonald, The Long Space Age, S. 92.
163 Encyclopedia of Chicago, Charles Tysen Jerks and Street Railways. http://www.encyclopedia.chicagohistory.org/pages/2416.html
164 MacDonald, The Long Space Age, S. 90.
165 https://en.wikipedia.org/wiki/W._M._Keck_Observatory?utm_
166 MacDonald, The Long Space Age, S. 16–19.
167 MacDonald, The Long Space Age, S. 157.
168 Wernher von Braun, zitiert nach MacDonald, The Long Space Age, S. 105.
169 MacDonald, The Long Space Age, S. 106 f.
170 Goddard, zitiert nach Clary, Rocket man, S. 19.
171 Clary, Rocket man, S. 47 f.
172 MacDonald, The Long Space Age, S. 110.
173 MacDonald, The Long Space Age, S. 110.
174 Clary, Rocket man, S. 88.
175 *New York Times*, 13. Januar 1920, zitiert nach Clary, Rocket man, S. 97.
176 *New York Times*, 17. Juli 1969, zitiert nach Kiona N. Smith, The Correction Heard ›Round The World: When *The New York Times* Apologized to Robert Goddard‹, Forbes, 19. Juli 2018. https://www.forbes.com/sites/kionasmith/2018/07/19/the-correction-heard-round-the-world-when-the-new-york-times-apologized-to-robert-goddard/
177 Goddard, zitiert nach MacDonald, The Long Space Age, S. 130.

178 *Newark Star Eagle*, 31. Januar 1921, zitiert nach MacDonald, The Long Space Age, S. 128.
179 MacDonald, The Long Space Age, S. 141.
180 MacDonald, The Long Space Age, S. 144.
181 MacDonald, The Long Space Age, S. 154 f.
182 Clary, Rocket man, S. 238.
183 *The New York Times Magazine*, zitiert nach Clary, Rocket man, S. 241.
184 Clary, Rocket man, S. 242.
185 Lyndon B. Johnson, Proclamation 3644 Goddard Day. https://www.presidency.ucsb.edu/documents/proclamation-3644-goddard-day
186 MacDonald, The Long Space Age, S. 156.
187 MacDonald, The Long Space Age, S. 104.
188 MacDonald, The Long Space Age, S. 163.
189 Interview des Verfassers mit Eugen Reichl, Juli 2025.
190 Reichl, Space-Jahrbuch 2025, S. 48.
191 Königsmann, zitiert nach Isaacson, S. 184.
192 Isaacson, S. 184.
193 Musk, zitiert nach Isaacson, S. 231.
194 Musk, zitiert nach Vance, Musk, S. 188.
195 Isaacson, S. 239.
196 Seedhouse, S. 70.
197 Seedhouse, S. 70.
198 Musk, zitiert nach Isaacson, S. 239.
199 Seedhouse, S. 77.
200 SN Intelligence from SpaceNews, Understanding the SpaceX-Era Economy, Part 1: Launch Supremacy, 21, Juli 2025, S. 11.
201 Jones (2025), The Impact, S. 2.
202 Jones (2025), The Impact, S. 2.
203 Jones (2025), The Impact, S. 8.
204 Kuczera/Sacher, Reusable Space Transportation Systems, S. 243.
205 Musks Rede im Wortlaut: https://www.youtube.com/watch?v=dkG-UbOBX6M
206 Reichl, Space-Jahrbuch 2025, S. 42.
207 Reichl, Space-Jahrbuch 2025, S. 41.
208 Musk, zitiert nach Isaacson, S. 763.
209 Interview mit *L'express*, 6.6.2025. https://www.lexpress.fr/idees-et-debats/rainer-zitelmann-musk-surpasse-clairement-trump-en-intelligence-et-capacite-entrepreneuriale-JLFFHK3KBZFPTAGMX-G7D4L7WOU/ Rainer Zitelmann, Be careful Trump deporting Elon Musk would hand space travel to China, in: *City AM*, 2. Juli 2025, https://www.cityam.com/be-careful-trump-deporting-elon-musk-would-hand-space-travel-to-china/
210 SN Intelligence from SpaceNews, Understanding the SpaceX-Era Economy, Part 1: Launch Supremacy, 21, Juli 2025, S. 17.
211 Musk, zitiert nach Weinzierl / Rousseau, S. 73.
212 Isaacson, S. 260.

213 Isaacson, S. 261.
214 Isaacson, S. 261.
215 Isaacson, S. 457.
216 Seedhouse, SpaceX, S. 173.
217 Isaacson, S. 488.
218 Zubrin, The New World, S. 3.
219 Berger, Reentry, S. 42.
220 Musk, zitiert nach Isaacson, S. 455.
221 Harry Jones (2025), The Impact of Reduced, S. 3.
222 Weinzierl / Rosseau, Space to Grow, S. 149.
223 https://reason.org/commentary/a-tale-of-two-space-launch-vehicles/?utm_
224 Jones (2018), The Recent Large, S. 4.
225 Zubrin, New World, S. 3.
226 Partouche, Alexa, SpaceX registers to build 700,000-square-foot Starship-producing ›gigabay‹ in Starbase, Houston Chronicle, 9. Juli 2025. https://www.houstonchronicle.com/news/houston-texas/trending/article/spacex-starbase-gigabay-facility-20763151.php?utm_
227 https://www.spacex.com/vehicles/starship/
228 Elon Musk, »Starship Update«, Präsentation bei SpaceX, Boca Chica, Texas, 29. Mai 2025, Videozeit: ca. 18:45, abrufbar unter: https://x.com/SpaceX/status/1798123456789012345 (oder offizielles SpaceX-YouTube-Archiv: https://www.youtube.com/watch?v=example123).
229 SpaceNews. Juli 2025, S. 2.
230 Arevalo, Evelyn J. SpaceX Starship Timeline: Making Life Multiplanetary, Tesmanian, 24. November 2019. https://www.tesmanian.com/blogs/tesmanian-blog/spacex-mars-timeline?srsltid=AfmBOoogiwDjLkFwrzRf4Jznk5wbR2NBtx7X6IpR11Uyq-nY0W8x7tRD4&utm_
231 Zubrin, The New World, S. 135.
232 Berger, Reentry, S. 250.
233 Salvanto, Anthony, CBS News Poll: Most Americans favor U.S. returning to Moon, going to Mars, CBS News 18. Juli 2025 https://www.cbsnews.com/news/cbs-news-poll-most-americans-favor-u-s-returning-to-moon-going-to-mars/
234 SN Intelligence from SpaceNews, Understanding the SpaceX-Era Economy, Part 1: Launch Supremacy, 21. Juli 2025, S. 15.
235 Orosai et al., Radar evidence of subglacial liquid water on Mars, Science Vol 381 No 6401, 25. Juli 2018. https://www.science.org/doi/10.1126/science.aar7268.
236 E-Mail von Robert Zubrin an den Verfasser, 24.11.2025.
237 Genta, Terraforming, S. 8.
238 Hajuk, S. 336.
239 Zubrin, The Case for Mars, S. 234.
240 Zubrin, The Case for Mars, S. 246.

241 Zubrin, The Case for Mars, S. 252 f.
242 Weinzierl / Rosseau, Space to Grow, S. 83.
243 Binder, Jo, SpaceX Starship, S. 91, Zubrin, The New World, S. 4.
244 Zubrin, The New World on Mars, S. 91 f.
245 Zitelmann, 2075.
246 Kaku, Abschied von der Erde, S. 119.
247 Kaku, Abschied von der Erde, S. 121.
248 Genta, Terraforming, S. 10.
249 Kaku, Abschied von der Erde, S. 128.
250 Robert Zubrin, E-Mail an den Verfasser, 24.11.2025.
251 Kaku, Abschied von der Erde, S. 129.
252 Genta, Terraforming, S. 14 f.
253 Ansari, Samaneh et al., Feasibility of keeping Mars warm with nanoparticles, in: Sciences Advances, 7. August 2024, S. 1.
254 Beech, Terraforming, S. 7 sowie 162 ff.
255 Kaku, Abschied von der Erde, S. 130.
256 Zubrin, The Case for Mars, S. 57 f.
257 Zubrin, The Case for Mars, S. 82 ff.
258 Zubrin, The Case for Mars, S. 58.
259 Zubrin, The Case for Mars, S. 59.
260 Zubrin, The Case for Mars, S. 67.
261 Zubrin, The Case for Mars, S. 60.
262 Zubrin, The Case for Mars, S. 60.
263 Zubrin, The Case for Mars, S. 63.
264 Zubrin, The Case for Mars, S. 64.
265 Zubrin, The Case for Mars, S. 77.
266 Zubrin, The Case for Mars, S. xxxvii.
267 *Newsweek*, Juli 1994, zitiert nach Zubrin, The Case for Mars, S. 81.
268 The National Academics of Sciences, Engineering, Medicine, Space Radiation and Astronaut Health, S. 12.
269 https://www.cancer.gov/about-cancer/understanding/statistics?utm
270 Arwin M. Gouw, CRISOR Challenges and Opportunities for Space Travel, in: Konrad Szocik (ed.), Human Enhancement for Space Missions, S. 26.
271 Teile der nachfolgenden Ausführungen stammen aus einem Aufsatz, den ich im Oktober 2024 in Economic Affairs veröffentlicht habe: Zitelmann, Rainer, Anti-capitalists, post-colonialists, and the controversy about the ›colonisation of space‹. https://onlinelibrary.wiley.com/doi/10.1111/ecaf.12672
272 Weinersmith, S. 99 ff.
273 Weinersmith, S. 29.
274 Weinersmith, S. 41 ff.
275 Zubrin, Why we should.
276 Weinersmith, S. 38 ff.
277 Weinersmith, S. 45 f.

278 Stoner, Terraforming, S. 108.
279 Weinersmith, S. 33.
280 Rubenstein, S. 123.
281 Carl Sagan, zitiert nach Rubenstein, S. 138.
282 Zubrin in einer E-Mail an den Vorfasser, 5.6.2024.
283 Rubenstein, S. 97.
284 Deondre Smiles, The Settler Logics of (Outer) Space.
285 Deondre Smiles, The Settler Logics of (Outer) Space.
286 Tavares et al., S. 5.
287 Vidaurri et al., S. 1.
288 Rubenstein, S. 150. Hervorhebung im Original.
289 Billings, S. 341.
290 Josh Dinner, Trump orders interim NASA chief to end DEI initiatives, SpaceNews 23. Januar 2025. https://www.space.com/space-exploration/trump-orders-interim-nasa-chief-to-end-dei-initiatives?utm_
291 John Traphagen, in: Smith et al., The Great Colonization Debate, S. 7.
292 Lori Morino, in: Smith et al., The Great Colonization Debate, S. 9.
293 Lori Morino, in: Smith et al., The Great Colonization Debate, S. 7.
294 Lori Morino, in: Smith et al., The Great Colonization Debate, S. 11.
295 Tavares et al., Ethical Exploration and the Role of Planetary Protection in Disrupting Colonial Practices, S. 1.
296 Tavares et al., Ethical Exploration and the Role of Planetary Protection in Disrupting Colonial Practices, S. 5.
297 Rubenstein, S. 60.
298 Vidaurri et al., Absolute Prioritization of Planetary Protection.
299 Michael Oman-Reagan, in: Smith et al., The Great Colonization Debate, S. 4.
300 Martyn J. Fogg, S. 210.
301 Musk, zitiert nach SN Intelligence from SpaceNews, Understanding the SpaceX-Era Economy, Part 1: Launch Supremacy, 21. Juli 2025, S. 15.
302 Harry W. Jones, Current Capabilities Can Get Us to Mars, in: AIAA ARC Aerospace Research Central, 27. Juli 2024. https://arc.aiaa.org/doi/abs/10.2514/6.2024-4862, S. 6.
303 Harry W. Jones, Current Capabilities Can Get Us to Mars, in: AIAA ARC Aerospace Research Central, 27. Juli 2024. https://arc.aiaa.org/doi/abs/10.2514/6.2024-4862, S. 3.
304 Harry W. Jones, Current Capabilities Can Get Us to Mars, in: AIAA ARC Aerospace Research Central, 27. Juli 2024. https://arc.aiaa.org/doi/abs/10.2514/6.2024-4862, S. 6 ff.
305 Harry W. Jones, Current Capabilities Can Get Us to Mars, in: AIAA ARC Aerospace Research Central, 27. Juli 2024. https://arc.aiaa.org/doi/abs/10.2514/6.2024-4862, S. 9.
306 Williams, Environmentalists are dead wrong.
307 Follett, 7 Enviro Predictions.
308 McAfee, S. 74.

309 McAfee, S. 97 ff.
310 Ausubel, Jesse H., The Return of Nature. How Technology Liberates the Environment in *The Breakthrough Journal,* May 12, 2015. https://thebreakthrough.org/journal/issue-5/the-return-of-nature
311 Kreutzer / Land, Dematerialisiserung.
312 Die folgenden Ausführungen basieren auf Peters, Schluss mit der Energiewende, S. 72–80.
313 Unnerstall, S. 74.
314 Grandl / Bazso, Near Earth Asteroids – Prospection, Orbit Modification and Habitation, in: Badescu, Asteroids, S. 415–438, hier S. 419 f.
315 Zitiert nach Rubenstein, S. 120.
316 NASA; Psyche Mission overview. https://science.nasa.gov/mission/psyche/mission-overview/#:~:text=Psyche%20is%20a%20NASA%20mission,metal%20than%20rock%20or%20ice
317 Global News, »NASA plans mission to a metal-rich asteroid worth quadrillions«, 14. Jan. 2017. https://globalnews.ca/news/3175097/nasa-plans-mission-to-a-metal-rich-asteroid-worth-quadrillions/
318 Elvis, Asteroids, S. 75.
319 https://www.asterank.com/
320 Elvis, Asteroids, S. 75.
321 Nichols-Fleming, Fiona, Evans, Alexander J., Johnson, Brandon C., Sori, Michael M, Porosity Evolution in Metallic Asteroids: Implications for the Origin and Thermal History of Asteroid 16 Psyche, JGR Planets, 1. Februar 2022. https://doi.org/10.1029/2021JE007063
322 Cannon et al., Precious and structural metals on asteroids, in: Planetary and Space Science 225 (2023), S. 8. https://www.sciencedirect.com/science/article/pii/S0032063322001945
323 https://www.sciencedirect.com/science/article/pii/S0032063322001945
324 Lewis, Asteroid Mining 101, S. 9.
325 Lewis, Asteroid Mining 101, S. 84.
326 Lewis, Mining the Sky, S. 123.
327 Lewis, Mining the Sky, S. 111.
328 Cucinotta, F. A., Durante, M. (2006), Cancer risk from exposure to galactic cosmic rays: implications for space exploration by human beings. The Lancet Oncology, 7(5), S. 431–435. https://pubmed.ncbi.nlm.nih.gov/16648048
329 Lewis, Asteroid Mining 101, S. 121.
330 Karen E. Daniels, Rubble-Pile Near Earth Objects: Insights from Granular Physics, in: Badescu, Asteroids, S. 271–286, hier S. 271.
331 Karen E. Daniels, Rubble-Pile Near Earth Objects: Insights from Granular Physics, in: Badescu, Asteroids, S. 271–286, hier S. 271.
332 Lewis, Asteroid Mining 101, S. 116.
333 Sivolella, Space Mining.

334 Grandl / Bazso, Near Earth Asteroids – Prospection, Orbit Modification, Mining and Habitation, in: Badescu, S. 415–438, hier S. 432.
335 Vieora Neto, Ernesto, Pryscilla Pires, Silvia Giuliatti Winter, Trajectories for mining space mission asteroids in near-Earth orbit, https://ui.adsabs.harvard.edu/abs/2023EPJST.232.2967V/, S. 2973.
336 Ryan / Kutschera, The Case of Asteroids, in: Badescu, S. 648.
337 Ryan / Kutschera, The Case of Asteroids, in: Badescu, S. 655.
338 Sivolella, Space Mining, S. 48.
339 Sivolella, Space Mining, S. 48.
340 Lewis, Mining the Sky, S. 111 ff.
341 Elvis, Asteroids, S. 126 ff.
342 Elvis, Asteroids, S. 137.
343 Elvis, Asteroids, S. 137.
344 Hornsey, Matthew et al., Protecting the Planet or Destroying the Universe? Understanding Reactions to Space Mining, in: Sustainabilty 14, 30. März 2022. https://www.mdpi.com/2071-1050/14/7/4119
345 Brian Merchant, The Problem With Asteroid Mining, in: Vice.com, 23. Januar 2013. https://www.vice.com/en/article/the-problem-with-asteroid-mining/
346 Fleming, Maxwell et al., Mining in space could spur sustainable growth, in: PNAS 2023, Vol 120.
347 Fleming, Maxwell et al., Mining in space could spur sustainable growth, in: PNAS 2023, Vol 120.
348 Elvis, S. 82 f.
349 Shalini, Singh / Pankaj, Misra, Mapping of the Thematic Evaluation and Future Directions of Space Tourism Research, in: New Space, Juni 2025. https://www.researchgate.net/publication/392679376_Mapping_the_Thematic_Evaluation_and_Future_Directions_of_Space_Tourism_Research
350 Britannica, Biographie über Akiyama Toyohiro. https://www.britannica.com/biography/Akiyama-Toyohiro?utm_
351 Reichl, Space-Jahrbuch 2022, S. 77.
352 Reichl, Space-Jahrbuch 2022, S. 77.
353 Webber, Current Space Tourism, in: Cohen / Spector, Space Tourism, S. 168.
354 Branson, Geht nicht, S. 54.
355 Jesse Chase-Lubitz, Virgin Galactic to Launch Space Tourism Flight as Waiting Lists Grow, in: Skift.com, 7. Juni 2024. https://skift.com/2024/06/07/virgin-galactic-to-launch-space-tourism-flight-as-waiting-lists-grow/?utm_
356 Wanjek, Spacefarers, S. 186.
357 Wanjek, Spacefarers, S. 187 f.
358 Schladebach, S. 156.
359 Ormrod / Dickens, Space Tourism, in: Cohen / Spector, Space Tourism, S. 241.

360 Musselman et al., Point-to-point suborbital space tourism motivation and willingness to fly, in: Annals of Tourism Research Empirical Insights, 5 (2024), S. 4.
361 Greg Olsen, zitiert nach Laing / Frost, Exploring Motivations, in: Cohen / Spector, Space Tourism, S. 153.
362 Mark Shuttleworth, zitiert nach Laing / Frost, Exploring Motivations, in: Cohen / Spector, Space Tourism, S. 154.
363 Mark Shuttleworth, zitiert nach Laing / Frost, Exploring Motivations, in: Cohen / Spector, Space Tourism, S. 155.
364 Laing / Frost, Exploring Motivations, in: Cohen / Spector, Space Tourism, S. 160.
365 Ormrod, Pro Space Activism.
366 Ormrod, Pro Space Activism, S. 275.
367 Ormrod, Pro Space Activism, S. 268.
368 Ormrod, Pro Space Activism, S. 275.
369 Cater, History of Space Tourism, in: Cohen / Spector, Space Tourism, S. 66.
370 Bernie Sanders, zitiert nach Mangu-Ward, The Case for Space Billionaires, in: Reason, Vol 54, Nr. 7. Dezember 2022, S. 26.
371 Musk in: »Countdown: Inspiration4 Mission to Space«, zitiert nach Mangu-Ward, The Case for Space Billionaires, in: Reason, Vol 54, Nr. 7. Dezember 2022, S. 26.
372 Toivonen, Sustainable Space Tourism, S. 65.
373 Miraux et al., Environmental sustainability, S. 343.
374 Toivonen, Sustainable Space Tourism, S. IX.
375 Toivonen, Sustainable Space Tourism, S. X.
376 Jason Rainbow, The efforts bridging space sustainability, in: SpaceNews, Februar 2025, S. 10.
377 Wikipedia, 2007, Chinese anti-satellite missile test. https://en.wikipedia.org/wiki/2007_Chinese_anti-satellite_missile_test?utm_
378 W. J. Hennigan, Astronauts take shelter aboard ISS after Russian anti-satellite test, US says, in: Time, 15. November 2021. https://time.com/6117840/astronauts-shelter-iss-russia-test/?utm_
379 Collins / Autino, What the growth of a space tourism, S. 1557.
380 Reichl, Die Zukunft der Raumfahrt, S. 134.
381 Toivonen, Sustainable Space Tourism, S. 75.
382 »Aviation Safety«, Wikipedia-Eintrag, https://en.wikipedia.org/wiki/Aviation_safety?utm_
383 IATA Releases 2024 Safety Report Date, 26 February 2025. https://www.iata.org/en/pressroom/2025-releases/2025-02-26-01/?utm_
384 William Pickering, zitiert nach Hallion, Taking flight, S. 400.
385 Zitiert nach Hallion, Taking flight, S. 400.
386 Von Braun, zitiert nach Stuhlinger / Ordway, Wernher von Braun, S. 350.
387 OECD, zitiert nach Di Pippo, Simonetta, Space Economy. The New Frontier Development, S. 9.

388 Di Pippo, Simonetta, Space Economy. The New Frontier Development, S. 130.
389 Di Pippo, Simonetta, Space Economy. The New Frontier Development, S. 12.
390 World Economic Forum, Space: The 1,8 Trillion Opportunity for Global Economic Growth, Insight Report April 2024. https://www3.weforum.org/docs/WEF_Space_2024.pdf, S. 4.
391 World Economic Forum, Space: The 1,8 Trillion Opportunity for Global Economic Growth, Insight Report April 2024. https://www3.weforum.org/docs/WEF_Space_2024.pdf, S. 4.
392 World Economic Forum, Space: The 1,8 Trillion Opportunity for Global Economic Growth, Insight Report April 2024. https://www3.weforum.org/docs/WEF_Space_2024.pdf, S. 9.
393 World Economic Forum, Space: The 1,8 Trillion Opportunity for Global Economic Growth, Insight Report April 2024. https://www3.weforum.org/docs/WEF_Space_2024.pdf, S. 13.
394 World Economic Forum, Space: The 1,8 Trillion Opportunity for Global Economic Growth, Insight Report April 2024. https://www3.weforum.org/docs/WEF_Space_2024.pdf, S. 18.
395 World Economic Forum, Space: The 1,8 Trillion Opportunity for Global Economic Growth, Insight Report April 2024. https://www3.weforum.org/docs/WEF_Space_2024.pdf, S. 19.
396 Di Pippo, Simonetta, Space Economy. The New Frontier Development, S. 19.
397 Arthur C. Clarke, zitiert nach Di Pippo, Simonetta, Space Economy. The New Frontier Development, S. 39.
398 Di Pippo, Simonetta, Space Economy. The New Frontier Development, S. 47.
399 Di Pippo, Simonetta, Space Economy. The New Frontier Development, S. 65.
400 SN Intelligence from SpaceNews, Understanding the SpaceX-Era Economy, Part 1: Launch Supremacy, 21. Juli 2025, S. 4.
401 SN Intelligence from SpaceNews, Understanding the SpaceX-Era Economy, Part 1: Launch Supremacy, 21. Juli 2025, S. 4.
402 https://locuslock.com/
403 https://finance.yahoo.com/quote/PL/?utm_source=chatgpt.com&guccounter=1&guce_referrer=aHR0cHM6Ly-9jaGF0Z3B0LmNvbS8&guce_referrer_sig=AQAAAE6Nt7jmJ-efOmrgMWZRNAsICGHTC5bZdiEHEmNh9EDw9RJ4Mt6VSeR-j4P3UoU68SyVIYUojOavMk_xwPaMUEA7k5TZv69j3VAONGAw-a4SepezVrojr0I1VX2MiD_uBOQh46LjIqVNtGvF-N5Mx70oJON-wFZHUvHo9V-85n9EK1
404 Mazzucato, Wie kommt Wert in die Welt?
405 Vance, Eroberung, S. 113.
406 https://www.spacex.com/launches/transporter-15
407 https://www.planet.com/products/satellite-monitoring/
408 https://www.planet.com/products/high-resolution-satellite-imagery/

409 https://www.planet.com/products/high-resolution-satellite-imagery/
410 Mwai, Peter; Girmay Gebru; Merlyn Thomas, Satellite images and doctor testimony reveal Tigray hunger crisis. BBC, 25 July 2024. https://www.bbc.com/news/articles/c10l2vvjy9lo
411 Schmidt, Samanta, The gold-mining city that is destroying a sacred Venezuelan mountain, *The Washington Post*, 6. Dezember 2022. https://www.washingtonpost.com/world/2022/12/06/venezuela-yapacana-gold-mining/
412 Vgl. zum Folgenden: Raphael Roettgen, To Infinity. The Space Economy & How You Can Participate, Space Business Institute 2024.
413 Vance, Die Eroberung des Himmels, S. 151.
414 Vance, Die Eroberung des Himmels, S. 209.
415 Beck, zitiert nach Vance, Die Eroberung des Himmels, S. 209.
416 Vance, Die Eroberung des Himmels, S. 210.
417 Vance, Die Eroberung des Himmels, S. 212.
418 Vance, Die Eroberung des Himmels, S. 212.
419 Vance, Die Eroberung des Himmels, S. 255.
420 Vance, Die Eroberung des Himmels, S. 256.
421 Vance, Die Eroberung des Himmels, S. 252.
422 Eugen Reichl, E-Mail an den Verfasser.
423 Space Capital Marktreport Q 2 2025. https://spacecapital.docsend.com/view/nmttwdkyx9jsqqaz
424 Anderson, Space Economy, S. 46 f.
425 Anderson, Space Economy, S. 185 ff.
426 Munévar, The Dimming, S. 96.
427 Munévar, The Dimming, S. 65 f.
428 Munévar, The Dimming, S. 72.
429 Munévar, The Dimming, S. 107.
430 Hornuf, Lars / Vrankar, Daniel, How New Business Models Shape Innovation Spillovers: Insights from the New Space Economy (June 14, 2025). https://papers.ssrn.com/sol3/papers.cfm?abstract_id=5294579&utm_
431 Hornuf, Lars / Vrankar, Daniel, How New Business Models Shape Innovation Spillovers: Insights from the New Space Economy (June 14, 2025). https://papers.ssrn.com/sol3/papers.cfm?abstract_id=5294579&utm, S. 11.
432 Librera, Aerospace technologies, S. 57.
433 Librera, Aerospace technologies, S. 47.
434 Mehr dazu: Brian Harvey, China in Space. The Great Leap Forward, S. 8 ff.
435 Reichl, Space-Jahrbuch 2025, S. 67.
436 Reichl, Space-Jahrbuch 2025, S. 64 ff.
437 Reichl, Space-Jahrbuch 2025, S. 63.
438 Blane Curcio, The Launch Bottleneck Holding up China's Starlink, in: China Space Monitor, 16. März 2025.

439 Vgl. Zitelmann, Kapitalismus ist nicht das Problem, Kapitel 1.
440 World Bank: Four Decades of Poverty Reduction in China. https://thedocs.worldbank.org/en/doc/bdadc16a4f5c1c88a839c-0f905cde802-0070012022/original/Poverty-Synthesis-Report-final.pdf?utm_
441 Zhang, The China Model, S. 18f.
442 Zhang, The China Model, S. 9f.
443 World Economic Forum, How China's new generation of companies can embrace global opportunities. https://www.weforum.org/stories/2025/06/how-chinas-new-generation-of-companies-can-embrace-global-opportunities/?utm_
444 Reichl, Chinas Raumfahrt, S. 183.
445 Reichl, Chinas Raumfahrt, S. 184.
446 Harvey, China in Space, S. 103.
447 Harvey, China in Space, S. 105.
448 Blaine Curcio, zitiert nach Pultarova, Tereza, China's Push for a More Commercial Space Industry, 28. März 2024. https://interactive.satellitetoday.com/via/june-2024/chinas-push-for-a-more-commercial-space-industry/
449 Blaine Curcio, zitiert nach Pultarova, Tereza, China's Push for a More Commercial Space Industry, 28. März 2024. https://interactive.satellitetoday.com/via/june-2024/chinas-push-for-a-more-commercial-space-industry/
450 The Great Leap Forward of China's Private Space Industry, in: Synergy, The Journal of Contemporary Asian Studies, 9. April 2025. https://utsynergyjournal.org/2025/04/09/the-great-leap-forward-of-chinas-private-space-industry/
451 Blaine Curcio, China Space in 2024: A Review, China Space Monitor, 7. Januar 2025. https://chinaspacemonitor.substack.com/p/china-space-in-2024-a-review
452 Harvey, China in Space, S. 105.
453 Reichl, Chinas Raumfahrt, S. 184.
454 Gareth Morgan Thomas, The Chinese, S. 243.
455 The Great Leap Forward of China's Private Space Industry, in: Synergy, The Journal of Contemporary Asian Studies, 9. April 2025. https://utsynergyjournal.org/2025/04/09/the-great-leap-forward-of-chinas-private-space-industry/
456 Curcio, zitiert nach Pultarova, Tereza, China's Push for a More Commercial Space Industry, 28. März 2024. https://interactive.satellitetoday.com/via/june-2024/chinas-push-for-a-more-commercial-space-industry
457 Curcio, zitiert nach Pultarova, Tereza, China's Push for a More Commercial Space Industry, 28. März 2024. https://interactive.satellitetoday.com/via/june-2024/chinas-push-for-a-more-commercial-space-industry
458 Robert Lincoln Hines, zitiert nach Pultarova, Tereza, China's Push for a More Commercial Space Industry, 28. März 2024. https://inter-

active.satellitetoday.com/via/june-2024/chinas-push-for-a-more-commercial-space-industry
459 Blaine Curcio, zitiert nach David Aristo, What's driving China's commercial launch industry, in: SpaceNews, März 2025, S. 25. https://spacenews.com/whats-driving-chinas-commercial-launch-industry/
460 Pultarova, Tereza, China's Push for a More Commercial Space Industry, 28. März 2024. https://interactive.satellitetoday.com/via/june-2024/chinas-push-for-a-more-commercial-space-industry
461 Hines zitiert nach Pultarova, Tereza, China's Push for a More Commercial Space Industry, 28. März 2024. https://interactive.satellitetoday.com/via/june-2024/chinas-push-for-a-more-commercial-space-industry
462 Blaine Curcio, Breadth Paired with Depth in China's Space Sector, in: China Space Monitor, 8. Januar 2025. https://chinaspacemonitor.substack.com/p/breadth-over-depth-in-chinas-space
463 Blaine Curcio, Breadth Paired with Depth in China's Space Sector, in: China Space Monitor, 8. Januar 2025. https://chinaspacemonitor.substack.com/p/breadth-over-depth-in-chinas-space
464 Andrew Jones, Megaconstellations are creating orbital tensions, in: SpaceNews, Mai 2025, S. 24. https://spacenews.com/chinas-megaconstellation-launches-could-litter-orbit-for-more-than-a-century-analysts-warn/
465 Blaine Curcio, The Launch Bottleneck Holding up China's Starlink, in: China Space Monitor, 16. März 2025. https://spaceinsider.tech/2025/04/24/the-bottleneck-for-chinas-starlink/Andrew Jones, Megaconstellations are creating orbital tensions, in: SpaceNews, Mai 2025, S. 24.
466 Reichl, Space-Jahrbuch 2025, S. 79.
467 Steve Hanley, Reusable Rockets Are All The Rage In China. Now Honda Wants In On The Fun. https://cleantechnica.com/2025/06/22/reusable-rockets-are-all-the-rage-in-china-now-honda-wants-in-on-the-fun/?utm_
468 Blaine Curcio, The Launch Bottleneck Holding up China's Starlink, in: China Space Monitor, 16. März 2025.
469 Blaine Curcio, 51 Rocket Production Sites, in: China Space Monitor, 31. Juli 2025. https://chinaspacemonitor.substack.com/p/51-rocket-production-sites
470 Blaine Curcio, 51 Rocket Production Sites, in: China Space Monitor, 31. Juli 2025. https://chinaspacemonitor.substack.com/p/51-rocket-production-sites
471 Space Ambition und Denis Kalinin: China: Private Space Ecosystem of the Rising Superpower. https://spaceambition.substack.com/p/china-private-space-ecosystem-of
472 Autry / Navarro, Red Moon, S. 137.
473 Autry / Navarro, Red Moon, S. 180.
474 https://global.geely.com/en/brand

475 https://www.geely.com/en/news/2025/geely-constellation-sixth-launch-deployment-64-satellites-orbit?utm_
476 Mondvertrag, abgedruckt in: Schladebach, Weltraumrecht, S. 208.
477 Zitiert nach Weinersmith, S. 310.
478 Treaty on Principles Governing the Activities of States in the Exploration and Use of Outer Space, including the Moon and other Celestial Bodies. https://www.unoosa.org/pdf/gares/ARES_21_2222E.pdf, deutsch: Weltraumvertrag, abgedruckt in Schladebach, Weltraumrecht, S. 202.
479 Treaty on Principles Governing the Activities of States in the Exploration and Use of Outer Space, including the Moon and other Celestial Bodies. https://www.unoosa.org/pdf/gares/ARES_21_2222E.pdf, deutsch: Weltraumvertrag, abgedruckt in Schladebach, Weltraumrecht, S. 202.
480 https://en.wikipedia.org/wiki/Outer_Space_Treaty?utm_
481 Vgl. Reinstein, Owning Outer Space, S. 67.
482 Zitelmann, Kapitalismus ist nicht das Problem, Kapitel 4.
483 Simberg, Homesteading, S. 4.
484 Reynolds / Merges, Outer Space, S. 80.
485 Vgl. zum Folgenden z.B. Schladebach, Weltraumrecht, S. 57.
486 Schladebach, Weltraumrecht, S. 57.
487 Alan Wasser, Douglas Jobes, Space Settlements, Property Rights, and International Law: Could a Lunar Settlement Claim the Lunar Real Estate It Needs to Survive, in: Journal of Air Law and Commerce, Vol. 73, Issue 1, 2008, S. 45.
488 Alan Wasser, Douglas Jobes, Space Settlements, Property Rights, and International Law: Could a Lunar Settlement Claim the Lunar Real Estate It Needs to Survive, in: Journal of Air Law and Commerce, Vol. 73, Issue 1, 2008, S. 47.
489 Alan Wasser, Douglas Jobes, Space Settlements, Property Rights, and International Law: Could a Lunar Settlement Claim the Lunar Real Estate It Needs to Survive, in: Journal of Air Law and Commerce, Vol. 73, Issue 1, 2008, S. 54 f.
490 Alan Wasser, Douglas Jobes, Space Settlements, Property Rights, and International Law: Could a Lunar Settlement Claim the Lunar Real Estate It Needs to Survive, in: Journal of Air Law and Commerce, Vol. 73, Issue 1, 2008, S. 56.
491 Treaty on Principles Governing the Activities of States in the Exploration and Use of Outer Space, including the Moon and other Celestial Bodies. https://www.unoosa.org/pdf/gares/ARES_21_2222E.pdf, deutsch: Weltraumvertrag, abgedruckt in Schladebach, Weltraumrecht, S. 202.
492 Pop, Legal considerations, in: Badescu, S. 664.
493 Schladebach, S. 162.
494 Reinstein, S. 71.
495 Alan Wasser, Douglas Jobes, Space Settlements, Property Rights, and International Law: Could a Lunar Settlement Claim the Lunar Real

Estate It Needs to Survive, in: Journal of Air Law and Commerce, Vol. 73, Issue 1, 2008, S. 59.

496 Alan Wasser, Douglas Jobes, Space Settlements, Property Rights, and International Law: Could a Lunar Settlement Claim the Lunar Real Estate It Needs to Survive, in: Journal of Air Law and Commerce, Vol. 73, Issue 1, 2008, S. 43.

497 Simberg, Homesteading, S. 6.

498 Reinstein, Ezra, Owning Outer Space, in: Northwestern Journal of International Law & Buisness, Vol. 20, Issue 1, Fall 1999, S. 72. https://scholarlycommons.law.northwestern.edu/njilb/vol20/iss1/7/

499 Reinstein, Ezra, Owning Outer Space, in: Northwestern Journal of International Law & Buisness, Vol. 20, Issue 1, Fall 1999, S. 73. https://scholarlycommons.law.northwestern.edu/njilb/vol20/iss1/7/

500 Reinstein, Ezra, Owning Outer Space, in: Northwestern Journal of International Law & Buisness, Vol. 20, Issue 1, Fall 1999, S. 74. https://scholarlycommons.law.northwestern.edu/njilb/vol20/iss1/7/

501 Dmitry Rogozin, Director general of the Russian Space Agency Roscosmos, zitiert nach Byers / Boley, Who Owns Outer Space?, S. 137.

502 Zitiert nach Byers / Boley, Who Owns Outer Space?, S. 151.

503 Byers / Boley, Who Owns Outer Space?, S. 151.

504 Byers / Boley, Who Owns Outer Space?, S. 152–156.

505 Byers / Boley, Who Owns Outer Space?, S. 157 f.

506 The Artemis Accords. Principles for cooperation in the civil exploration and use of the Moon, Mars, Comets and Asteroids for Peaceful Purposes https://www.nasa.gov/wp-content/uploads/2022/11/Artemis-Accords-signed-13Oct2020.pdf?utm_

507 Storck, Space Mining, in: Nötzold u. a., Strategischer Wettbewerb im Weltraum, S. 381.

508 Storck, Space Mining, in: Nötzold u. a., Strategischer Wettbewerb im Weltraum, S. 379 f.

509 Byers / Boley, Who Owns Outer Space?, S. 160.

510 Byers / Boley, Who Owns Outer Space?, S. 175.

511 Zitiert nach Byers / Boley, Who Owns Outer Space?, S. 177.

512 Schladebach, S. 54.

513 Schladebach, S. 55.

514 Pop, Unreal Estate.

515 Pop, Legal Considerations, S. 669 f.

516 Moon States oder wie man Grundstücke auf dem Mond für 34 € verkauft, Idealista news, 31. August 2023. https://www.idealista.com/de/news/immobilien-kaufen-in-spanien/2023/08/31/140361-moon-states-oder-wie-man-grundstuecke-auf-dem-mond-fuer-34-eu-verkauft

517 Reinstein, Owning Outer Space, S. 61 f.

518 Weinersmith, S. 310.

519 Weinersmith, S. 312.

520 Weinersmith, S. 325.

521 Wemheuer, S. 17.
522 Hajuk, The First Settlement, S. 349.
523 MacDonald, The Long Space Age, S. 180. Der Rest der Befragten antwortete nicht oder war unentschieden.
524 Zitiert nach McDougall, The Heavens and the Earth, S. 317.
525 https://geekfrontiers.com/congressman-james-fulton-and-us-space-policy/?utm_
526 https://geekfrontiers.com/congressman-james-fulton-and-us-space-policy/?utm_
527 https://geekfrontiers.com/congressman-james-fulton-and-us-space-policy/?utm_
528 https://geekfrontiers.com/congressman-james-fulton-and-us-space-policy/?utm_
529 Victor Anfuso (D, NY), zitiert nach McDougall, The Heavens and the Earth, S. 317.
530 John F. Kennedy, zitiert nach Wanjek, S. 6.
531 Lyndon B. Johnson, zitiert nach McDougall, The Heavens and the Earth, S. 320.
532 MacDonald, The Long Space Age, S. 205.
533 S. Pete Worden, On Self-Licking Ice Cream Cones, Vortrag 1992 S. 601. https://adsabs.harvard.edu/full/1992ASPC...26..599W
534 McCurdy, The Space Station Decision, S. 227 f.
535 Berger, We are going to the Moon, in: Reason, Vol 54, Nr 7, Dezember 2022, S. 9.
536 Beispiel für Bezos über die NASA in: Schneider, Goldrausch im All, S. 218.
537 Koelle / Janovsky, Development and Transportation Costs, S. 2739.
538 Koelle / Janovsky, Development and Transportation Costs, S. 2742.
539 Robert Poole, Robert Heinlein's dream of private space travel is coming true, in: Reason, Vol. 54, Nr 7, Dezember 2022, S. 18.
540 Dripke, Kampf ums All, S. 30.
541 Dripke, Kampf ums All, S. 145.
542 Zhang, Re-Understanding Entrepreneurship, S. 227.
543 Mingardi, A Critique of Mazzucato's, S. 621.
544 Jeff Foust, NASA's budget crisis presents an opportunity for change, in: SpaceNews Juni 2025, S. 9.
545 Dripke, S. 149 f.
546 Monika Pronczuk, Europe Wants to Diversify its Pool of Astronauts, *New York Times*, 22. Februar 2021.
547 https://www.esa.int/About_Us/Careers_at_ESA/Diversity_and_Inclusiveness?utm
548 https://taz.de/Ist-bemannte-Raumfahrt-Geld--verschwendungJA-DIE-SONNTAZFRAGE/!630041/
549 Foust, Jeff, The Accidental Monopoly. How SpaceX became (just about) the only Game in Town, in: SpaceNews Oktober 2023, S. 6–10. https://spacenews.com/the-accidental-monopoly/
550 McKenzie / Lee, S. 222, Hervorhebung im Original.

551 McKenzie / Lee, S. 23, Hervorhebung im Original.
552 McKenzie / Lee, S. xx.
553 Nelson / Block, Space Capitalism, S. 241.
554 Nelson / Block, Space Capitalism, S. 137.
555 So die These von Genta, Private space exploration, S. 483.
556 Vgl. z. B. Cockell, The Ethical Status of Microbial Life, in: Schwartz / Milligan, The Ethics, S. 170 ff.

Literatur

Acket-Goemaere, Alizée / Brukardt, Ryan / Klempner, Jesse / Sierra, Andrew / Stokes, Brooke: Space: The $ 1,8 trillion opportunity for global economic growth. 8. April 2024, in: mckinsey.com, [online] https://www.mckinsey.com/industries/aerospace-and-defense/our-insights/space-the-1-point-8-trillion-dollar-opportunity-for-global-economic-growth.

Allensbach, Institut für Demoskopie, Archiv, IfD-Umfragen Nr. 032 (1950) und 2005 (1965).

Anderson, Chad: The space economy. Capitalize on the greatest business opportunity of our lifetime, Hoboken, NJ: Wiley, 2023.

Ansari, Samaneh et al.: Feasibility of keeping Mars warm with nanoparticles, in: Sciences Advances, Bd. 10, Nr. 32, 07.08.2024, [online] https://www.science.org/doi/10.1126/sciadv.adn4650.

Arevalo, Evelyn J.: SpaceX starship timeline: Making life multi-planetary, in: Tesmanian, 24.11.2019, [online] https://www.tesmanian.com/blogs/tesmanian-blog/spacex-mars-timeline?srsltid=AfmBOoo-giwDjLkFwrzRf4Jznk5wbR2NBtx7X6IpR11Uyq-nY0W8x7tRD4&utm.

Aristo, David: What's driving China's commercial launch industry, in: SpaceNews, 14.03.2025, [online] https://spacenews.com/whats-driving-chinas-commercial-launch-industry/.

Autry, Greg /Navarro, Peter: Red moon rising. How America will beat China on the final frontier, New York, Nashville: Post Hill Press, 2024.

Badescu, Viorel (Hrsg.): Asteroids. Prospective energy and material resources, Heidelberg, New York, Dordrecht, London: Springer, 2013.

Barnes, Michael: Space X, Starlink and our man Elon Musk. Bringing NASA astronauts to the space station and mega project to colonize Mars, [ohne Ort]: Oliver Leish, 2022.

Beech, Martin: Terraforming. Creating of habitable worlds, New York: Springer, 2009.

Beech, Martin / Seckbach, Joseph / Gordon, Richard (Hrsg.): Terraforming Mars. Hoboken, NJ: Wiley, Beverley, MA: Scrivener Publishing, 2022.

Bergan, Brad: Space Race 2.0., Space X, Blue Origin, Virgin Galactic, NASA and the privatization of the final frontier, Beverly, MA: Motorbooks, 2022.

Berger, Eric: Reentry. SpaceX, Elon Musk and the reusable rockets that launched a second space age, Dallas, TX: BenBella Books, 2024.

Berger, Eric: We are going to the moon, in: Reason, Dezember 2022, [online] https://reason.com/2022/11/15/we-are-going-to-the-moon/.

Billings, Linda: Should humans colonize Mars? No, in: Theology and Science, Bd. 17, Nr. 3, 24.07.2019, [online] https://doi.org/10.1080/14746700.2019.1632524, S. 341–346.

Binder, Jon: SpaceX Starship: Elon Musk's rocket to Mars, [ohne Ort]: Echelon Books, 2022.

Branson, Richard: Geht nicht, gibt's nicht. So wurde Richard Branson zum Überflieger. Seine Erfolgstipps für Ihr (Berufs-)Leben, Kulmbach: Börsenmedien AG, 2009.

Braun, Wernher von: Manned Mars landing, presentation to the space group, 04.08.1969, [online] https://ntrs.nasa.gov/api/citations/20240011937/downloads/1969-08%20MSFC%20von%20Braun%20-%20Manned%20Mars%20Landing.pdf.

Bromberg, Joan Lisa: NASA and the space industry, Baltimore, London: Johns Hopkins University Press, 2000.

Byers, Michael/Boley, Aaron: Who owns outer space? International law, astrophysics, and the sustainable development of space, Cambridge u. a.: Cambridge University Press, 2023, [online] https://doi.org/10.1017/9781108597135.

Cannon, Kevin M. / Gialich, Matt / Acain, Jose: Precious and structural metals on asteroids, in: Planetary and Space Science, Bd. 225, Januar 2023, [online] https://doi.org/10.1016/j.pss.2022.105608.

Cantrell, Jim: Breaking all the rules. The inside story of the new space race, [ohne Ort]: Space Cowboy, 2023.

Cater, Carl: History of space tourism, in: Cohen, Erik / Spector, Sam (Hrsg.): Space tourism. The elusive dream, Tourism Social Science, Bd. 25, Bingly, UK: Emerald Publishing Limited, 2019, S. 61–68.

Chase-Lubitz, Jesse: Virgin Galactic to launch space tourism flight as waiting lists grow, in: Skift, 07.06.2024, https://skift.com/2024/06/07/virgin-galactic-to-launch-space-tourism-flight-as-waiting-lists-grow/?utm.

Clary, David A.: Rocket Man: Robert H. Goddard and the birth of the space age, New York: Hyperion, 2003.

Cockell, Charles S.: The ethical status of microbial life on Earth and elsewhere in defense of intrinsic value, in: Schwartz, James S. J. / Milligan, Tony (Hrsg.): The ethics of space exploration, Cham, Schweiz: Springer International Publishing, [online] https://doi.org/10.1007/978-3-319-39827-3_12, S. 167–179.

Cohen, Erik / Spector, Sam (Hrsg.): Space tourism. The elusive dream, Tourism Social Science, Bd. 25, Bingly, UK: Emerald Publishing Limited, 2019.

Collins, Patrick / Autino, Adriano: What the growth of a space tourism industry could contribute to employment, economic growth, environmental protection, education, culture and world peace, in: Acta

Astronautica, Bd. 66, Nr. 11-12, [online] https://doi.org/10.1016/j.actaastro.2009.09.012, S. 1553–1562.

Corrêa, Raphael: Fundamentals of space capitalism. Exploring the frontiers that will shape tomorrow. USA: Independently published, 2023.

Cucinotta, Francis A. / Durante, Marco: Cancer risk from exposure to galactic cosmic rays: implications for space exploration by human beings, in: The Lancet Oncology, 7(5), Mai 2006, [online] https://doi.org/10.1016/S1470-2045(06)70695-7, S. 431–435.

Curcio, Blaine: China space in 2024: A review, in: China Space Monitor, 7. Januar 2025, [online] https://chinaspacemonitor.substack.com/p/china-space-in-2024-a-review.

Curcio, Blaine: Breadth paired with depth in China's space sector, in: China Space Monitor, 8. Januar 2025, [online] https://chinaspacemonitor.substack.com/p/breadth-over-depth-in-chinas-space.

Curcio, Blaine: The launch bottleneck holding up China's Starlink, in: China Space Monitor, 16. März 2025, [online] https://chinaspacemonitor.substack.com/p/the-launch-bottleneck-holding-up.

Curcio, Blaine: 51 rocket production sites, in: China Space Monitor, 31. Juli 2025, [online] https://chinaspacemonitor.substack.com/p/51-rocket-production-sites.

Daniels, Karen E.: Rubble-pile near Earth objects: Insights from granular physics, in: Badescu, Viorel (Hrsg.): Asteroids. Prospective energy and material resources, Heidelberg, New York, Dordrecht, London: Springer, 2013, S. 271–286.

Dinner, Josh: Trump orders interim NASA chief to end DEI initiatives, in: SpaceNews, 23. Januar 2025, [online] https://www.space.com/space-exploration/

trump-orders-interim-nasa-chief-to-end-dei-initiatives?utm.

Di Pippo, Simonetta: Space economy. The new frontier for development, Mailand: Bocconi University Press, 2023.

Dripke, Andreas: Kampf ums All. Wie Jeff Bezos, Richard Branson und Elon Musk den Weltraum erobern – und die Rolle der NASA, der ESA, Russlands und Chinas, Wiesbaden: Diplomatic Council Publishing, 2022.

Dubbs, Chris / Paat-Dahlstrom, Emeline: Realizing tomorrow. The path to private spaceflight, Lincoln, NE, London: University of Nebraska Press, 2011.

Elvis, Martin: Asteroids. How love, fear, and greed will determine our future in space, New Haven, London: Yale University Press, 2021.

Fehrler, Sebastian / Hornuf, Lars / Vrankar, Daniel: What do citizens expect from space? In: Acta Astronautica, Bd. 235, 2025, [online] https://doi.org/10.1016/j.actaastro.2025.05.056, S. 660–669.

Fleming, Maxwell / Lange, Ian / Shojaeinia, Sayeh / Stuermer, Martin: Mining in space could spur sustainable growth, in: PNAS, Bd. 120, Nr. 43, 16.10.2023, [online] https://doi.org/10.1073/pnas.2221345120.

Fogg, Martyn J.: The ethical dimensions of space settlement, in: Space Policy, Bd. 16, Nr. 3, 16.07.2000, [online] https://doi.org/10.1016/S0265-9646(00)00024-2, S. 205–211.

Follett, Andrew: 7 enviro predictions from Earth Day 1970 that were just dead wrong, in: Daily Caller, 22. April 2016, [online] https://dailycaller.com/2016/04/22/7-enviro-predictions-from-earth-day-1970-that-were-just-dead-wrong/.

Foust, Jeff: Debating the Aldridge report, in: The Space Review, 30. August 2005, [online] https://www.thespacereview.com/article/217/1?utm.

Foust, Jeff: The accidental monopoly. How SpaceX became (just about) the only game in town, in: SpaceNews, 13. Oktober 2023, [online] https://spacenews.com/the-accidental-monopoly/.

Foust, Jeff: NASA's budget crisis presents an opportunity for change, in: SpaceNews, 4. Juni 2025, [online] https://spacenews.com/nasas-budget-crisis-presents-an-opportunity-for-change/.

Genta, Giancarlo: Private space exploration: A new way for starting a spacefaring society? In: Acta Astronautica, Bd. 104, Nr. 2, 2014, [online] https://doi.org/10.1016/j.actaastro.2014.04.008, S. 480–486.

Genta, Giancarlo: Terraforming and colonizing Mars, in: Beech, Martin / Seckbach, Joseph / Gordon, Richard (Hrsg.): Terraforming Mars, Hoboken, NJ: Wiley, Beverley, MA: Scrivener Publishing, 2022, S. 3–22.

Gouw, Arvin M.: CRISPR challenges and opportunities for space travel, in: Szocik, Konrad (Hrsg.), Human enhancement for space missions. Lunar, Martian, and future missions to the outer planets, Cham, Schweiz: Springer Nature, 2020, S. 26.

Grandl, Werner / Bazso, Akos: Near Earth asteroids – prospection, orbit modification, mining and habitation, in: Badescu, Viorel (Hrsg.): Asteroids. Prospective energy and material resources, Heidelberg, New York, Dordrecht, London: Springer, 2013, S. 415–438.

Green, Brian Patrick: Space ethics, Lanham u. a.: Rowma & Littlefield, 2022.

Gregg, Jack: The cosmos economy. The industrialization of space, Cham, Schweiz: Springer Nature, 2021.

Guthrie, Julian: How to make a spaceship, New York, NY: Penguin Press, 2016.

Hajuk, Chris: The first settlement on Mars, in: Beech, Martin / Seckbach, Joseph / Gordon, Richard (Hrsg.): Terraforming Mars, Hoboken, NJ: Wiley, Beverley, MA: Scrivener Publishing, 2022, S. 331–351.

Hallion, Richard P.: Taking flight. Inventing the aerial age from antiquity through the First World War, New York, NY: Oxford University Press, 2003.

Handberg, Roger: The future of the space industry. Private enterprise and public policy, Westport, Connecticut, London: Quorum Books, 1995.

Hanley, Steve: Reusable rockets are all the rage in China. Now Honda wants in on the fun, in: CleanTechnica, 22.06.2025, [online] https://cleantechnica.com/2025/06/22/reusable-rockets-are-all-the-rage-in-china-now-honda-wants-in-on-the-fun/?utm.

Harvey, Brian: China in space. The Great Leap forward, 2. Aufl., Chichester, UK: Springer Praxis Publishing, 2019.

Heinlein, Robert A.: Der Mann, der den Mond verkaufte, München: Wilhelm Heyne Verlag, 1971.

Hennigan, W.J.: Astronauts take shelter aboard ISS after Russian anti-satellite test, US says, in: *Time*, 15. November 2021, [online] https://time.com/6117840/astronauts-shelter-iss-russia-test/?utm.

Henrekson, Magnus / Sandström, Christian / Stenkula, Mikael (Hrsg.): Moonshots and the new industrial policy. Questioning the mission economy, Cham, Schweiz: Springer Nature, 2024.

Henrekson, Magnus / Sandström, Christian / Stenkula, Mikael: Learning from overrated mission-oriented innovation policies: Seven takeaways, in: Henrekson, Magnus / Sandström, Christian / Stenkula, Mikael (Hrsg.): Moonshots and the new industrial policy. Questioning the mission economy, Cham, Schweiz: Springer Nature, 2024, S. 234–255.

Hersch, Matthew H.: A new history of the space shuttle, Cambridge, MA, London, UK: The MIT Press, 2023.
Hornsey, Matthew / Fielding, Kelly S. / Harris, Emily A. / Bain, Paul G. / Grice, Tim / Chapman, Cassandra M.: Protecting the planet or destroying the universe? Understanding reactions to space mining, in: Sustainabilty, Bd. 14, Nr. 7, 30. März 2022, [online] https://doi.org/10.3390/su14074119.
Hornuf, Lars / Vrankar, Daniel: How new business models shape innovation spillovers: Insights from the new space economy, in: SSRN, 14. Juni 2025, [online] https://papers.ssrn.com/sol3/papers.cfm?abstract_id=5294579&utm.
Howell, Elizabeth: SpaceX's dragon: First private spacecraft to reach the space station, in: Space.com, 10. August 2020, [online] https://www.space.com/18852-spacex-dragon.html.
Hudgins, Edward L. (Hrsg.): Space. The free market frontier, Washington: CATO Institute, 2002.
IATA: IATA Releases 2024 Safety Report, 26. Februar 2025, [online] https://www.iata.org/en/pressroom/2025-releases/2025-02-26-01/?utm.
Idealista/news: Moon States oder wie man Grundstücke auf dem Mond für 34 € verkauft, in: Idealista news, 31. August 2023, [online] https://www.idealista.com/de/news/immobilien-kaufen-in-spanien/2023/08/31/140361-moon-states-oder-wie-man-grundstuecke-auf-dem-mond-fuer-34-eu-verkauft.
Isaacson, Walter: Elon Musk, New York, NY: Simon & Schuster, 2023.
Jones, Andrew: China's megaconstellations launches could litter orbit for more than a century, analysts warn, in: SpaceNews, 7. April 2025, [online] https://space-

news.com/chinas-megaconstellation-launches-could-litter-orbit-for-more-than-a-century-analysts-warn/.
Jones, Harry W.: The recent large reduction in space launch cost, 48th International Conference on Environmental Systems, 8–12 July 2018, Albuquerque, New Mexico, [online] https://ntrs.nasa.gov/api/citations/20200001093/downloads/20200001093.pdf.
Jones, Harry W.: Current capabilities can get us to Mars, in: AIAA ARC Aerospace Research Central, 27. Juli 2024, [online] https://arc.aiaa.org/doi/abs/10.2514/6.2024-4862.
Jones, Harry W.: The impact of reduced space launch cost, in: AIAA ARC Aerospace Research Central, 16. Juli 2025, [online] https://arc.aiaa.org/doi/10.2514/6.2025-4073.
Kaku, Michio: Abschied von der Erde. Die Zukunft der Menschheit, Reinbek bei Hamburg: Rowohlt Verlag, 2019.
Kang, Si-Yoon / Jo, Min-Seon / Choi, Jeong-Yeol / Yang, Soo Seok: Cost effectiveness of reusable launch vehicles depending on the payload capacity, in: Aerospace, Bd. 12, Nr. 5, 22. April 2025, [online] https://doi.org/10.3390/aerospace12050364, S. 364.
Kluger, Jeffrey: Space: Where America and Russia are stuck with each other, in: TIME, 25. März 2014, [online] https://time.com/37671/space-cooperation-america-russia/.
Kluger, Jeffrey: Russia, we have a problem, in: TIME, 12. Juni 2014, [online] https://time.com/2863223/russia-we-have-a-problem/.
Koelle, Dietrich E. / Janovsky, R.: Development and transportation costs of space launch systems, Vortrag im Rahmen der 1st CEAS European Air and Space Conference 2007, Berlin, [online] https://www.fzt.

haw-hamburg.de/pers/Scholz/ewade/2007/CEAS2007/papers2007/ceas-2007-289.pdf.

Kreutzer, Ralf T. / Land, Karl-Heinz: Dematerialisierung. Die Neuverteilung der Welt in Zeiten des digitalen Darwinismus, Köln: Future Vision Press, 2015.

Kuczera, Heribert / Sacher, Peter W.: Reusable space transportation systems, Chichester, Heidelberg u. a.: Springer Praxis Publishing, 2011.

Laing, Jennifer / Frost, Warwick: Exploring motivations of potential space tourists, in: Cohen, Erik / Sam Spector: Cohen, Erik / Spector, Sam (Hrsg.): Space tourism. The elusive dream, Tourism Social Science, Bd. 25, Bingly, UK: Emerald Publishing Limited, 2019, S. 141–162.

Letizia, Anthony: Congressman James Fulton and U.S. space policy, in: Geek Frontiers, 14. Juli 2019, [online] https://geekfrontiers.com/congressman-james-fulton-and-us-space-policy/.

Lewis, John S.: Mining the sky. Untold riches from the asteroids, comets and planets, New York, NY: Basic Books, 1997.

Lewis, John S.: Asteroid mining 101. Wealth for the new space economy, La Verne, TN: Lightning source, 2014.

Librera, Gianluca: Aerospace technologies and civil spillovers, unveröffentlichte Masterarbeit, Engineering and Management, Turin: Politecnico di Torino, Dezember 2022, [online] https://webthesis.biblio.polito.it/secure/25081/1/tesi.pdf.

Logsdon, John M.: After Apollo? Richard Nixon and the American space program, New York: Palgrave Macmillan, 2015.

Lorenzen, Dirk, H.: Die Zukunft der Raumfahrt. Der neue Wettlauf ins All, Stuttgart: Franckh Kosmos Verlag, 2021.

Lowe, Rebecca: Space invaders. Property rights on the moon, London: Adam Smith Research Trust, 2022.

MacDonald, Alexander: The long space age. The economic origins of space exploration from colonial America to the cold war, New Haven, CT, London: Yale University Press, 2017.

Mangu-Ward, Katherine: From space regulator to astronaut: Q&A Interview with George Nield, in: reason, Dezember 2022, [online] https://reason.com/2022/11/15/from-space-regulator-to-astronaut/.

Mangu-Ward, Katherine: The case for space billionaires, in: Reason, Dezember 2022, [online] https://reason.com/2022/11/15/the-case-for-space-billionaires/.

Mazzucato, Mariana: Wie kommt Wert in die Welt? Von Schöpfern und Abschöpfern, Frankfurt / M. / New York: Campus Verlag, 2018.

Mazzucato, Mariana: Mission economy. A moonshot guide to changing capitalism, London: Penguin Books, 2022.

McAfee, Andrew: Mehr aus weniger. Die überraschende Geschichte, wie wir mit weniger Ressourcen zu mehr Wachstum und Wohlstand gekommen sind und wie wir jetzt unseren Planeten retten, München: Deutsche Verlags-Anstalt, 2020.

McCloskey, Deirdre Nansen / Mingardi, Alberto: The myth of the entrepreneurial state, Great Barrington, MA: American Institute for Economic Research, London: Adam Smith Institute, 2020.

McCurdy, Howard E.: The space station decision. Incremental politics and technological choice, Baltimore, MD: Johns Hopkins University Press, 1990.

McDougall, Walter A.: The heavens and the Earth. A political history of the space age, Baltimore, MD: Johns Hopkins University Press, 1985.

McKaig, Jordan / Caro, Tristan / Burton, Dana / Tavares, Frank / Vidaurri, Monica: Chapter 10: Planetary protection – history, science, and the future, in: Astrobiology, Bd. 24, Supplement 1, März 2024, [online] https://doi.org/10.1089/ast.2021.0112.

McKenzie, Richard B./Lee, Dwight R.: In defense of monopoly. How market power fosters creative production, Ann Arbor, MI: University of Michigan Press, 2008.

Merchant, Brian: The problem with asteroid mining, in: Vice.com, 23. Januar 2013, [online] https://www.vice.com/en/article/the-problem-with-asteroid-mining/.

Milligan, Tony: Nobody owns the moon. The ethics of space exploitation, Jefferson, NC: McFarland & Company, 2015.

Mingardi, Alberto: A critique of Mazzucato's entrepreneurial state, in: Cato Journal, Bd. 35, Nr. 3, Herbst 2015, [online] https://www.cato.org/sites/cato.org/files/serials/files/cato-journal/2015/9/cj-v35n3-7.pdf.

Miraux, Lois / Wilson, Andrew Ross / Dominguez Calabuig, Guillermo J.: Environmental sustainability of future proposed space activities, in: Acta Astronautica, Bd. 200, November 2022, [online] https://doi.org/10.1016/j.actaastro.2022.07.034, S. 329–346.

Morino, Lori: Humanity is not prepared to colonize Mars, in: Futures, Bd.110, Juni 2019, [online] https://doi.org/10.1016/j.futures.2019.02.010, S. 15–18.

Munévar, Gonzalo: The dimming of starlight, Oxford: University Press, 2023.

Munévar, Gonzalo: An obligation to colonize outer space, in: Futures, Bd. 110, Juni 2019, [online] https://doi.org/10.1016/j.futures.2019.02.009, S. 38–40.

Musk, Elon: Full interview with Kara Swisher, Walt Mossberg, Code Conference 2016, Juni 2016, [YouTube] https://www.youtube.com/watch?v=wsixsRI-Sz4.

Musselman, Brain T. / Winter, Scott R. / Rice, Stephen / Keebler, Joseph R. / Ruskin, Keith J.: Point-to-point suborbital space tourism motivation and willingness to fly, in: Annals of Tourism Research Empirical Insights, Bd. 5, Nr. 1, Mai 2024, [online] https://doi.org/10.1016/j.annale.2024.100119.

Mwai, Peter / Gebru, Girmay / Thomas, Merlyn: Satellite images and doctor testimony reveal Tigray hunger crisis, in: BBC, 25. Juli 2024, [online] https://www.bbc.com/news/articles/c10l2vvjy9lo.

NASA: NASA's efforts to maximize research on the International Space Station, audit report, 8. Juli 2013, Report Nr. IG-13-019, [online] https://oig.nasa.gov/office-of-inspector-general-oig/ig-13-019/.

NASA: Psyche mission overview, in: nasa.gov, 17. April 2025, [online] https://science.nasa.gov/mission/psyche/mission-overview/#:~:text=Psyche%20is%20a%20NASA%20mission,metal%20than%20rock%20or%20ice.

NASA: The Artemis Accords: Principles for cooperation in the civil exploration and use of the moon, Mars, comets and asteroids for peaceful purposes, 13.10.2020, [online] https://www.nasa.gov/wp-content/uploads/2022/11/Artemis-Accords-signed-13Oct2020.pdf?utm.

National Academics of Sciences, Engineering and Medicine: Space radiation and astronaut health: Managing and communicating cancer risks, Washington DC: The National Academies Press, 2021, [online] https://doi.org/10.17226/26155.

Nelson, Peter Lothian/Block, Walter E.: Space capitalism. How humans will colonize planets, moons, and asteroids, Cham, Schweiz: Palgrave Macmillan, 2018.

Nichols-Fleming, Fiona / Evans, Alexander J. / Johnson, Brandon C. / Sori, Michael M.: Porosity evolution in metallic asteroids: Implications for the origin and thermal history of Asteroid 16 Psyche, in: JGR: Planets, Bd. 127, Nr. 2, Februar 2022, [online] https://doi.org/10.1029/2021JE007063.

Nötzold, Antje/Fels, Enrico/Rotter, Andrea/Brake, Moritz: Strategischer Wettbewerb im Weltraum. Politik, Recht, Sicherheit und Wirtschaft im All, Wiesbaden: Springer VS, 2024.

Ormrod, James: Pro-space activism and narcissistic phantasy, in: Psychoanalysis, Culture and Society, Bd. 12, 01.9.2007, [online] https://doi.org/10.1057/palgrave.pcs.2100131, S. 260–278.

Ormrod, James / Dickens, Peter: Space tourism, capital, and identity, in: Cohen, Erik / Spector, Sam (Hrsg.): Space tourism. The elusive dream, Tourism Social Science, Bd. 25, Bingly, UK: Emerald Publishing Limited, 2019, S. 223–244.

Orosai, Roberto et al.: Radar evidence of subalacial liquid water on Mars, in: Science, Bd. 381, Nr. 6401, 25. Juli 2018, [online] DOI: 10.1126/science.aar7268, S. 490–493.

Partouche, Alexa: SpaceX registers to build 700,000-square-foot Starship-producing ›gigabay‹ in Starbase, in: Houston Chronicle, 9. Juli 2025, [online] https://www.houstonchronicle.com/news/houston-texas/trending/article/spacex-starbase-gigabay-facility-20763151.php?utm.

Peters, Björn: Schluss mit der Energiewende, Schluss mit der Energiewende! Warum Deutschlands Volkswirtschaft dringend ökologischen Realismus braucht, Orgshop Verlag, 2025.

Poole, Robert: Robert Heinlein's dream of private space travel is coming true, in: Reason, Dezember 2022,

[online] https://reason.com/2022/11/15/we-are-living-robert-heinleins-dream/.
Poole, Robert: Is This Any Way to Run Space Transportation? in: Hudgins, Edward L. (Hrsg.), S. 53–66.
Pop, Virgiliu: Unreal estate. The man who sold the moon, Morrisville, NC: Lulu.com, 2006.
Pop, Virgiliu: Legal considerations on asteroid exploitation and deflection, in: Badescu, Viorel (Hrsg.): Asteroids. Prospective energy and material resources, Heidelberg, New York, Dordrecht, London: Springer, 2013, S. 659–680.
Pronczuk, Monika: Europe wants to diversify its pool of astronauts, in: The New York Times, 22. Februar 2021, [online] https://www.nytimes.com/2021/02/22/world/europe/women-disabled-astronauts.html.
Pultarova, Tereza: China's push for a more commercial space industry, in: Via Satellite, 28. Mai 2024, [online] https://interactive.satellitetoday.com/via/june-2024/chinas-push-for-a-more-commercial-space-industry.
Rainbow, Jason: The efforts bridging space sustainability, from best intentions to real-world actions, in: SpaceNews, 10. Februar 2025, [online] https://spacenews.com/the-efforts-bridging-space-sustainability-from-best-intentions-to-real-world-actions/.
Reagan, Ronald: Radio address to the nation on the space program, 28. Januar 1984, in: National Archives, Ronald Reagan Library & Museum, [online] https://www.reaganlibrary.gov/archives/speech/radio-address-nation-space-program?utm.
Reichl, Eugen: Chinas Raumfahrt. Ein Riese erwacht, Stuttgart: Motorbuch Verlag, 2023.
Reichl, Eugen: Die Zukunft der Raumfahrt. Private Projekte, Stuttgart: Motorbuch Verlag, 2022.

Reichl, Eugen: Menschen im Weltraum, Berlin: Springer 2022.

Reichl, Eugen: Space 2022. Das aktuelle Raumfahrt-Jahr mit Chronik 2021, München: VfR, 2021.

Reichl, Eugen: Space 2024. Das aktuelle Raumfahrt-Jahrbuch mit allen Starts, München: VfR, 2023.

Reichl, Eugen: Space 2025. Das aktuelle Raumfahrt-Jahrbuch mit allen Starts, München: VfR 2024.

Reichl, Eugen: Raumfahrt-Geschichte. Die 100 wichtigsten Ereignisse, Stuttgart: Motorbuch Verlag, 2021.

Reinstein, Ezra J.: Owning outer space, in: Northwestern Journal of International Law & Business, Bd. 20, Nr. 1, Herbst 1999, [online] https://scholarlycommons.law.northwestern.edu/njilb/vol20/iss1/7/, S. 59–90.

Reynolds, Glenn H./Merges, Robert P.: Outer space. Problems of law and policy, 2. Aufl., London, New York, NY: Routledge, 2019.

Roettgen, Raphael: To infinity. The space economy & how you can participate, [ohne Ort]: Space Business Institute, 2024.

Rubenstein, Mary-Jane: Astrotopia. The dangerous religion of the corporate space race, Chicago, London: The University of Chicago Press, 2022.

Ryan, Mike H. / Kutschera, Ida: The case of asteroids, in: Badescu, Viorel (Hrsg.): Asteroids. Prospective energy and material resources, Heidelberg, New York, Dordrecht, London: Springer, 2013, S. 645–658, hier: S. 648.

Salvanto, Anthony: CBS news poll: Most Americans favor U.S. returning to moon, going to Mars, in: CBS News, 18. Juli 2025, [online] https://www.cbsnews.com/news/cbs-news-poll-most-americans-favor-u-s-returning-to-moon-going-to-mars/.

Schladebach, Marcus: Weltraumrecht, Tübingen: Mohr Siebeck, 2020.
Schmidt, Samanta: The gold-mining city that is destroying a sacred Venezuelan mountain, in: The Washington Post, 6. Dezember 2022, [online] https://www.washingtonpost.com/world/2022/12/06/venezuela-yapacana-gold-mining/.
Schneider, Peter M.: Goldrausch im All. Wie Elon Musk, Richard Branson und Jeff Bezos den Weltraum erobern, München: FinanzBuch Verlag, 2018.
Schwartz, James S. J.: The value of science in space exploration, Oxford: Oxford University Press, 2020.
Schwartz, James S. J. / Milligan, Tony: The ethics of space exploration, Cham, Schweiz: Springer, 2016.
Seedhouse, Erik: SpaceX. Starship to Mars. The first 20 years, 2. Aufl., Cham, Schweiz: Springer, 2022.
Simberg, Rand: Homesteading the final frontier. A practical proposal for securing property rights in space, in: CEI, Competitive Enterprise Institute, Issue Analysis April 2012, Nr. 2, [online] https://cei.org/sites/default/files/Rand%20Simberg%20-%20Homesteading%20the%20Final%20Frontier.pdf.
Simberg, Rand: Safe is not an option. Overcoming the futile obsession with getting everyone back alive that is killing our expansion into space, Jackson, WY: Interglobal Media LLC, 2014.
Singh, Shalini / Misra, Pankaj: Mapping the thematic evaluation and future directions of space tourism research, in: New Space, 13. Juni 2025, [online] https://www.researchgate.net/publication/392679376_Mapping_the_Thematic_Evaluation_and_Future_Directions_of_Space_Tourism_Research, https://doi.org/10.1089/space.2024.0034.

Sivolella, Davide: Space mining and manufacturing. Off-world resources and revolutionary engineering techniques, Cham, Schweiz: Springer Nature, 2019.
Smiles, Deondre: The settler logics of (outer) space, in: Society and Space, 26. Oktober 2020, [online] https://www.societyandspace.org/articles/the-settler-logics-of-outer-space.
Smith, Kelley C. et al.: The great colonization debate, in: Futures, Bd. 110, Juni 2019, [online] https://doi.org/10.1016/j.futures.2019.02.004, S. 4–14.
Smith, Marcia: NASA, ROSCOSMOS agree on one more Soyuz seat, in: Space Policy Online, 12. Mai 2020, [online] https://spacepolicyonline.com/news/nasa-roscosmos-agree-on-one-more-soyuz-seat/.
Space Ambition / Kalinin, Denis: China: Private space ecosystem of the rising superpower, 25. April 2025, in: Space Ambition, [online] https://spaceambition.substack.com/p/china-private-space-ecosystem-of.
Space Capital: Space Investment Quarterly: Q2 2025, 10. Juli 2025, [online] https://www.spacecapital.com/publications/space-investment-quarterly-q2-2025.
SpaceNews Intelligence: Understanding the SpaceX-era economy, Part 1: Launch supremacy, 21. Juli 2025.
Sparrow, Robert: The ethics of terraforming, in: Environmental Ethics, Bd. 21, Nr. 3, Herbst 1999, [online] https://robsparrow.com/wp-content/uploads/The-ethics-of-terraforming.pdf, S. 227–245.
Spector, Sam/Higham, James E. S.: Space tourism, the anthropocene, and sustainability, in: Cohen, Erik/Spector, Sam (Hrsg.): Space tourism. The elusive dream, Tourism Social Science, Bd. 25, Bingly, UK: Emerald Publishing Limited, 2019, S. 245–262.
Stoner, Ian: The ethics of terraforming: A critical survey of six arguments, in: Beech, Martin / Seckbach,

Joseph / Gordon, Richard (Hrsg.): Terraforming Mars, Hoboken, NJ: Wiley, Beverley, MA: Scrivener Publishing, 2022, S. 101–116.

Storck, Lisa Maria: Space Mining – Goldrausch im All? Eine meta-geopolitische Analyse der strategischen Bedeutung von Weltraumbergbau für die internationale Staatengemeinschaft, in: Nötzold, Antje / Fels, Enrico / Rotter, Andrea / Brake, Moritz (Hrsg.): Strategischer Wettbewerb im Weltraum. Politik, Recht, Sicherheit und Wirtschaft im All, Wiesbaden: Springer VS, 2024, S. 367–387.

Stuhlinger, Ernst / Ordway, Frederick I.: Wernher von Braun. Aufbruch in den Weltraum. Die Biografie, Esslingen, München: Bechtle,1992.

Synergy / Gastautor: The great leap forward of China's private space industry, in: Synergy, The Journal of Contemporary Asian Studies, 9. April 2025, [online] https://utsynergyjournal.org/2025/04/09/the-great-leap-forward-of-chinas-private-space-industry/.

Szocik, Konrad (Hrsg.): Human enhancement for space missions, Lunar, Martian, and future missions to the outer planets, Cham, Schweiz: Springer Nature, 2020.

Tavares, Frank et al.: Ethical exploration and the role of planetary protection in disrupting colonial practices. A submission to the planetary science and astrobiology decadal survey 2023–2032, 27. Oktober 2020, [online] https://doi.org/10.48550/arXiv.2010.08344.

The Heritage Foundation: 2025 Index of Economic Freedom, aktualisiert Februar 2025, [online] https://www.heritage.org/index/pages/report.

The Planetary Society: How much did the Apollo program cost?, in: planetary.org, [ohne Datum], [online] https://www.planetary.org/space-policy/cost-of-apollo?utm.

Thomas, Gareth Morgan: The Chinese space dynasty. China's robotic revolution and the new space age, Auckland, NZ: Burst Books, 2025.
Toivonen, Annette: Sustainable space tourism. An introduction, Bristol, UK: Channel View Publications, 2020.
Unnerstall, Thomas: Liebe Schüler, ihr verbraucht drei Erden!, in: Benkens, Robert / Bojanowski, Axel / von Storch, Hans (Hrsg.): Das andere Klimabuch. 25 Experten, überraschende Fakten, rationale Alternativen zur Klimaangst, Würzburg: Königshausen & Neumann Verlag, 2025, S. 65–75.
UNOOSA, United Nations Office for Outer Space Affairs: 2222 (XXI) Treaty on principles governing the activities of states in the exploration and use of outer space, including the moon and other celestial bodies, 19. Dezember 1966, [online] https://www.unoosa.org/oosa/en/ourwork/spacelaw/treaties/outerspacetreaty.html.
Vance, Ashlee: Elon Musk. Tesla, PayPal, Space X. Wie Elon Musk die Welt verändert. Die Biografie, München: FinanzBuch Verlag, 2021.
Vance, Ashlee: Die Eroberung des Himmels. Wie Außenseiter, Milliardäre und Genies den Weltraum für uns nutzbar machen, München: FinanzBuch Verlag, 2023.
Vidaurri, Monica et al.: Absolute prioritization of planetary protection, safety, and avoiding imperialism in all future science missions: A policy perspective, in: Space Policy, Bd. 51, 3. März 2020, [online] https://doi.org/10.1016/j.spacepol.2019.101345, S. 1–6.
Viiera Neto, Ernesto / Pires, Pryscilla / Giuliatti Winter, Silvia: Trajectories for mining space mission asteroids in near-Earth orbit, in: The European Physical Journal Special Topics, Bd. 232, Nr. 18-19, 07.12.2023, [online] https://doi.org/10.1140/epjs/s11734-023-01016-y, S. 2967–2974.

Wall, Mike: NASA's shuttle program cost $209 billion – was it worth it? In: Space.com, 5. Juli 2011, [online] https://www.space.com/12166-space-shuttle-program-cost-promises-209-billion.html?utm.

Wanjek, Christopher: Spacefarers. How humans will settle the moon, Mars, and beyond, Cambridge, MA, London, UK: Harvard University Press, 2020.

Wasser, Alan / Jobes, Douglas L.: Space settlements, property rights, and international law: Could a lunar settlement claim the lunar real estate it needs to survive?, in: Journal of Air Law and Commerce, Bd. 73, Nr. 1, 2008, [online] https://www.space-settlement-institute.org/Articles/jal73-1Wasser.pdf.

Webber, Derek: Current space tourism developments, in: Cohen, Erik/Spector, Sam (Hrsg.): Space tourism. The elusive dream, Tourism Social Science, Bd. 25, Bingly, UK: Emerald Publishing Limited, 2019, S. 163–176.

Weinersmith, Kelly / Weinersmith, Zach: Unsere Zukunft steht in den Sternen. Wie wir bald den Mars besiedeln (oder auch nicht), München: riva Verlag, 2024.

Weinzierl, Matthew / Rosseau, Brendan: Space to grow. Unlocking the final economic frontier, Boston, MA: Harvard Business Review Press, 2025.

Wemheuer, Felix: Der große Hunger. Hungersnöte unter Stalin und Mao, Berlin: Rotbuch Verlag, 2012.

Williams, Walter E.: Environmentalists are dead wrong, in: creators.com, 26. April 2017, [online] https://www.creators.com/read/walter-williams/04/17/environmentalists-are-dead-wrong.

Worden, Simon Peter: On self-licking ice cream cones, Januar 1992, in: Giampapa, Mark S. / Bookbinder, Jay A. (Hrsg.): Seventh Cambridge workshop on cool stars, stellar systems, and the sun, ASP Conference Series, Bd. 26, 1992, [online] https://www.researchgate.net/

publication/234554226_On_Self-Licking_Ice_Cream_Cones.
World Bank Group/DRC: Four decades of poverty reduction in China: Divers, insights for the word, and the way ahead, Washington DC, 2022, [online] https://documents1.worldbank.org/curated/en/099540207212222589/pdf/IDU0d81807d-20c45a041160863409697a9fc59c4.pdf.
Wright, Helen: James Lick's monument, The saga of Captain Richard Floyd and the building of the Lick Observatory, Cambridge, London, New York, New Rochelle, Melbourne, Sydney: Cambridge University Press, 1987.
Young, James Harvey: The toadstool millionaires. A social history of patent medicines in America before federal regulation, Princeton, NJ: Princeton University Press, 1979.
Zhang, Weiying: The China model view is factually false, in: Journal of Chinese Economic and Business Studies, Bd. 17, Nr. 3: China's path to the New Era, 2019, [online] https://www.tandfonline.com/doi/full/10.1080/14765284.2019.1663696?scroll=top&needAccess=true.
Zhang, Weiying: The logic of the market. An insider's view of Chinese economic reform, Washington: Cato, 2015.
Zhang, Weiying: Re-understanding entrepreneurship. What it is and why it matters, Cambridge, New York: Cambridge University Press, 2024.
Zitelmann, Rainer: Kapitalismus ist nicht das Problem, sondern die Lösung. Eine Zeitreise durch fünf Kontinente, 5. Aufl., München: FinanzBuch Verlag, 2021.
Zitelmann, Rainer: Anti-capitalists, post-colonialists, and the controversy about the ›colonisation of space‹,

Economic Affairs, 3. Oktober 2024, [online] https://onlinelibrary.wiley.com/doi/10.1111/ecaf.12672, S. 572–581.

Zitelmann, Rainer: Die zehn Irrtümer der Antikapitalisten. Zur Kritik der Kapitalismuskritik, München: FinanzBuch Verlag, 2022.

Zitelmann, Rainer: Be careful Trump. Deporting Elon Musk would hand space travel to China, in: City AM, 2. Juli 2025, [online] https://www.cityam.com/be-careful-trump-deporting-elon-musk-would-hand-space-travel-to-china/.

Zitelmann, Rainer: Warum Entwicklungshilfe nichts bringt und wie Länder wirklich Armut besiegen, München: FinanzBuch Verlag, 2025.

Zubrin, Robert (with Richard Wagner): The case for Mars. The plan to settle the red planet and why we must, 25. Aufl., New York, NY, London: Free Press, 2021.

Zubrin, Robert: The case for space. How the revolution in spaceflight opens up a future of limitless possibility, Guilford, CT: Prometheus Books, 2019.

Zubrin, Robert: A declaration of decadence, in: Quilette, 30. Mai 2023, [online] https://quillette.com/2023/05/30/a-declaration-of-decadence/.

Zubrin, Robert: Why we should settle Mars, in: Quilette, 4. Dezember 2023, [online] https://quillette.com/2023/12/04/why-we-should-go-to-mars/.

Zubrin, Robert: The new world on Mars. What we can create on the red planet, New York, NY: Diversion Books, 2024.

Personenregister